Je connais les tables de multip

Tu dois les conn
par cœur

Table de 2

1	×	2	=	2
2	×	2	=	4
3	×	2	=	6
4	×	2	=	8
5	×	2	=	10
6	×	2	=	12
7	×	2	=	14
8	×	2	=	16
9	×	2	=	18
10	×	2	=	20

Table de 3

1	×	3	=	3
2	×	3	=	6
3	×	3	=	9
4	×	3	=	12
5	×	3	=	15
6	×	3	=	18
7	×	3	=	21
8	×	3	=	24
9	×	3	=	27
10	×	3	=	30

Table de 4

1	×	4	=	4
2	×	4	=	8
3	×	4	=	12
4	×	4	=	16
5	×	4	=	20
6	×	4	=	24
7	×	4	=	28
8	×	4	=	32
9	×	4	=	36
10	×	4	=	40

Table de 5

1	×	5	=	5
2	×	5	=	10
3	×	5	=	15
4	×	5	=	20
5	×	5	=	25
6	×	5	=	30
7	×	5	=	35
8	×	5	=	40
9	×	5	=	45
10	×	5	=	50

Table de 6

1	×	6	=	6
2	×	6	=	12
3	×	6	=	18
4	×	6	=	24
5	×	6	=	30
6	×	6	=	36
7	×	6	=	42
8	×	6	=	48
9	×	6	=	54
10	×	6	=	60

Table de 7

1	×	7	=	7
2	×	7	=	14
3	×	7	=	21
4	×	7	=	28
5	×	7	=	35
6	×	7	=	42
7	×	7	=	49
8	×	7	=	56
9	×	7	=	63
10	×	7	=	70

Table de 8

1	×	8	=	8
2	×	8	=	16
3	×	8	=	24
4	×	8	=	32
5	×	8	=	40
6	×	8	=	48
7	×	8	=	56
8	×	8	=	64
9	×	8	=	72
10	×	8	=	80

Table de 9

1	×	9	=	9
2	×	9	=	18
3	×	9	=	27
4	×	9	=	36
5	×	9	=	45
6	×	9	=	54
7	×	9	=	63
8	×	9	=	72
9	×	9	=	81
10	×	9	=	90

Table de 10

1	×	10	=	10
2	×	10	=	20
3	×	10	=	30
4	×	10	=	40
5	×	10	=	50
6	×	10	=	60
7	×	10	=	70
8	×	10	=	80
9	×	10	=	90
10	×	10	=	100

F

J'aime les maths

NOUVEAUX PROGRAMMES 2016

Cycle 3
CM1

Conforme aux nouveaux programmes

Directeur de collection
Frédéric Rzanny
Conseiller pédagogique

Sophie Bourreau
Professeur de mathématiques au collège

Patrice Gaspard
Conseiller pédagogique

Avec la coopération
d'**Olivier Graff**
Inspecteur de l'Éducation nationale adjoint

Remerciements à Marie C., à Carole D.
et à leurs élèves qui ont expérimenté
cette méthode durant toute une année.

Cet ouvrage est conforme à la nouvelle orthographe
www.orthographe-recommandee.info

Cet ouvrage est rédigé avec l'orthographe recommandée par le ministère de l'Éducation nationale

Belin
ÉDUCATION

Je découvre mon manuel

Des leçons

Le titre

Il indique la **compétence à acquérir** (référée aux programmes officiels).

Cherchons ensemble

Reprise de l'**activité de manipulation** (décrite dans le guide) pour **découvrir la compétence** à acquérir.

Je m'entraine

Des **exercices** contextualisés classés par **niveau de difficulté**.

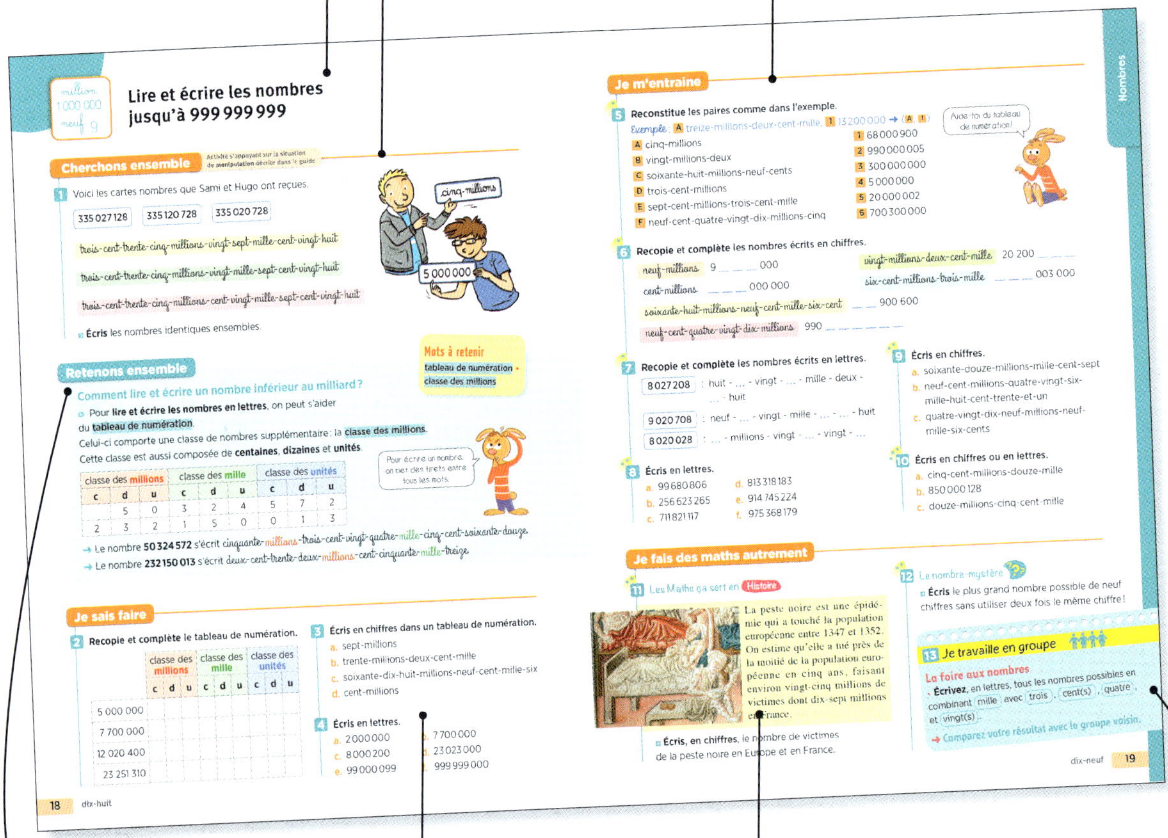

Lire et écrire les nombres jusqu'à 999 999 999

million 1 000 000 neuf 9

Cherchons ensemble Activité s'appuyant sur la situation de manipulation décrite dans le guide

1 Voici les cartes nombres que Sami et Hugo ont reçues.

335 027 128 335 120 728 335 020 728

trois-cent-trente-cinq-millions-vingt-sept-mille-cent-vingt-huit

trois-cent-trente-cinq-millions-vingt-mille-sept-cent-vingt-huit

trois-cent-trente-cinq-millions-cent-vingt-mille-sept-cent-vingt-huit

Écris les nombres identiques ensembles.

Mots à retenir
tableau de numération • classe des millions

Retenons ensemble

Comment lire et écrire un nombre inférieur au milliard ?

Pour **lire et écrire les nombres en lettres**, on peut s'aider du **tableau de numération**.
Celui-ci comporte une classe de nombres supplémentaire : la **classe des millions**.
Cette classe est aussi composée de **centaines**, **dizaines** et **unités**.

classe des millions			classe des mille			classe des unités		
c	d	u	c	d	u	c	d	u
	5	0	3	2	4	5	7	2
2	3	2	1	5	0	0	1	3

→ Le nombre **50 324 572** s'écrit cinquante-millions-trois-cent-vingt-quatre-mille-cinq-cent-soixante-douze.
→ Le nombre **232 150 013** s'écrit deux-cent-trente-deux-millions-cent-cinquante-mille-treize.

Je sais faire

2 **Recopie et complète** le tableau de numération.

	classe des millions			classe des mille			classe des unités		
	c	d	u	c	d	u	c	d	u
5 000 000									
7 700 000									
12 020 400									
23 251 310									

3 **Écris en chiffres** dans un tableau de numération.
a. sept-millions
b. trente-millions-deux-cent-mille
c. soixante-dix-huit-millions-neuf-cent-mille-six
d. cent-millions

4 **Écris en lettres.**
a. 2 000 000
b. 7 700 000
c. 8 000 200
d. 23 023 000
e. 99 000 099
f. 999 999 000

18 dix-huit

Je m'entraine

5 **Reconstitue** les paires comme dans l'exemple.
Exemple : A treize-millions-deux-cent-mille, 1 13 200 000 → (A, 1)
A cinq-millions
B vingt-millions-deux
C soixante-huit-millions-neuf-cents
D trois-cent-millions
E sept-cent-millions-trois-cent-mille
F neuf-cent-quatre-vingt-dix-millions-cinq
1 68 000 900
2 990 000 005
3 300 000 000
4 5 000 000
5 20 000 002
6 700 300 000

6 **Recopie et complète** les nombres écrits en chiffres.
neuf-millions 9 _ _ _ 000
cent-millions _ _ _ 000 000
soixante-huit-millions-neuf-cent-mille-six-cent _ _ 900 600
neuf-cent-quatre-vingt-dix-millions 990 _ _ _ _ _ _
vingt-millions-deux-cent-mille 20 200 _ _ _
six-cent-millions-trois-mille _ _ _ 003 000

7 **Recopie et complète** les nombres écrits en lettres.
8 027 208 : huit - … - vingt - … - mille - deux - … - huit
9 020 708 : neuf - … - vingt - mille - … - … - huit
8 020 028 : … - millions - vingt - … - vingt - …

8 **Écris en lettres.**
a. 99 680 806
b. 256 623 265
c. 711 821 117
d. 813 318 183
e. 914 745 224
f. 975 368 179

9 **Écris en chiffres.**
a. soixante-douze-millions-mille-cent-sept
b. neuf-cent-millions-quatre-vingt-six-mille-huit-cent-trente-et-un
c. quatre-vingt-dix-neuf-millions-neuf-mille-six-cents

10 **Écris en chiffres ou en lettres.**
a. cinq-cent-millions-douze-mille
b. 850 000 128
c. douze-millions-cinq-cent-mille

Je fais des maths autrement

11 Les Maths ça sert en Histoire

La peste noire est une épidémie qui a touché la population européenne entre 1347 et 1352. On estime qu'elle a tué près de la moitié de la population européenne en cinq ans, faisant environ vingt-cinq millions de victimes dont dix-sept millions en France.

Écris, en chiffres, le nombre de victimes de la peste noire en Europe et en France.

12 Le nombre mystère
Écris le plus grand nombre possible de neuf chiffres sans utiliser deux fois le même chiffre !

13 Je travaille en groupe
La foire aux nombres
Écrivez, en lettres, tous les nombres possibles en combinant mille avec trois, cent(s), quatre et vingt(s).
→ Comparez votre résultat avec le groupe voisin.

dix-neuf 19

Nombres

Retenons ensemble

La leçon, avec mise en avant du **langage mathématique**.

Je sais faire

Des exercices **reprenant l'activité de découverte**.

Je fais des maths autrement

- Pour donner du sens et faire le lien avec les **autres disciplines**.
- Un exercice pour **s'entrainer avec les autres**.

170 bis, boulevard du Montparnasse 75680 Paris cedex 14

ISBN : 978-2-7011-9530-8

Du calcul mental

Un traitement spécifique pour le **calcul mental** qui propose des **exercices** d'entrainement regroupés par **compétences**.

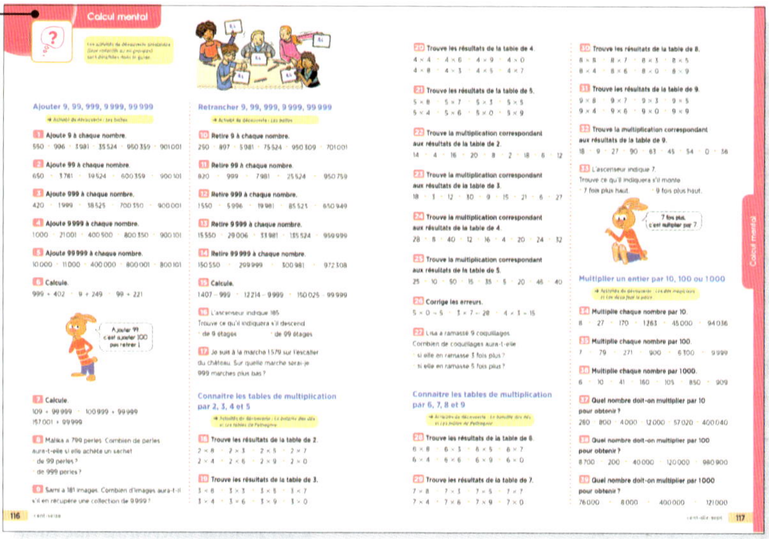

Des bilans

Pour faire le point sur les **compétences acquises** et préparer à l'**évaluation.**

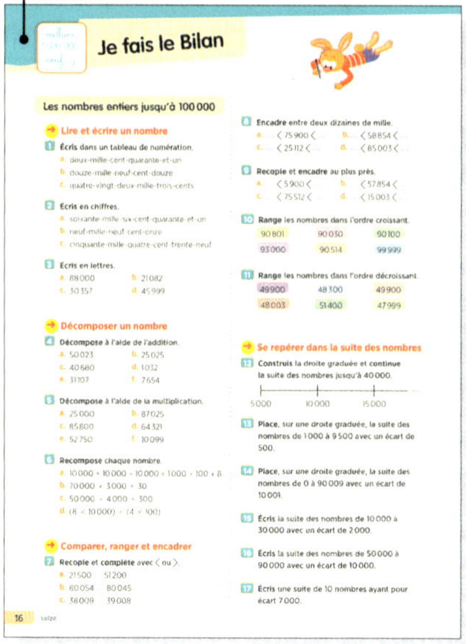

Des croisements entre enseignements

Pour remobiliser les **notions mathématiques** en lien avec les **autres disciplines** du CM1.

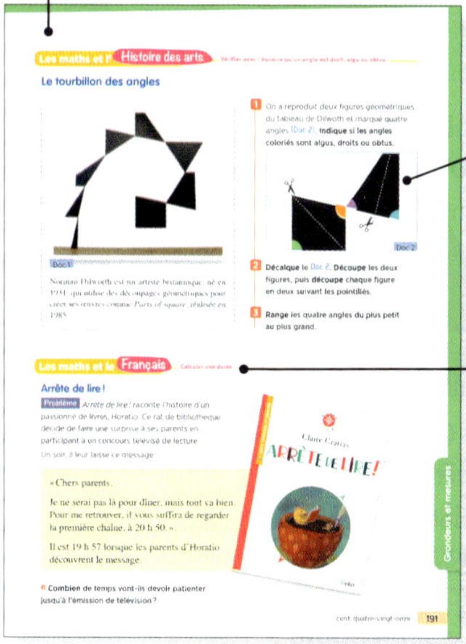

Des **documents** riches et variés :

Géographie, Arts visuels, EMC, Sport, Sciences...

Pour l'enseignant, les **compétences mathématiques** des nouveaux programmes.

Des ressources complémentaires

editions-belin.com/primaire

Fiche d'évaluation par compétence

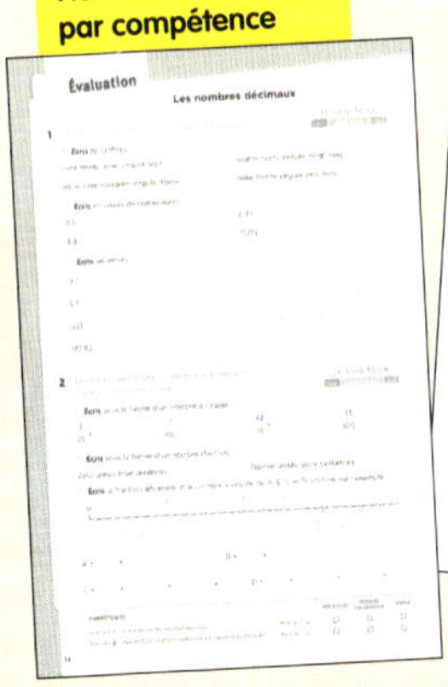

Matériel de manipulation collectif

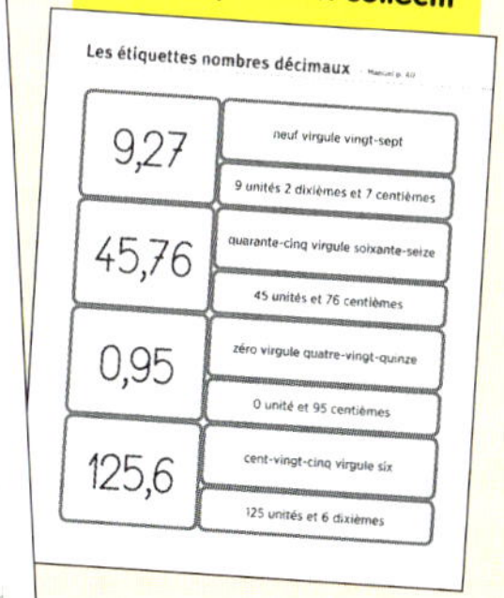

Proposition de programmation annuelle

	Nombres	Calcul
PÉRIODE 1 septembre octobre	**Les nombres entiers jusqu'au million** • Lire et écrire les nombres • Décomposer, composer • Comparer, ranger et encadrer • Se repérer dans la suite des nombres	**Les nombres entiers jusqu'au million** • Addition/soustraction de nombres entiers • Multiplication par un nombre à 1 chiffre • Division par un nombre à 1 chiffre • Problèmes multiplicatifs et de partage (1) • Problèmes à deux étapes (1)
PÉRIODE 2 novembre décembre	**Les nombres entiers jusqu'au milliard** • Lire et écrire les nombres • Reconnaitre les multiples (5, 10, 15, 20, 25 et 50) **Les fractions** • Utiliser les fractions pour mesurer	**Les nombres entiers jusqu'au milliard** • Multiplication par un nombre à 2 chiffres • Division par un nombre à 2 chiffres • Problèmes multiplicatifs et de partage (2) • Problèmes de proportionnalité (1) • Problèmes à deux étapes (2)
PÉRIODE 3 janvier février	**Les nombres entiers jusqu'au milliard** • Décomposer, composer **Les fractions** • Placer des fractions sur une droite graduée • Comparer et ranger des fractions • Utiliser les fractions pour partager	**Les nombres entiers jusqu'au milliard** • Division par un nombre à 3 chiffres • Problèmes de proportionnalité (2) • Problèmes à deux étapes (3)
PÉRIODE 4 mars - avril	**Les nombres entiers jusqu'au milliard** • Comparer, ranger et encadrer **Les fractions décimales** • Découvrir les fractions décimales **Les nombres décimaux** • Lire et écrire les nombres • Passer d'une écriture fractionnaire à une décimale	**Les nombres décimaux** • Addition/soustraction de nombres décimaux (1) • Problèmes de proportionnalité (3) • Problèmes à trois étapes (1)
PÉRIODE 5 mai - juin	**Les nombres entiers jusqu'au milliard** • Se repérer dans la suite des nombres **Les nombres décimaux** • Ordonner des segments avec des décimaux • Comparer des décimaux • Intercaler des nombres • Encadrer un décimal par deux entiers	**Les nombres décimaux** • Addition/soustraction des nombres décimaux (2) • La calculatrice • Problèmes de proportionnalité (4) • Problèmes à trois étapes (2)

Calcul mental	Espace et géométrie	Grandeurs et mesures
Les nombres entiers jusqu'au million • Ajouter/Retrancher 9, 99, 999, 9 999, 99 999 • Connaitre les tables de multiplication • Multiplier un nombre entier par 10, 100 et 1 000 • Calculer le double, le triple, le quadruple d'un nombre entier	**Espace** • Décrire un déplacement, repérer des objets **Polygones** • Identifier, décrire un polygone **Triangles** • Décrire, compléter un triangle • Construire un triangle rectangle	**Longueurs, masses, contenances** • Connaitre les unités de mesure et leurs relations
Les nombres entiers jusqu'au milliard • Multiplier un nombre entier par 1 000, 10 000 et 100 000 • Diviser dans les tables	**Quadrilatères** • Construire un carré, un losange, un rectangle • Décrire, reproduire un assemblage de figures (1) **Cercles et disques** • Construire un cercle, un disque • Décrire, reproduire un assemblage de figures (2)	**Longueurs** • Reporter des longueurs à l'aide du compas
• Calculer le demi, le tiers, le quart d'un nombre entier	**Droites et segments** • Tracer des droites et des segments • Tracer des droites perpendiculaires • Identifier des droites parallèles	**Aires** • Mesurer une aire • Comparer, ranger des surfaces
Les nombres décimaux • Estimer un ordre de grandeur d'une addition/soustraction • Calculer le double/moitié, le quadruple/quart d'un nombre décimal	**Figures symétriques** • Identifier les axes de symétrie d'une figure	**Angles** • Comparer des angles avec un gabarit • Vérifier et classer des angles (droits, aigus, obtus)
Les nombres décimaux • Ajouter/Retrancher des nombres décimaux • Multiplier un nombre décimal par 0,5 ; 10 ; 100 ou 1000 • Estimer un ordre de grandeur d'une multiplication/division	**Solides** • Décrire un cube, un parallélépipède rectangle	**Durées** • Connaitre les unités de mesure de durée • Calculer des durées **Mesures de grandeurs et nombres décimaux** • Mesurer avec les nombres décimaux

Lire et écrire les nombres jusqu'à 999 999

Cherchons ensemble

Activité s'appuyant sur la situation de **manipulation** décrite dans le guide

1 Voici les cartes nombres que Malika et Hugo ont reçues.

927 128 | 920 728 | 902 782

neuf-cent-vingt-mille-sept-cent-vingt-huit

neuf-cent-vingt-sept-mille-cent-vingt-huit

neuf-cent-deux-mille-sept-cent-quatre-vingt-deux

927 milliers et 128 unités | 920 milliers 72 dizaines et 8 unités | 902 milliers et 7 centaines et 82 unités

Écris les nombres identiques ensemble.

Retenons ensemble

Mots à retenir
tableau de numération •
classe de nombres

Comment lire et écrire un nombre inférieur au million ?

- Pour **lire et écrire les nombres**, on peut s'aider du **tableau de numération**.

Celui-ci comporte des **classes de nombres** : la **classe des unités** et la **classe des mille**.
Chaque classe est composée de **centaines**, **dizaines** et **unités**.

classe des **mille**			classe des **unités**		
c	d	u	c	d	u
	7	0	3	3	5
6	3	2	1	5	2

→ Le nombre **70 335** s'écrit soixante-dix-mille-trois-cent-trente-cinq.
→ Le nombre **632 152** s'écrit six-cent-trente-deux-mille-cent-cinquante-deux.

- On peut aussi écrire en **unités de numération** :

70 335 = 70 milliers et 335 unités = 70 milliers 33 dizaines et 5 unités
= 703 centaines et 35 unités = 7 033 dizaines et 5 unités.

Je sais faire

2 **Recopie et complète le tableau de numération.**

	classe des **mille**			classe des **unités**		
	c	d	u	c	d	u
500 000						
770 000						
220 400						
251 315						

3 **Écris en chiffres dans un tableau de numération.**

a. sept-mille
b. trente-mille-deux-cents
c. soixante-dix-huit-mille-six-cent-vingt
d. cent-mille-un

4 **Écris en lettres et en unités de numération.**

a. 200 000 b. 700 000 c. 800 200
d. 323 000 e. 990 099 f. 999 999

Je m'entraine

5 **Reconstitue** les paires comme dans l'exemple.

Exemple : A deux-cent-mille, 1 200 000 → (A, 1)

A cinq-mille	1 68 900
B vingt-mille-deux	2 990 005
C soixante-huit-mille-neuf-cents	3 7 003 centaines et 5 unités
D trois-cent-mille	4 5 000
E sept-cent-mille-trois-cent-cinq	5 20 milliers et 2 unités
F neuf-cent-quatre-vingt-dix-mille-cinq	6 300 000

6 **Recopie et complète** les nombres écrits en chiffres.

- neuf-mille-un 9 _ _ _
- vingt-mille-deux-cents 20 _ _ _
- soixante-huit-mille-neuf _ _ 009
- cent-mille _ _ _ 000
- six-cent-mille-trois _ _ _ 003
- neuf-cent-quatre-vingt-dix-mille 990 _ _ _

7 **Recopie et complète** les nombres écrits en lettres.

- 27 208 : … -sept- … - … - … - …
- 920 708 : neuf - … - vingt - mille - … - … - huit
- 800 028 : … - cent - … - vingt - huit

8 **Écris** en lettres.

a. 680 806 b. 623 265
c. 503 205 d. 821 117
e. 318 183 f. 400 018

9 **Écris** en chiffres.

a. soixante-douze-mille-cent-sept
b. neuf-cent-mille-six-cent-trente-et-un
c. quatre-vingt-dix-neuf-mille-neuf-cents

10 **Écris** en unités de numération.

a. cinq-cent-mille-douze
b. douze-mille-cinq-cents
c. 50 128
d. 580 128

Je fais des maths autrement

11 Les Maths ça sert en Sciences

Chaque année, dix-huit-mille-deux-cents mérous se rassemblent en Polynésie française, dans l'atoll de Fakarava. Ils attendent le jour de la pleine lune pour se reproduire tous en même temps, dans une chorégraphie spectaculaire.

▸ **Écris, en chiffres**, le nombre de mérous présents lors de ce rassemblement.

12 Le nombre-mystère

▸ **Écris** le plus grand nombre possible de six chiffres sans utiliser deux fois le même chiffre !

▸ Puis **écris** ce grand nombre en lettres et en unités de numération.

13 Je travaille en groupe

La foire aux nombres

• **Écrivez**, en lettres, tous les nombres possibles en combinant mille avec trois, cent(s), quatre, et vingt(s).

→ **Comparez votre résultat avec le groupe voisin.**

million
1 000 000
neuf 9

Décomposer et composer les nombres (1)

Cherchons ensemble

Activité s'appuyant sur la situation de **manipulation** décrite dans le guide

1 Voici les cartes nombres que Hugo et Sami ont reçues.

212 215 | 215 325 | 356 385 | 990 035

200 000 + 10 000 + 5 000 + 300 + 20 + 5

(100 000 × 9) + (10 000 × 9) + (10 × 3) + 5

200 000 + 10 000 + 2 000 + 200 + 10 + 5

(100 000 × 3) + (10 000 × 5) + (1 000 × 6) + (100 × 3) + (10 × 8) + 5

▸ **Écris** les nombres identiques ensemble.

Retenons ensemble

Mots à retenir
addition • multiplication

Comment décomposer et composer les nombres jusqu'à 999 999 ?

▸ On peut **décomposer** un nombre de deux façons : soit avec l'**addition**, soit avec la **multiplication**.

Avec l'addition

321 247 = **300 000** + **20 000** + **1 000** + **200** + **40** + **7**

Avec la multiplication

321 247 = **(100 000 × 3)** + **(10 000 × 2)** + **(1 000 × 1)** + **(100 × 2)** + **(10 × 4)** + **7**

▸ **Composer** un nombre, c'est faire l'inverse :

200 000 + 20 000 + 200 + 30 = **220 230**

(100 000 × 2) + (10 000 × 2) + (100 × 2) + (10 × 3) = **220 230**

Je sais faire

2 **Décompose** chaque nombre avec l'addition.

a. 2 541
b. 54 725
c. 476 374
d. 4 580
e. 62 340
f. 578 690

3 **Décompose** chaque nombre avec la multiplication.

a. 5 874
b. 87 123
c. 854 654
d. 44 250
e. 162 340

4 **Compose** chaque nombre.

a. 1 000 + 200 + 30 + 6
b. 20 000 + 1 000 + 200 + 10 + 5
c. 700 000 + 50 000 + 3 000 + 200 + 30 + 4

5 **Compose** chaque nombre.

a. (10 000 × 3) + (1 000 × 3) + (100 × 3) + (10 × 3)
b. (100 000 × 4) + (10 000 × 3) + (1 000 × 3) + (100 × 5) + (10 × 9) + 2
c. (100 000 × 9) + (10 000 × 5) + (1 000 × 2) + (100 × 3) + (10 × 4) + 7

Je m'entraine

6 **Corrige** les erreurs faites par Lisa.

a. 311 132 = 200 000 + 10 000 + 1 000 + 30 + 2
b. 221 115 = 200 000 + 20 000 + 100 + 10 + 5
c. 111 111 = 100 000 + 10 000 + 1 000 + 100 + 10 + 11
d. 658 438 = 600 000 + 50 000 + 8 000 + 300 + 30 + 8
e. 885 128 = 800 000 + 80 000 + 4 000 + 100 + 20 + 20 + 8

Il y a 7 erreurs !

7 **Recopie et complète** le tableau.

	Décomposition multiplicative
551 142	...
718 438	...
...	(100 000 × 8) + (1 000 × 5)
227 165	...
...	(100 000 × 5) + (10 000 × 5)

8 **Recopie et complète** le nombre recomposé.

a. 20 000 + 1 000 + 300 + 70 + 2 = 2 __ 372
b. (100 000 × 5) + (1 000 × 2) + (100 × 3) = __ 02 300

9 **Recopie et complète** les décompositions de chaque nombre.

807 208 (100 000 × 8) + (1 000 × ...) + (100 × ...) + 8
120 728 100 000 + ... + ... + 20 + 8
902 008 (100 000 × ...) + (1 000 × ...) + ...
530 936 500 000 + ... + 900 + ... + 6

10 **Décompose** chaque nombre de deux façons.

a. 680 806
b. 256 205
c. 63 050
d. 701 000
e. 300 103
f. 802 401

11 **Compose** chaque nombre.

a. 200 000 + 10 000 + 1
b. 900 000 + 80 000 + 400 + 20 + 3
c. (100 000 × 9) + (1 000 × 3) + (10 × 5) + 5
d. (100 000 × 5) + (10 000 × 4) + (100 × 3) + 2

12 **Décompose** de deux façons.

a. cinq-cent-douze-mille-vingt-et-un
b. huit-mille-trois-cent-cinquante-deux
c. six-cent-mille-six-cent-six
d. quatre-vingt-dix-huit-mille-deux-cents

Je fais des maths autrement

13 Les Maths ça sert en **Français**

a. À la fin de l'automne, les feuilles sont en état de **décomposition**.

b. Le fleuriste propose une très belle **composition** florale.

c. Les groupements servent à la **composition** des nombres.

Les mots décomposition et **composition** sont-ils employés dans leur sens mathématique ?

14 La décomposition-mystère

Décompose additivement le plus grand nombre possible de six chiffres qui n'utilise pas deux fois le même chiffre !

15 Je travaille en groupe

La foire aux décompositions

• **Écrivez** toutes les décompositions possibles des nombres obtenus en combinant les mots mille, deux, cent, cent(s) et vingt(s).

→ **Comparez votre résultat avec le groupe voisin.**

million
1 000 000
neuf 9

Comparer, ranger et encadrer les nombres jusqu'à 999 999

Cherchons ensemble

Activité s'appuyant sur la situation de **manipulation** décrite dans le guide

1 Voici le catalogue des villas de vacances que Lisa et Malika ont reçu.

- **Écris** la liste des villas que chaque enfant peut acheter.
- **Range** les prix des villas dans l'ordre croissant.
- **Recopie et complète**.

Pour pouvoir acheter ces villas, il faut posséder **entre** .... € et .... €.

Retenons ensemble

Comment comparer, ranger, encadrer les nombres jusqu'à 999 999 ?

Mots à retenir
comparer • ranger • encadrer

- Pour **comparer** les nombres jusqu'à 999 999 :

– on compare d'abord le **chiffre des centaines de mille** : 500 000 < 600 000 car 5 < 6 ;
– puis, si les centaines de mille sont identiques, on compare le **chiffre des dizaines de mille** et, si nécessaire, on continue à comparer les **autres chiffres entre eux** (unités de mille, centaines, dizaines et unités)
655 824 < 655 827 car 4 < 7 (chiffre des unités).

Plus petit nombre < Plus grand nombre

- On peut alors **ranger** les nombres dans l'**ordre croissant ou décroissant** :

655 200 < 655 210 < 655 325 < 656 310 < 657 000 < 660 000 < 700 000

- On peut aussi les **encadrer** par des nombres de **plus en plus proches** :

50 000 < 58 081 < 60 000   58 000 < 58 081 < 59 000   58 080 < 58 081 < 58 090

Je sais faire

2 **Recopie, souligne le plus grand des deux nombres et complète avec < ou >.**

a. 28 657 ... 28 658
b. 286 320 ... 286 302
c. 518 327 ... 518 317
d. 954 740 ... 945 760

3 **Complète avec < ou >.**

a. 999 870 ... 999 981 ... 999 990
b. 783 580 ... 783 582 ... 783 590
c. 390 000 ... 380 500 ... 380 000
d. 244 441 ... 244 440 ... 244 439

4 **Range** les nombres dans l'ordre croissant.

280 080 • 28 800 • 288 000 • 208 080 • 20 880 • 280 800 • 28 008 • 200 088

5 **Range** les nombres dans l'ordre décroissant.

530 012 • 53 120 • 503 012 • 530 102 • 53 210 • 530 210 • 503 102 • 53 102

6 **Encadre chaque nombre au plus près.**

a. 200 000   b. 770 009
c. 800 200   d. 230 230
e. 99 099   f. 99 999

Je m'entraine

7 **Recopie et complète** à l'aide des signes < et >.

a. 500 000 … 400 000
b. 350 000 … 450 000
c. 960 000 … 950 000
d. 257 800 … 258 700
e. 588 888 … 588 887
f. 600 008 … 600 080

8 **Complète** pour encadrer chaque nombre par deux centaines de mille.

a. … < 350 000 < …   b. … < 720 000 < …
c. … < 666 245 < …   d. … < 500 010 < …
e. … < 100 005 < …   f. … < 200 550 < …

9 **Complète** pour encadrer chaque nombre au plus près.

Le nombre juste avant et le nombre juste après encadrent au plus près !

a. … < 355 000 < …   b. … < 888 000 < …
c. … < 202 421 < …   d. … < 100 010 < …
e. … < 720 040 < …   f. … < 472 700 < …

10 **Écris en chiffres** et **range** dans l'ordre croissant.

- neuf-cent-mille-deux-cent-soixante
- neuf-cent-mille-cent-soixante-deux

11 **Écris** en chiffres et **range** dans l'ordre décroissant.

- huit-cent-quarante-mille-treize
- huit-cent-treize-mille-quarante
- quarante-mille-huit-cent-treize
- cent-treize-mille-quarante-huit
- cent-quarante-huit-mille-treize

12 **Cherche** l'intrus et **recopie** dans l'ordre croissant.

510 040 • 510 400 • 514 000 • 540 010 • 540 100 • 540 001 • 541 000 • 451 000

13 **Cherche** l'intrus et **recopie** dans l'ordre décroissant.

972 000 • 970 200 • 700 920 • 920 070 • 920 700 • 920 007 • 900 270 • 900 027

14 **Écris** le plus grand nombre en chiffres et **encadre-le** au plus près.

neuf-cent-soixante-douze-mille-cent-sept • neuf-cent-quatre-vingt-six-mille-huit-cent-trente-et-un • neuf- cent-quatre-vingt-dix-neuf-mille-six-cents

15 **Encadre**, au plus près, le plus petit nombre de chaque série.

a.	42 607	42 076	47 062	42 067
b.	325 640	340 625	360 425	325 064

Je fais des maths autrement

16 Les Maths ça sert en **Géographie**

Pour produire des aliments, l'agriculture a besoin d'eau.

Besoin en **EAU** pour 1 kg produit

Range les aliments du moins consommateur au plus consommateur en eau.

17 L'encadrement-mystère

Place le carton 0 pour obtenir un nombre compris entre 1500 et 1600.

18 Je travaille en groupe

La foire aux encadrements

- **Écrivez** chacun un nombre de 6 chiffres.
- **Rangez** les nombres dans l'ordre décroissant.

→ **Vérifiez les résultats du groupe voisin.**

million 1 000 000 neuf 9

Se repérer dans la suite des nombres (1)

Cherchons ensemble

Activité s'appuyant sur la situation de **manipulation** décrite dans le guide

1 Voici le puzzle que le groupe de Sami a reconstitué.

100 000 200 000 .... 400 000 .... 700 000 .... 900 000

480 000 490 000 .... 510 000 .... 540 000 .... 570 000

781 000 782 000 .... 784 000 .... 787 000 .... 790 000

▸ **Écris**, sur ton cahier, les nombres manquants sur les pièces des puzzles.

Retenons ensemble

Mots à retenir
droite graduée • terme • écart

Comment se repérer dans la suite des nombres jusqu'à 999 999 ?

▸ On peut placer une **suite de nombres** sur une **droite graduée**.
Chaque nombre de la suite est appelé **terme**.
L'**écart** entre les termes est toujours le même.

0 100 000 200 000 300 000 400 000 500 000 600 000 700 000 800 000 900 000

+100 000 +100 000 +100 000

Cette droite est graduée de 100 000 en 100 000 donc l'écart entre les termes est de 100 000.

Je sais faire

2 **Écris**, sur ton cahier, les termes manquants de la suite.

200 000 .... 210 000 .... 220 000 .... 230 000 .... 240 000 .... 250 000

3 **Écris** les termes manquants et l'écart entre les termes.

.... 90 000 100 000 .... 120 000 .... 160 000 ....

4 **Reproduis** la droite graduée et **complète**.

500 300 500 400 .... 500 700 .... 500 900 .... 501 100 ....

Je m'entraine

5 **Écris**, sur ton cahier, les termes manquants de la suite en prenant un écart de 15 000.

.... 30 000 ....

6 **Recopie** la droite graduée et **complète** la suite de nombres en prenant un écart de 50 000.

0 ....

7 **Trouve** l'écart entre les termes et **corrige** les erreurs.

0 150 001 300 002 450 003 600 005 850 005 900 006

8 a. **Trace** une droite graduée de 10 graduations et **écris** la suite de nombres de 0 à 225 000 en prenant un écart de 25 000.

b. **Trace** une droite graduée de 10 graduations et **écris** la suite de nombres de 0 à 900 009 en prenant un écart de 100 001.

9 **Écris** VRAI ou FAUX.

12 015 • 12 030 • ?

Le troisième terme de cette suite est 12 050.

10 **Recopie** et **complète** le tableau en prenant un écart de 30 000.

1er terme	2e terme	3e terme
60 000	...	...
125 000	...	...
812 000	...	...

11 **Écris** une suite de 12 termes ayant pour écart 12 500.

Je fais des maths autrement

12 Les Maths ça sert en Français

a. Les gymnastes savent faire le grand **écart**.

b. Une succession ordonnée de nombres est une **suite**.

c. Ce grand hôtel propose une très belle **suite**.

d. L'**écart** entre deux termes consécutifs est toujours le même.

Les mots **écart** et **suite** sont-ils employés dans leur sens mathématique ?

13 Le terme-mystère

Écris le dernier terme d'une suite de huit nombres commençant par 40 000 et ayant pour écart 100 000.

14 Je travaille en groupe

La suite infernale

• **Écrivez** une suite de 10 termes avec les plus grands nombres possibles. Chaque terme est un nombre à six chiffres.

→ **Comparez votre résultat avec le groupe voisin.**

million
1 000 000
neuf 9

Je fais le Bilan

Les nombres entiers jusqu'à 100 000

Lire et écrire un nombre

1 **Écris dans un tableau de numération.**
a. deux-mille-cent-quarante-et-un
b. douze-mille-neuf-cent-douze
c. quatre-vingt-deux-mille-trois-cents

2 **Écris en chiffres.**
a. soixante-mille-six-cent-quarante-et-un
b. neuf-mille-neuf-cent-onze
c. cinquante-mille-quatre-cent-trente-neuf

3 **Écris en lettres.**
a. 88 000 b. 21 082
c. 30 357 d. 45 999

Décomposer un nombre

4 **Décompose à l'aide de l'addition.**
a. 50 023 b. 25 025
c. 40 680 d. 1 032
e. 31 107 f. 7 654

5 **Décompose à l'aide de la multiplication.**
a. 25 000 b. 87 025
c. 85 800 d. 64 321
e. 52 750 f. 10 099

6 **Recompose chaque nombre.**
a. 10 000 + 10 000 + 10 000 + 1 000 + 100 + 8
b. 70 000 + 3 000 + 30
c. 50 000 + 4 000 + 300
d. (8 × 10 000) + (4 × 100)

Comparer, ranger et encadrer

7 **Recopie et complète** avec < ou >.
a. 21 500 … 51 200
b. 80 054 … 80 045
c. 38 009 … 39 008

8 **Encadre** entre deux dizaines de mille.
a. … < 75 900 < … b. … < 58 854 < …
c. … < 25 112 < … d. … < 85 003 < …

9 **Recopie** et **encadre** au plus près.
a. … < 5 900 < … b. … < 57 854 < …
c. … < 75 512 < … d. … < 15 003 < …

10 **Range** les nombres dans l'ordre croissant.
90 801 90 030 90 100
93 000 90 514 99 999

11 **Range** les nombres dans l'ordre décroissant.
49 900 48 300 49 900
48 003 51 400 47 999

Se repérer dans la suite des nombres

12 **Construis** la droite graduée et **continue** la suite des nombres jusqu'à 40 000.

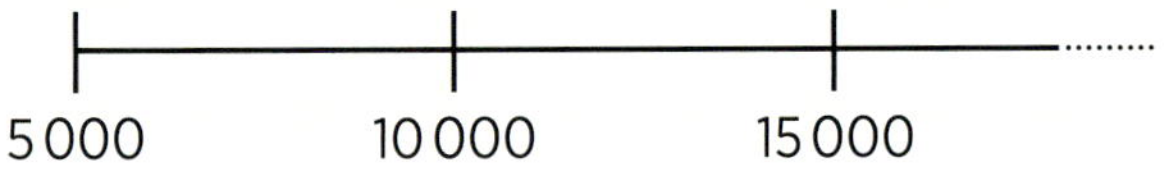

13 **Place**, sur une droite graduée, la suite des nombres de 1 000 à 9 500 avec un écart de 500.

14 **Place**, sur une droite graduée, la suite des nombres de 0 à 90 009 avec un écart de 10 001.

15 **Écris** la suite des nombres de 10 000 à 30 000 avec un écart de 2 000.

16 **Écris** la suite des nombres de 50 000 à 90 000 avec un écart de 10 000.

17 **Écris** une suite de 10 nombres ayant pour écart 7 000.

Les nombres entiers jusqu'au million

Lire et écrire un nombre

18 **Écris dans un tableau de numération.**
a. cent-mille-cent-quarante-et-un
b. neuf-cent-douze-mille-neuf-cent-douze
c. trois-cent-mille-quatre-vingt-deux

19 **Écris en chiffres.**
a. six-cent-mille-six-cent-quarante-et-un
b. neuf-cent-dix-mille-neuf-cent-onze
c. cinq-cent-mille-quatre-cent-trente-neuf

20 **Écris en lettres.**
a. 880 000 b. 214 082
c. 300 357 d. 451 999

Décomposer un nombre

21 **Décompose** à l'aide de l'addition.
a. 350 023 b. 245 025
c. 400 680 d. 100 032
e. 315 107 f. 987 654

22 **Décompose** à l'aide de la multiplication.
a. 250 000 b. 870 025
c. 685 000 d. 987 321
e. 527 700 f. 100 099

23 **Recompose** chaque nombre.
a. 100 000 + 100 000 + 10 000 + 1 000 + 8
b. 700 000 + 20 000 + 3 000 + 30
c. 500 000 + 40 000 + 3 000 + 200 + 30 + 5
d. 600 000 + 7 000 + 900

24 **Recompose** chaque nombre.
a. (8 × 10 000) + (5 × 1 000) + (7 × 100)
b. (9 × 10 000) + (8 × 10)
c. (5 × 100 000) + (2 × 1 000)
d. (3 × 100 000) + (1 × 100) + (5 × 10)

Comparer, ranger et encadrer

25 **Recopie** et **complète** avec $<$ ou $>$.
a. 121 500 … 151 200
b. 800 054 … 800 045
c. 308 009 … 309 008

26 **Encadre** entre deux centaines de mille.
a. … $<$ 375 900 $<$ … b. … $<$ 508 854 $<$ …
c. … $<$ 275 112 $<$ … d. … $<$ 815 003 $<$ …

27 **Recopie** et **encadre** au plus près.
a. … $<$ 501 900 $<$ … b. … $<$ 457 854 $<$ …
c. … $<$ 705 112 $<$ … d. … $<$ 815 003 $<$ …

28 **Range** les nombres dans l'ordre croissant.

900 801	900 030	900 100
903 000	900 514	999 999

29 **Range** les nombres dans l'ordre décroissant.

409 900	448 300	449 900
480 003	451 400	447 999

Se repérer dans la suite des nombres

30 **Construis** la droite graduée et **continue** la suite des nombres jusqu'à 700 000.

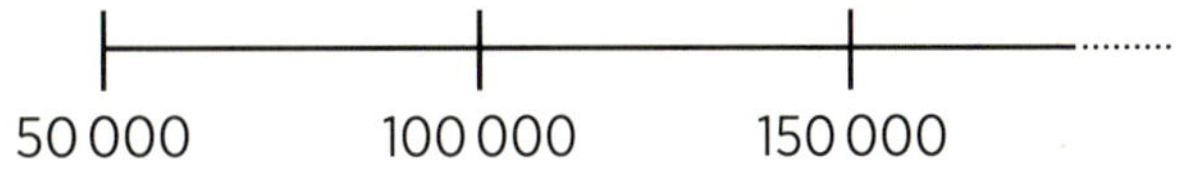

31 **Place**, sur une droite graduée, la suite des nombres de 0 à 600 000 avec un écart de 100 000.

32 **Place**, sur une droite graduée, la suite des nombres de 0 à 900 009 avec un écart de 100 001.

33 **Écris** la suite des nombres de 100 000 à 300 000 avec un écart de 20 000.

34 **Écris** la suite des nombres de 210 000 à 330 000 avec un écart de 30 000.

35 **Écris** une suite de 5 nombres ayant pour écart 110 000.

million
1 000 000
neuf 9

Lire et écrire les nombres jusqu'à 999 999 999

Cherchons ensemble

Activité s'appuyant sur la situation de **manipulation** décrite dans le guide

1 Voici les cartes nombres que Sami et Hugo ont reçues.

335 027 128 | 335 120 728 | 335 020 728

trois-cent-trente-cinq-millions-vingt-sept-mille-cent-vingt-huit

trois-cent-trente-cinq-millions-vingt-mille-sept-cent-vingt-huit

trois-cent-trente-cinq-millions-cent-vingt-mille-sept-cent-vingt-huit

▸ **Écris** les nombres identiques ensembles.

Retenons ensemble

Mots à retenir
tableau de numération •
classe des millions

Comment lire et écrire un nombre inférieur au milliard ?

- Pour **lire et écrire les nombres en lettres**, on peut s'aider du **tableau de numération**.

Celui-ci comporte une classe de nombres supplémentaire : la **classe des millions**.
Cette classe est aussi composée de **centaines**, **dizaines** et **unités**.

classe des **millions**			classe des **mille**			classe des **unités**		
c	d	u	c	d	u	c	d	u
	5	0	3	2	4	5	7	2
2	3	2	1	5	0	0	1	3

→ Le nombre **50 324 572** s'écrit *cinquante-millions-trois-cent-vingt-quatre-mille-cinq-cent-soixante-douze.*

→ Le nombre **232 150 013** s'écrit *deux-cent-trente-deux-millions-cent-cinquante-mille-treize.*

Je sais faire

2 **Recopie et complète** le tableau de numération.

	classe des **millions**			classe des **mille**			classe des **unités**		
	c	d	u	c	d	u	c	d	u
5 000 000									
7 700 000									
12 020 400									
23 251 310									

3 **Écris en chiffres dans un tableau de numération.**

a. sept-millions
b. trente-millions-deux-cent-mille
c. soixante-dix-huit-millions-neuf-cent-mille-six
d. cent-millions

4 **Écris en lettres.**

a. 2 000 000
b. 7 700 000
c. 8 000 200
d. 23 023 000
e. 99 000 099
f. 999 999 000

Je m'entraine

8 **Écris** la table de multiplication de 20 allant de 5 × 20 à 9 × 20.
Recopie les multiples de 20.
100 • 110 • 120 • 130 • 140 • 160 • 180

9 **Récris** la liste des multiples de 15 en supprimant l'intrus.
15 • 30 • 40 • 45 • 60 • 75 • 90

10 **Recopie** les multiples :
a. **de 15 :** 45 • 30 • 90 • 10
b. **de 25 :** 10 • 50 • 2 • 100
c. **de 20 :** 400 • 250 • 80 • 160
d. **de 5 :** 12 • 121 • 39 • 100

11 **Écris** « multiple de 20 » ou « multiple de 25 ».
a. 180 b. 150 c. 250
d. 275 e. 140 f. 80

12 **Reconstitue** les paires, comme dans l'exemple.
Exemple : Multiple de 5 et de 15 → 45

Multiple de 50 et de 100 •	• 18
Multiple de 15 et de 30 •	• 250
Multiple de 3 et de 9 •	• 60
Multiple de 4 et de 8 •	• 200
Multiple de 25 mais pas de 100 •	• 40

13 **Écris** les 11 premiers multiples de 5.
Recopie et complète.
Les multiples de 5 se terminent par … ou … .

14 **Écris** deux multiples de chaque nombre.
a. 15 b. 50 c. 25
d. 5 e. 20 f. 10

15 **Écris** trois multiples de chaque nombre.
a. 2 b. 6 c. 11
d. 4 e. 8 f. 12

16 **Classe** les nombres dans le tableau.
24 10 15 14 12 40 100 400 28

Multiple de 4	Non multiple de 4
…	…

17 **Recopie** le tableau en corrigeant les erreurs.

Multiples de 15 et 20	Non multiples de 15 et 20
30 • 120 • 90	60 • 45 • 80

18 **Écris** deux multiples :
a. de 5 et de 10 b. de 5 et de 15
c. de 10 et de 50 d. de 10 et de 1
e. de 3 et de 9 f. de 4 et de 8

Je fais des maths autrement

19 Les Maths ça sert en Français

a. Dans la mer, il y a de **multiples** poissons.
b. Il y a de nombreux **multiples** de 5.
c. On peut écrire un nombre de **multiples** façons.
d. Un nombre peut avoir plusieurs **multiples**.

Le mot **multiple** est-il employé dans son sens mathématique ?

20 Le multiple-mystère
Écris le plus grand multiple possible de 5 comportant 2 chiffres.
Puis **écris** le plus petit.

21 Je travaille en groupe

La foire aux multiples
• **Écrivez**, dans l'ordre croissant, tous les multiples de 3 comportant deux chiffres et inférieurs à 50.
→ **Comparez votre résultat avec le groupe voisin.**

Découvrir les fractions pour mesurer

Cherchons ensemble

Activité s'appuyant sur la situation de **manipulation** décrite dans le guide

1 Voici les segments que Malika et Hugo doivent mesurer avec leur bande unité.

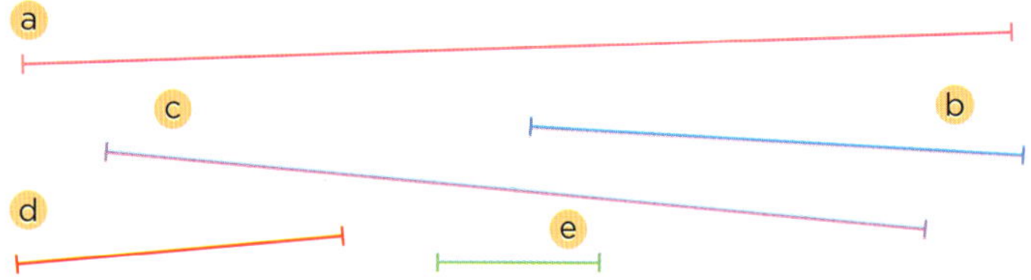

- **Fabrique** ta bande unité : découpe une bande de papier de 6 cm de long.

Bande unité u [u]

- **Écris** le portrait de chaque segment en utilisant les mots « bande unité, moitié, quart ».

Retenons ensemble

Mots à retenir
fraction • numérateur • dénominateur

À quoi sert une fraction ?

- On utilise une **fraction** pour écrire **un nombre** qui représente une ou plusieurs **parts d'une unité**.

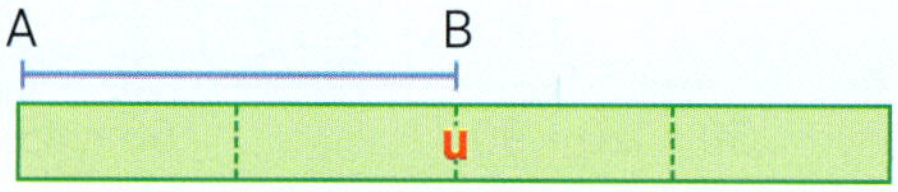

L'unité u est partagée en 4 parts égales. Chaque part représente un quart de l'unité. Le segment bleu mesure 2 parts sur les 4 que comporte l'unité.

On écrit : $\frac{2}{4}$
- 2 ← Le nombre de parts mesurées, c'est le **numérateur**.
- 4 ← Le nombre de parts de l'unité, c'est le **dénominateur**.

- Pour lire une fraction, on lit le numérateur, puis le dénominateur en lui ajoutant « ième ».

Exemple : la fraction $\frac{3}{5}$ se lit trois cinquièmes.

Exceptions : $\frac{1}{2}$ se lit « un **demi** », $\frac{1}{3}$ se lit « un **tiers** » et $\frac{1}{4}$ « un **quart** ».

Je sais faire

2 a. **Reproduis** et **découpe** la bande unité u.

[u]

b. **Écris** la mesure de chaque segment sous la forme d'une fraction de u.

Exemple :

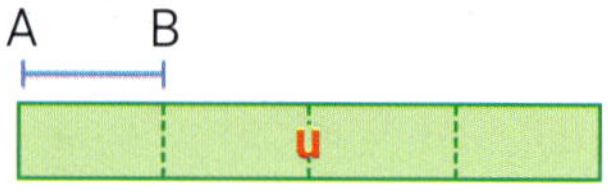

AB mesure $\frac{1}{4}$ u

3 **Écris** les fractions en lettres.

a. $\frac{1}{3}$ b. $\frac{5}{4}$ c. $\frac{9}{2}$ d. $\frac{2}{4}$

e. $\frac{7}{4}$ f. $\frac{10}{2}$ g. $\frac{6}{6}$ h. $\frac{4}{8}$

4 **Écris** les fractions en chiffres.

a. trois quarts
b. six huitièmes
c. trois demis
d. neuf huitièmes
e. sept demis
f. un sixième

Je m'entraine

5 **Écris la longueur des segments avec une fraction de u.**

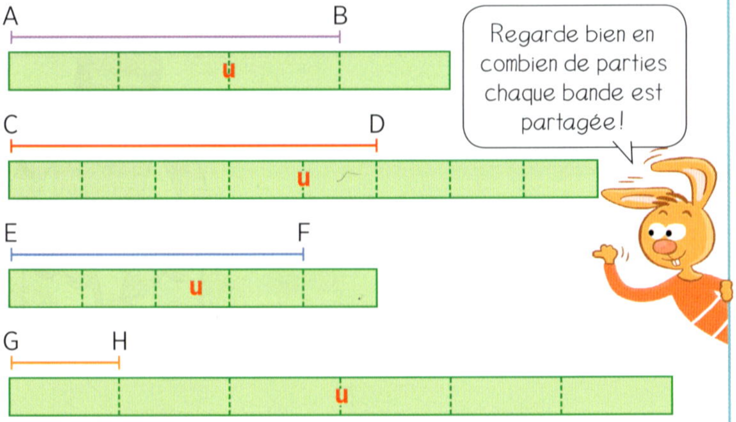

6 **Associe chaque segment à sa mesure exprimée sous forme de fraction de u.**

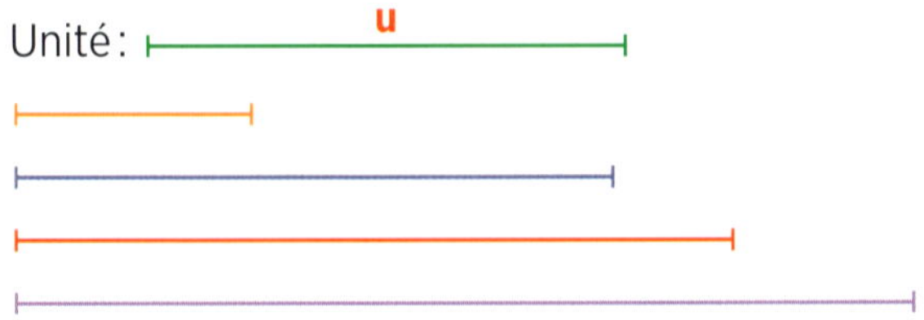

$\frac{1}{2}$u $\frac{3}{2}$u $\frac{5}{4}$u $\frac{15}{8}$u

7 **Reconstitue les paires.**

A Dénominateur	**1** Une ou plusieurs parts de l'unité
B Numérateur	**2** Nombre de parts de l'unité
C Fraction	**3** Nombre de parts mesurées

8 **Écris VRAI ou FAUX.**

a. La fraction $\frac{3}{4}$ indique que l'unité est partagée en 4 parts et qu'on en a mesuré 3.

b. La fraction $\frac{5}{6}$ indique que l'unité est partagée en 5 parts et qu'on en a mesuré 6.

c. La fraction $\frac{6}{6}$ indique que sur les 6 unités, on les a toutes mesurées.

9 **Recopie en corrigeant les erreurs.**

a. La fraction $\frac{2}{3}$ se lit « trois demis ».

b. Lorsqu'on entend « quatre cinquièmes », on écrit $\frac{5}{4}$.

c. La fraction $\frac{3}{9}$ se lit « trois huitièmes ».

10 **Fabrique** une bande unité de 8 cm de longueur. **Trace** sur une feuille blanche un segment dont la longueur est $\frac{1}{4}$ u.

Je fais des maths autrement

11 Les Maths ça sert en Sciences

Dans notre système solaire, la Terre est beaucoup plus proche du Soleil que Jupiter.

Aide-toi du schéma pour écrire la distance Terre-Soleil avec une fraction de u, l'unité u étant la distance Soleil-Jupiter.

12 La mesure-mystère ???

Trace le segment $\frac{1}{4}$ u.

Quelle est sa mesure ?

13 Je travaille en groupe

La piste aux escargots

L'escargot A a parcouru $\frac{1}{2}$ de la piste alors que l'escargot B les $\frac{3}{4}$. La piste mesure 10 cm de longueur.

- **Reproduisez** et **complétez** le tableau.

Nom de l'escargot	A	B
Distance parcourue	... cm	... cm

→ **Comparez votre résultat avec le groupe voisin.**

Utiliser les fractions pour mesurer

Cherchons ensemble

Activité s'appuyant sur la situation de **manipulation** décrite dans le guide

1 Voici le segment que le groupe de Lisa doit mesurer avec la bande unité.

- **Fabrique** ta bande unité : **découpe** une bande de papier de 4 cm de long.

Bande unité u 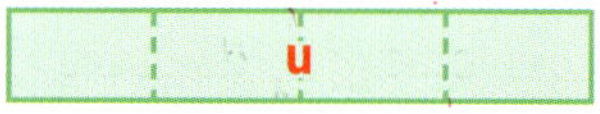

- À l'aide de la bande unité, **écris** la mesure du segment en utilisant une fraction.

Retenons ensemble

Mots à retenir
entier • fraction

Comment utiliser des fractions pour mesurer ?

- On peut **mesurer une longueur supérieure à l'unité** en ajoutant un nombre **entier** et une **fraction**.

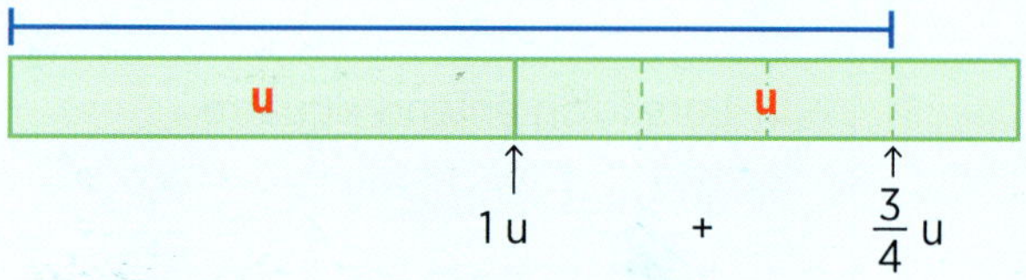

Le segment bleu mesure 1 unité plus $\frac{3}{4}$ de l'unité.

On écrit : AB mesure 1u + $\frac{3}{4}$u

- Attention, certaines écritures correspondent à la **même mesure de longueur**.

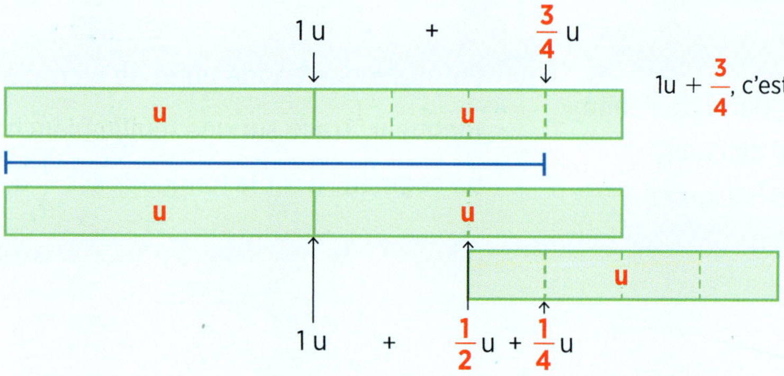

1u + $\frac{3}{4}$, c'est aussi 1u + $\frac{1}{2}$ + $\frac{1}{4}$

Je sais faire

2 a. **Reproduis** et **découpe** la bande unité u.

b. **Écris** la mesure de chaque segment en utilisant un entier et une fraction.

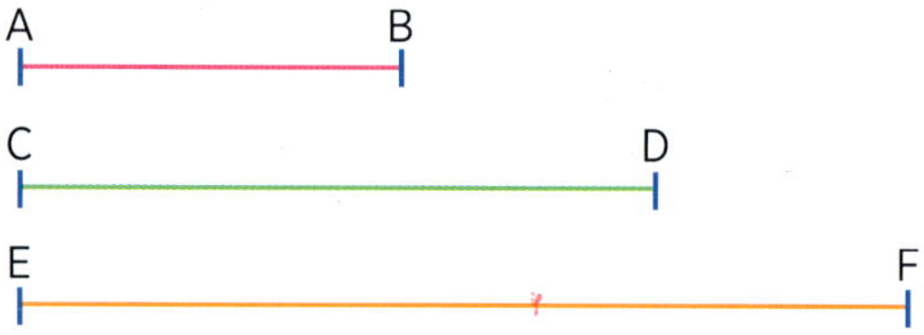

3 **Fabrique** une bande unité de 4 cm puis **trace** les segments.

a. segment EF : 1u + $\frac{1}{4}$u

b. segment FH : 1u + $\frac{1}{2}$u

c. segment IJ : 1u + $\frac{1}{4}$u + $\frac{1}{8}$u

d. segment KL : 2u + $\frac{1}{2}$u + $\frac{1}{4}$u

Je m'entraine

4 **Écris** la longueur des segments AC, BE, AD et AE avec une fraction de u.

Unité : u

5 **Trace** les segments.

Segment unité u :

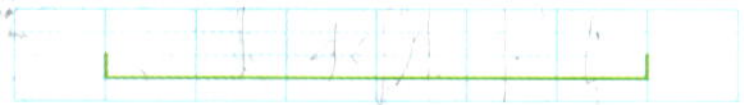

a. segment AB : $1u + \frac{1}{6}u$

b. segment CD : $1u + \frac{2}{3}u + \frac{1}{6}u$

c. segment EF : $2u + \frac{1}{3}u + \frac{2}{6}u$

6 **Trace** les segments, puis **indique** les mesures équivalentes.

a. segment AB : $1u + 1u + \frac{1}{4}u + \frac{1}{8}u$

b. segment CD : $2u + \frac{3}{8}u$

c. segment EF : $1u + 1u + \frac{3}{4}u$

d. segment GH : $1u + 1u + \frac{2}{4}u + \frac{1}{4}u$

7 **Reconstitue** les paires.

A $\frac{1}{2}u + \frac{1}{4}u + \frac{4}{8}u$ — **1** $2u + \frac{2}{8}u$

B $\frac{2}{8}u + \frac{3}{4}u + \frac{1}{2}u + \frac{6}{8}u$ — **2** $1u + \frac{1}{4}u$

8 **Trouve** les enfants qui ont parcouru la même distance.

Sami : 2 tours + $\frac{3}{4}$ de tours

Malika : $\frac{5}{2}$ tours

Lisa : 2 tours + $\frac{1}{2}$ tour

Hugo : 2 tours + $\frac{1}{2}$ tour + $\frac{1}{4}$ de tour

9 Trois enfants mangent respectivement $\frac{2}{8}$, $\frac{1}{4}$ et $\frac{1}{8}$ d'une baguette. **Cherche** la fraction qui reste pour chacune des baguettes. **Aide-toi** du schéma.

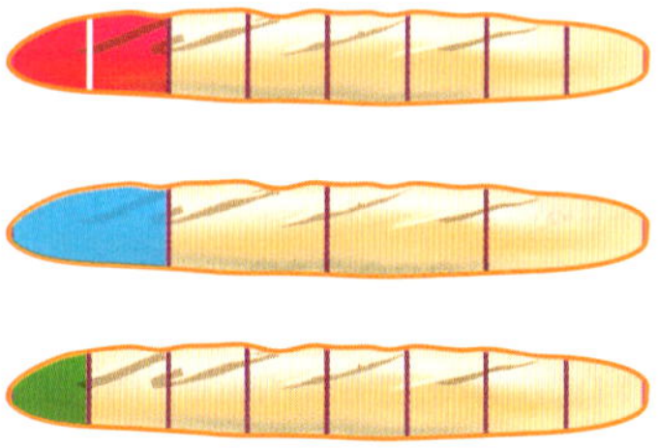

Je fais des maths autrement

10 Les Maths ça sert en **Éducation musicale**

Les instruments de musique sont classés en trois familles : les instruments à cordes, à percussions et à vent. Voici la répartition choisie par les élèves.

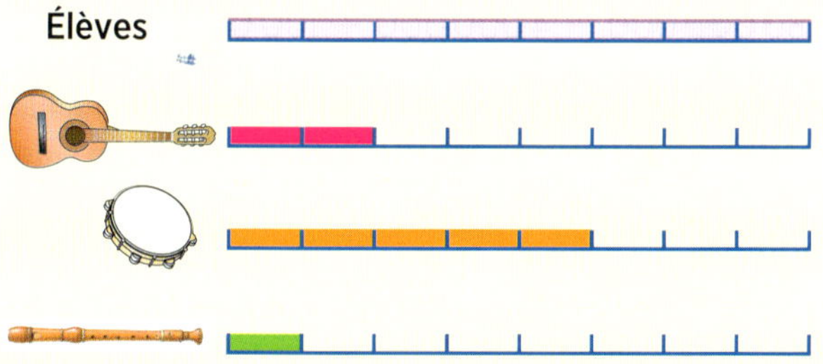

Écris les fractions d'élèves ayant choisi chaque famille d'instruments.

11 La mesure-mystère ???

Trace le segment $2u + \frac{1}{4}u$.

Quelle est sa mesure ?

12 Je travaille en groupe

La foire aux fractions

• **Construisez** deux bandes de papier : une bande B1 de 6 cm et une B2 ayant pour mesure un multiple de 6 (table de 6).

→ Faites noter, par le groupe voisin, la fraction de B2 corespondant à B1.

Placer des fractions sur une droite graduée

Cherchons ensemble

Activité s'appuyant sur la situation de **manipulation** décrite dans le guide

1 Voici la droite graduée que le groupe de Lisa a reçue.

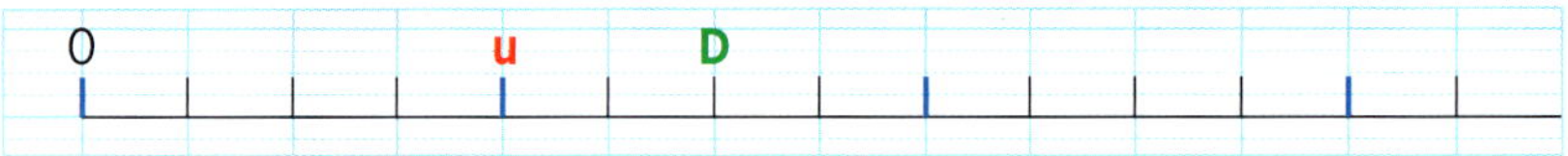

- **Fabrique** ta bande unité : découpe une bande de papier de 3 cm de long.

Bande unité u [u]

- **Reproduis** la droite graduée sur ton cahier.
- À l'aide de la bande unité, **place** le point E tel que le segment DE mesure 1u + $\frac{1}{2}$u.

Retenons ensemble

Mots à retenir
graduée • fractions

Comment placer des fractions sur une droite graduée ?

- Sur une **droite graduée**, on peut écrire des **fractions** entre deux nombres entiers. Pour **placer les fractions** sur la **droite graduée**, il faut partager l'unité en autant de parts égales que le **dénominateur**.

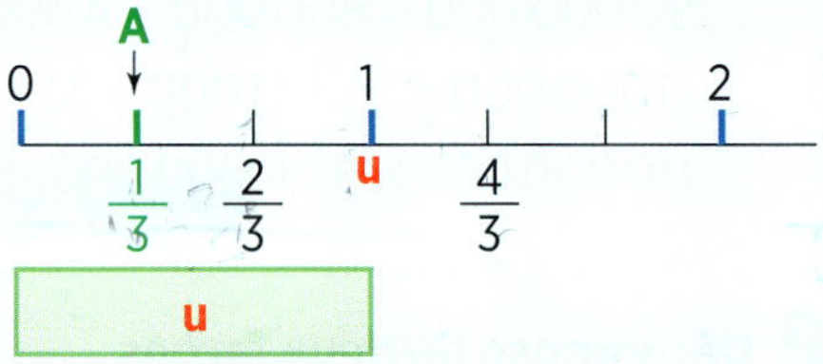

Pour placer la fraction $\frac{1}{3}$, partage l'unité en 3.

La fraction $\frac{1}{3}$ est placée au point **A** car elle correspond à la **mesure** de $\frac{1}{3}$**u**.

Je sais faire

2 **Reproduis** la droite graduée puis **place** les fractions.

a.

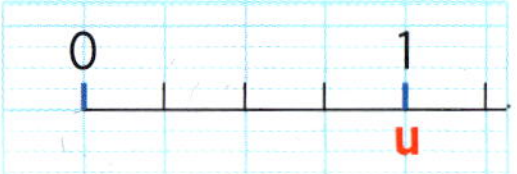

$\frac{3}{4}$ $\frac{1}{4}$ $\frac{2}{4}$

b.

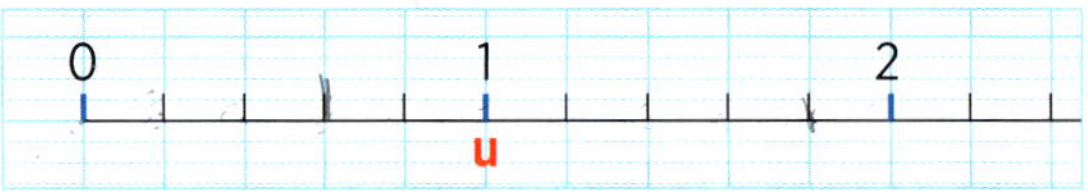

$\frac{3}{5}$ $\frac{6}{5}$ $\frac{10}{5}$ $\frac{12}{5}$

c.

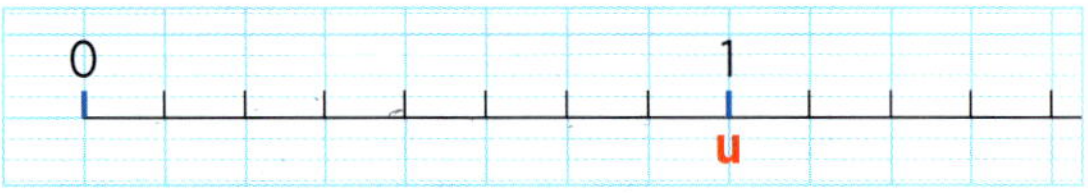

$\frac{1}{2}$ $\frac{3}{4}$ $\frac{10}{8}$ $\frac{14}{8}$

3 **Écris la fraction qui correspond à chaque lettre.**

a.

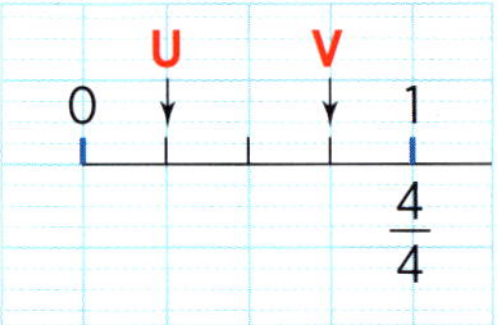

b.

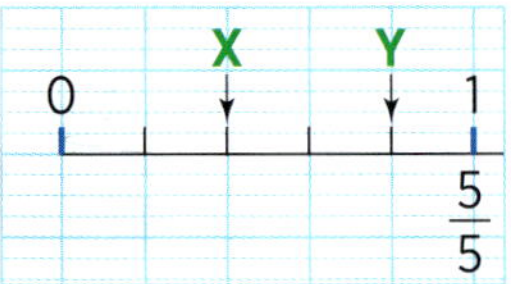

c.

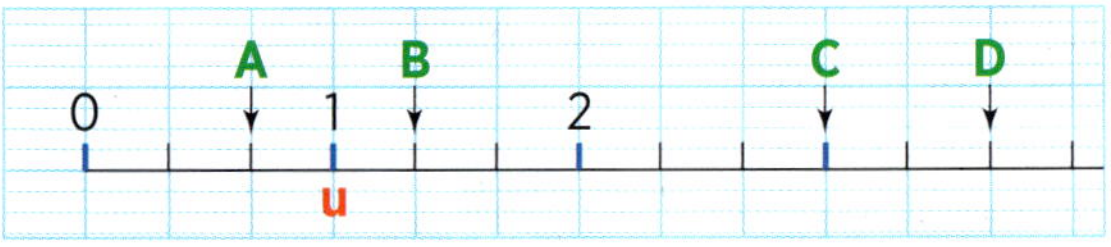

d.

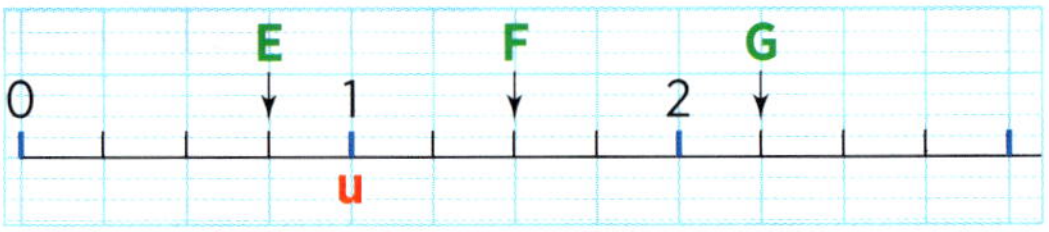

Je m'entraine

4 **Reproduis** la droite puis **place** les fractions.

A un cinquième
B quatre cinquièmes
C sept cinquièmes
D onze cinquièmes
E deux cinquièmes
F dix cinquièmes

5 **Reproduis** la droite puis **place** les fractions.

$\frac{3}{4}$ $1 + \frac{1}{2}$ $1 + \frac{3}{4}$ $2 + \frac{1}{2}$ $3 + \frac{3}{4}$

6 **Reproduis** la droite puis **place** les fractions.

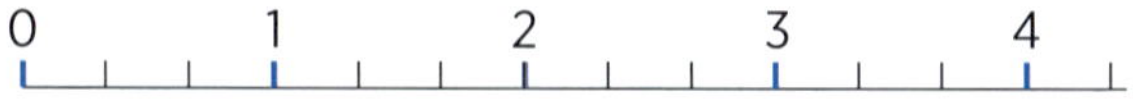

$\frac{2}{3}$ $1 + \frac{1}{3}$ $1 + \frac{2}{3}$ $2 + \frac{1}{3}$ $3 + \frac{2}{3}$

7 **Écris** la fraction qui correspond à chaque lettre.

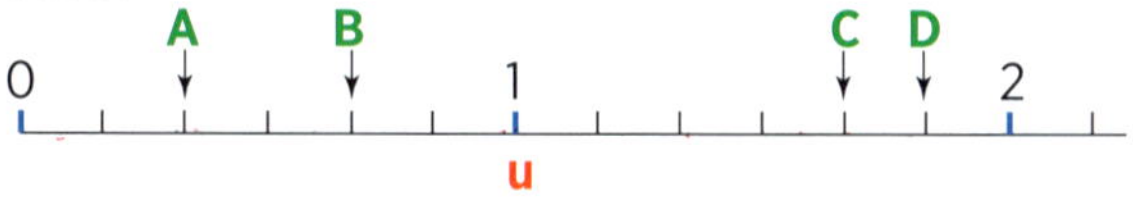

8 **Décompose** les fractions qui correspondent à chaque lettre, comme dans l'exemple.

a.

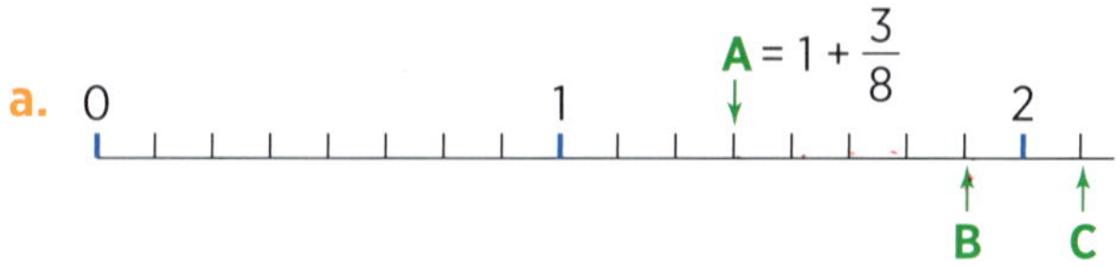

b.

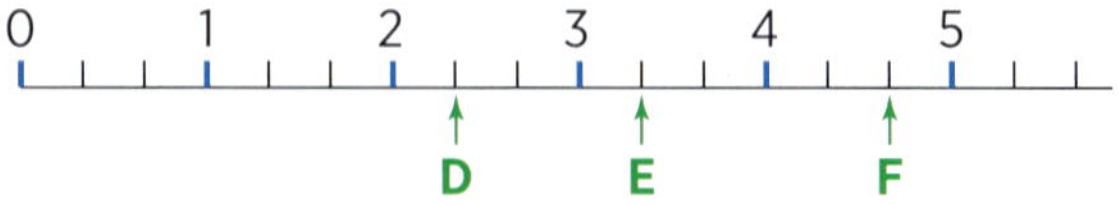

c.

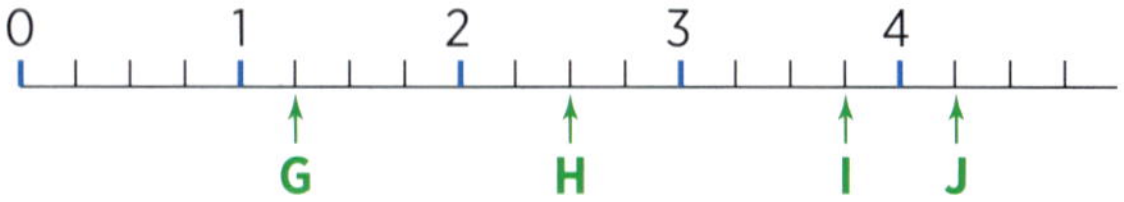

9 Écris VRAI ou FAUX. **Vérifie** à l'aide de la droite graduée de l'exercice 4.

a. $\frac{6}{5} = 1 + \frac{1}{5}$

b. $1 + \frac{4}{5} = 2$

c. $\frac{8}{5} = 1 + \frac{2}{5}$

d. $3 + \frac{5}{5} = 4$

10 **Trouve** deux écritures fractionnaires de la graduation rouge.

Je fais des maths autrement

11 Les Maths ça sert en EPS

Le coureur Éthiopien Kenenisa Bekele a battu le record du monde du 10 km en un peu plus de 26 minutes. Au bout de 15 minutes 45 secondes, il avait parcouru les $\frac{3}{5}$ de la course.

Reproduis la droite et **place** la fraction parcourue après 15 min 45 de course.

12 La fraction-mystère

Écris la fraction qui correspond à la partie de la droite coloriée.

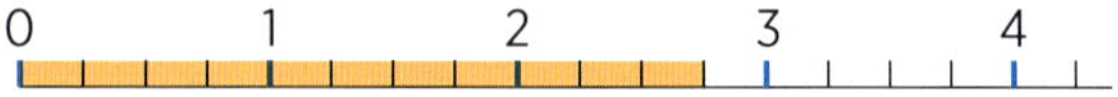

13 Je travaille en groupe

Les droites coloriées

- **Écrivez** trois fractions sur une feuille blanche.

→ **Demandez au groupe voisin de construire les 3 droites coloriées correspondantes.**

million 1 000 000 neuf 9

Comparer et ranger des fractions

Cherchons ensemble

Activité s'appuyant sur la situation de **manipulation** décrite dans le guide

1 Voici les cartes fractions que Malika doit comparer. $\frac{2}{3}$ $\frac{4}{3}$ $\frac{9}{3}$ $\frac{12}{3}$ $\frac{3}{2}$

- **Fabrique** ta bande unité : **découpe** une bande de papier de 3 cm de long.

Bande unité u : u

- **Reproduis** la droite et place les fractions à l'aide de la bande unité.

0 1

- **Range-les** dans l'ordre croissant.

Retenons ensemble

Mots à retenir
comparer • numérateurs • dénominateurs

Comment comparer et ranger des fractions ?

- Pour **comparer deux fractions** dont les **numérateurs sont égaux**, on compare les **dénominateurs**.

Exemple : $\frac{4}{3} < \frac{4}{2}$ car $3 < 2$.

- Pour **comparer deux fractions** dont les **dénominateurs sont égaux**, on compare les **numérateurs**.

Exemple : $\frac{4}{4} > \frac{3}{4}$ car $4 > 3$.

Une fraction **est égale à 1** si le numérateur est égal au dénominateur. $\frac{3}{3} = 1$

Une fraction **est inférieure à 1** si le numérateur est inférieur au dénominateur. $\frac{2}{3} < 1$

Une fraction **est supérieure à 1** si le numérateur est supérieur au dénominateur. $\frac{4}{3} > 1$

Je sais faire

2 **a. Reproduis** et **découpe** la bande unité u. u

b. Reproduis la droite et **place** les fractions à l'aide de la bande unité.

0 1

$\frac{1}{6}$ $\frac{3}{4}$ $\frac{4}{3}$ $\frac{3}{2}$ $\frac{8}{4}$ $\frac{15}{6}$ $\frac{10}{3}$

c. Range les fractions dans l'ordre croissant.

3 **Écris les fractions égales à 1, puis celles supérieures 1 et celles inférieures à 1.**

$\frac{2}{5}$ $\frac{7}{4}$ $\frac{10}{10}$ $\frac{13}{5}$ $\frac{6}{6}$ $\frac{15}{8}$ $\frac{1}{3}$

4 **Écris trois fractions supérieures à 1, trois fractions égales à 1 et trois fractions inférieures à 1.**

Exemple : $\frac{7}{5} > 1$; $\frac{2}{2} = 1$; $\frac{2}{3} < 1$.

Je m'entraine

5 **Recopie et complète** à l'aide des signes $<$, $>$ ou $=$.

a. $\frac{14}{8} \dots \frac{10}{8}$ b. $\frac{5}{4} \dots \frac{5}{2}$ c. $\frac{2}{4} \dots \frac{1}{2}$

6 **Recopie et complète ces fractions pour qu'elles soient égales à 1.**

a. $\frac{\dots}{3}$ b. $\frac{\dots}{4}$ c. $\frac{5}{\dots}$

7 **Recopie et complète ces fractions pour qu'elles soient inférieures à 1.**

a. $\frac{\dots}{5}$ b. $\frac{\dots}{8}$ c. $\frac{2}{\dots}$

8 **Recopie et complète ces fractions pour qu'elles soient supérieures à 1.**

a. $\frac{\dots}{6}$ b. $\frac{\dots}{10}$ c. $\frac{6}{\dots}$

9 **Range** les fractions dans l'ordre croissant.

$\frac{6}{9}$ • $\frac{13}{9}$ • $\frac{8}{9}$ • $\frac{3}{9}$ • $\frac{9}{9}$ • $\frac{4}{9}$

10 **Range** les fractions dans l'ordre croissant.

un demi • un quart • trois quarts • trois demis • quatre quarts • neuf demis

11 **Range** les fractions dans l'ordre décroissant.

$\frac{10}{5}$ • $\frac{3}{5}$ • $\frac{2}{5}$ • $\frac{1}{5}$ • $\frac{5}{5}$ • $\frac{9}{5}$

12 **Écris** les fractions en chiffres dans l'ordre décroissant.

trois quarts • deux demis • un quart • cinq demis • six quarts • quatre demis

13 **Recopie** la bonne proposition.

$\frac{10}{3}$ • $\frac{8}{3}$ • $\frac{5}{3}$ • $\frac{3}{3}$ • $\frac{1}{3}$

– Ordre décroissant – Ordre croissant

14 **Écris VRAI ou FAUX.**

Le nombre 1 est compris entre $\frac{2}{3}$ et $\frac{4}{3}$.

15 **Recopie et complète ces fractions pour qu'elles soient rangées dans l'ordre décroissant.**

$\frac{\dots}{6} < \frac{\dots}{6} < \frac{4}{\dots} < \frac{\dots}{6} < \frac{6}{6} < \frac{\dots}{\dots} + \frac{2}{\dots}$

16 **Range** les fractions dans l'ordre croissant.

a. $\frac{5}{2}$ • $\frac{8}{10}$ • $\frac{9}{9}$ b. $\frac{20}{4}$ • $\frac{3}{6}$ • 1

c. $\frac{50}{50}$ • $\frac{3}{2}$ • $\frac{48}{50}$

17 **Complète** les écritures pour comparer.

a. $1 + \frac{2}{5} \dots 1 + \frac{3}{2}$ b. $2 + \frac{1}{2} \dots 1 + \frac{3}{2}$

c. $1 + \frac{1}{6} < 1 + \frac{\dots}{2}$ d. $2 + \frac{3}{4} > 2 + \frac{\dots}{\dots}$

Je fais des maths autrement

18 Les Maths ça sert en **Géographie**

D'après les données de l'INSEE, voici les chiffres du mode d'occupation des logements pour les habitants de Lille en 2012.

Logement occupé en tant que :	Propriétaire	Locataire	Logé gratuitement
Fraction de personnes concernées	$\frac{28}{100}$	$\frac{70}{100}$	$\frac{1}{50}$

Range ces fractions dans l'ordre croissant.

19 La fraction-mystère

Trouve une fraction égale à 1 comprise entre $\frac{3}{4}$ et $\frac{7}{4}$.

20 Je travaille en groupe

La foire aux fractions

• **Écrivez** toutes les fractions possibles comprises entre 1 et 2 ayant pour dénominateur 2 et 4.

→ Comparez votre résultat avec le groupe voisin

million
1 000 000
neuf 9

Découvrir les fractions pour partager

Cherchons ensemble

Activité s'appuyant sur la situation de **manipulation** décrite dans le guide

1 Voici le puzzle que le groupe de Malika doit recouvrir avec la pièce modèle.

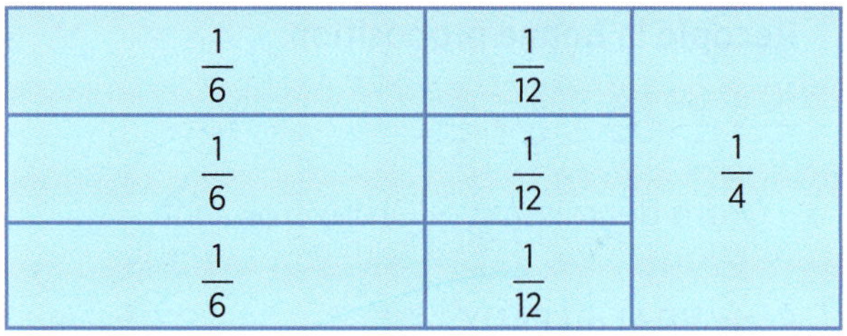

Pièce modèle

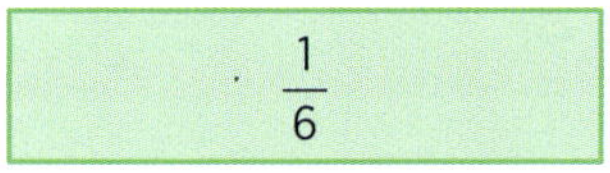

- **Reproduis**, puis **découpe** la pièce modèle.
- **Fabrique** le nombre nécessaire de pièces modèles pour recouvrir entièrement le puzzle.
- **Place** toutes les pièces.
- **Recopie** et **complète**.

Puzzle | Puzzle recouvert

$$\frac{1}{6}+\frac{1}{6}+\frac{1}{6}+\frac{1}{12}+\frac{1}{12}+\frac{1}{12}+\frac{1}{4} = \frac{1}{6}+\frac{1}{6}+\frac{1}{6}+\frac{1}{6}+\frac{1}{6}+\frac{1}{6} = \frac{\dots}{6} = 1$$

Retenons ensemble

Mots à retenir
portions • fraction

Comment partager une figure à l'aide de fractions ?

- On peut **partager une figure** en plusieurs **portions**.

Chacune des **portions** correspond à une **fraction** de la figure

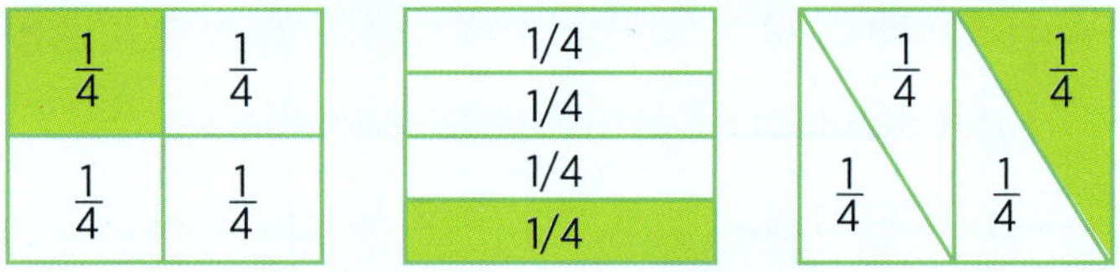

$$\frac{1}{4}+\frac{1}{4}+\frac{1}{4}+\frac{1}{4}=\frac{4}{4}=1$$

Fraction $\frac{1}{4}$
1 → **numérateur** : nombre de **portions coloriées**.
4 → **dénominateur** : nombre **total de portions**.

Je sais faire

2 **Écris** la fraction correspondant à chaque portion de puzzle.

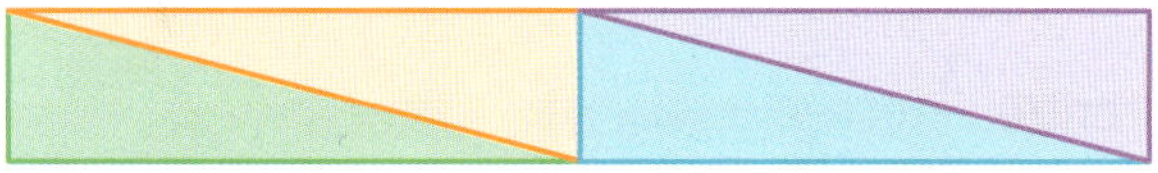

3 **Écris** la fraction correspondant à chaque portion de la figure.

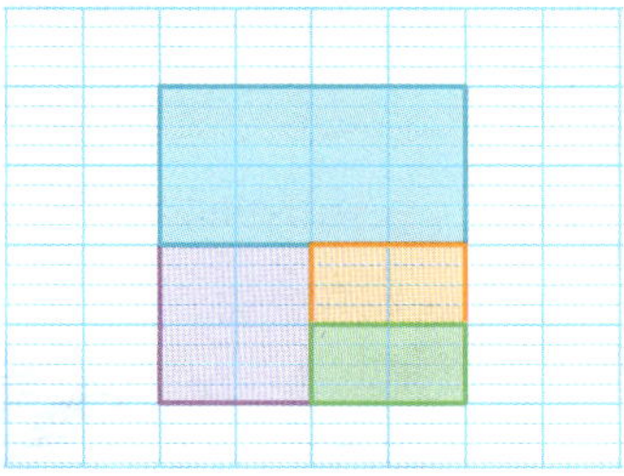

4 **Reproduis** et **colorie** un quart de la figure.

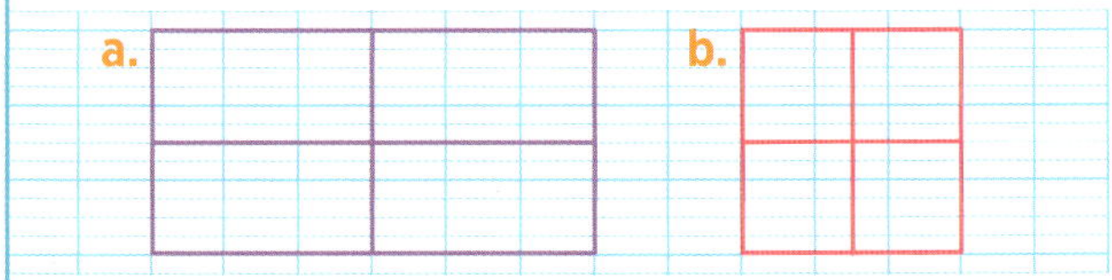

5 **Écris** VRAI ou FAUX.

a. Le numérateur d'une fraction désigne le nombre total de portions.

b. La forme de portion de figure désignée par une fraction est toujours la même.

Je m'entraine

6 **Reproduis** et **colorie** un quart de chaque figure autrement que dans l'exercice 4.

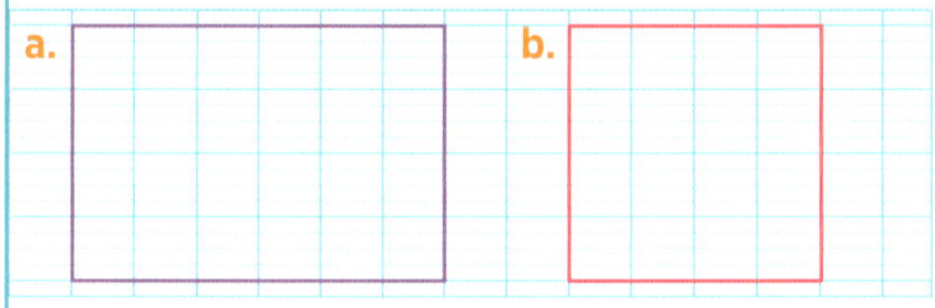

7 **Indique** les fractions correspondant à chacune des portions du puzzle, puis **écris** et **complète** l'égalité.

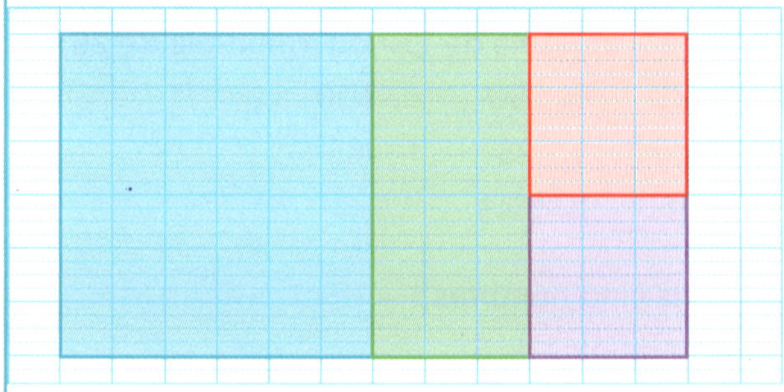

$\frac{1}{2} + \frac{1}{\dots} + \frac{1}{\dots} + \frac{1}{\dots} = 1$

8 **Écris** la fraction correspondant à la portion coloriée, puis à celle non coloriée.

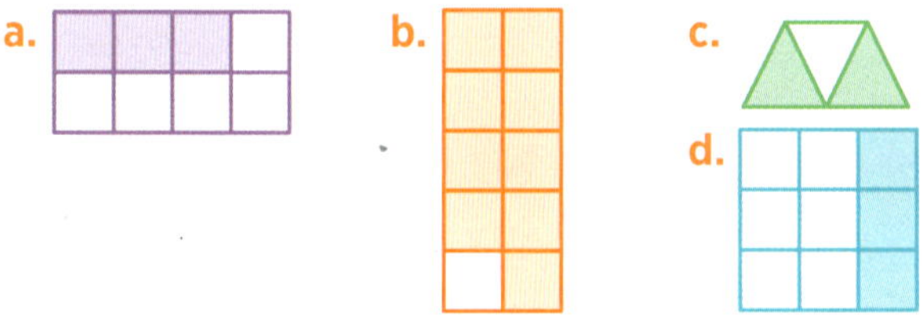

9 **Écris** la fraction correspondant à la portion coloriée.

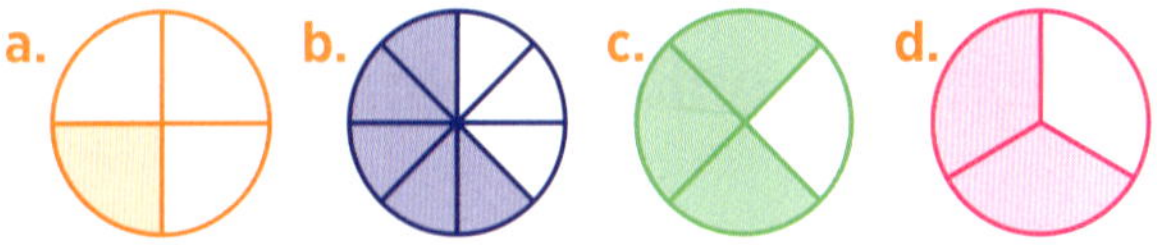

10 **Observe** le quadrillage et **complète**.

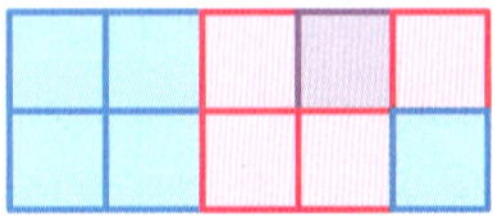

La fraction de la surface coloriée en … est $\frac{5}{10}$.

11 **Trace** 4 rectangles de 4 carreaux de longueur sur 3 carreaux de largeur. **Colorie** comme demandé.

a. 1er rectangle : $\frac{1}{2}$ b. 2e rectangle : $\frac{1}{3}$

c. 3e rectangle : $\frac{3}{4}$ d. 4e rectangle : $\frac{2}{4}$

12 **Écris** le nombre de carrelages violets qu'il faut commander pour que 1/3 du sol soit violet.

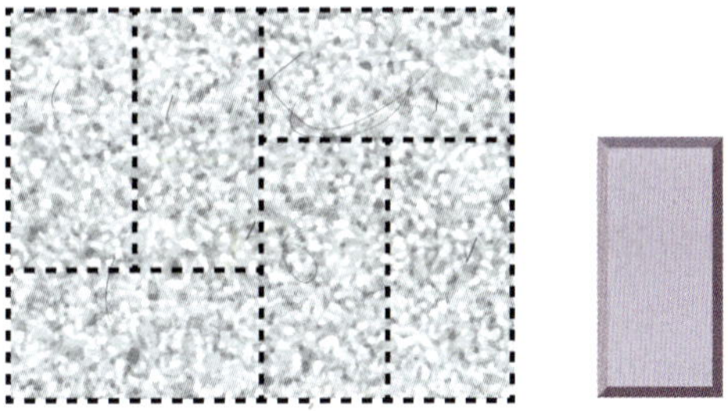

Je fais des maths autrement

13 Les Maths ça sert en EMC

Le conseil d'école des enfants permet aux enfants de faire des propositions pour l'aménagement de l'école, les conflits dans la cour de récréation, etc.

- **Combien** y a-t-il de votants au conseil d'école ?
- **Écris** la fraction du nombre de votes pour chaque groupe.

14 La fraction-mystère

- **Écris** la fraction correspondant à la surface coloriée en jaune.

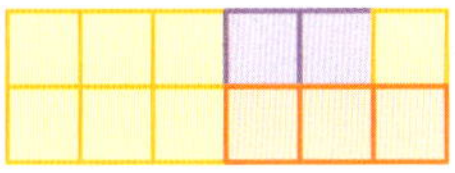

15 Je travaille en groupe

La foire aux fractions

- **Tracez** un quadrillage comme celui de l'exercice 14 et **coloriez** des portions de différentes couleurs.

→ **Faites noter, par le groupe voisin, la fraction correspondant à chaque portion.**

million 1 000 000 neuf 9

Je fais le Bilan

Les nombres entiers jusqu'au milliard

Lire et écrire un nombre

1 Écris dans un tableau de numération.

a. deux-millions-cent-quarante-et-un-mille-six
b. douze-millions-neuf-cent-douze-mille
c. cent-quatre-vingt-deux-millions-trois-cents

2 Écris en chiffres.

a. soixante-millions-six-cent-quarante-mille
b. vingt-neuf-millions-neuf-cent-onze
c. cinquante-millions-quatre-cent-trente-neuf

3 Écris en lettres.

a. 88 000 000 b. 21 000 082
c. 30 357 000 d. 45 999 000

Décomposer un nombre

4 Décompose à l'aide de l'addition.

a. 50 000 023 b. 25 000 025
c. 40 680 124 d. 100 032 896
e. 31 257 107 f. 768 654 257

5 Décompose à l'aide de la multiplication.

a. 235 000 000 b. 87 325 025
c. 85 800 854 d. 64 321 000
e. 52 751 120 f. 10 099 997

6 Recompose chaque nombre.

a. 10 000 000 + 1 000 000 + 10 000 + 2 000 + 9
b. 700 000 000 + 30 000 000 + 3 000 000
c. (8 × 100 000 000) + (7 × 10 000 000)
d. (8 × 1 000 000) + (4 × 100 000)

Reconnaitre les multiples de 5, 10, 15

7 Écris VRAI ou FAUX.

a. 155 est un multiple de 5.
b. 60 est un multiple de 15.
c. 90 est un multiple de 10.

8 Recopie et complète le tableau.

	Multiple de 5	Multiple de 15
55	OUI	NON
35	...	...
45	...	...
100	...	...

9 Écris « multiple de 15 » ou « multiple de 25 ».

a. 30 b. 250 c. 300
d. 75 e. 125 f. 165
g. 180 h. 500

10 Écris cinq nombres :

a. multiples de 5
b. multiples de 10
c. multiples de 15

11 Écris trois nombres :

a. multiples de 5 et de 10.
b. multiples de 10 et de 15.

Reconnaitre les multiples de 20, 25, 50

12 Écris VRAI ou FAUX.

a. 250 est un multiple de 25.
b. 500 est un multiple de 50.
c. 80 est un multiple de 20.

13 Écris « multiple de 20 » ou « multiple de 50 ».

a. 40 b. 350 c. 350
d. 750 e. 150 f. 200
g. 180 h. 100

14 Écris cinq nombres :

a. multiples de 20
b. multiples de 25
c. multiples de 50

15 Écris trois nombres :

a. multiples de 25 et de 50.
b. multiples de 20 et de 50.

Les fractions

→ Découvrir, utiliser les fractions pour mesurer

16 **Écris** la longueur des segments AC, BE, et AD avec une fraction de u.

Bande unité : u

17 **Trace** les segments exprimés avec le segment unité u.

Segment unité :

a. AB : $1u + \frac{1}{2}u$ b. CD : $1u + \frac{1}{3}u$

18 **Fabrique** une bande unité de 4 cm puis **trace** les segments.

a. EF : $1u + \frac{1}{4}u$ b. FH : $1u + \frac{1}{2}u$

19 **Trouve** les enfants qui ont parcouru la même distance.

Sami 1 tour + $\frac{1}{4}$ de tours

Malika $\frac{5}{2}$ tours

Lisa 2 tours + $\frac{1}{2}$ tour

Hugo $\frac{5}{4}$ de tour

→ Placer les fractions sur une droite graduée

20 **Reproduis** la droite graduée, puis **place** les fractions.

$\frac{3}{5}$ $\frac{6}{5}$ $\frac{10}{5}$ $\frac{8}{5}$

21 **Écris** la fraction qui correspond à chaque lettre.

→ Comparer, ranger des fractions

22 **Compare** les fractions à l'aide des signes <, > ou =.

a. $\frac{14}{8} \dots \frac{10}{8}$ b. $\frac{5}{4} \dots \frac{5}{2}$

c. $\frac{2}{4} \dots \frac{1}{2}$ d. $1 + \frac{1}{4} \dots \frac{5}{4}$

23 **Écris** en chiffres et **range** les fractions dans l'ordre croissant.

un demi • un quart • trois quarts • trois demis • quatre quarts • neuf demis

24 **Recopie** et **complète** les fractions pour qu'elles soient rangées dans l'ordre décroissant.

$\frac{\dots}{9} < \frac{\dots}{9} < \frac{14}{\dots} < \frac{\dots}{9} < \frac{19}{\dots} < \frac{\dots}{9} + 2$

→ Découvrir, utiliser les fractions pour partager

25 **Écris** la fraction correspondant à chaque partie coloriée.

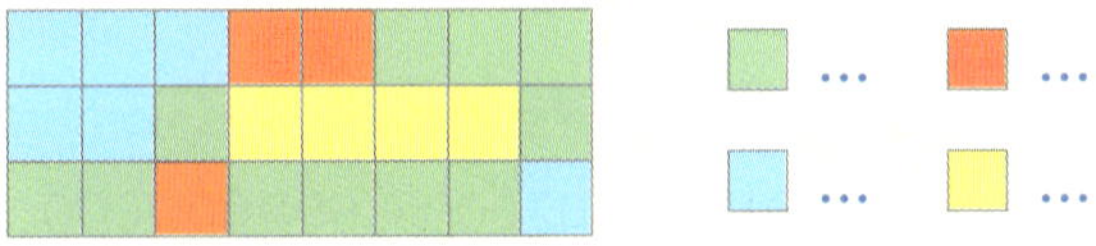

26 **Reproduis** et **colorie** pour obtenir chaque fraction.

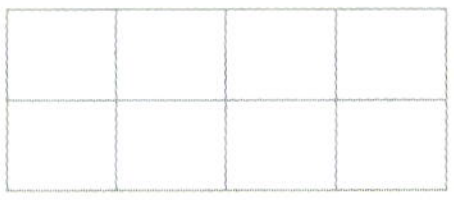

a. $\frac{1}{2}$ b. $\frac{1}{8}$ c. $\frac{1}{4}$

d. $\frac{5}{8}$ e. $\frac{3}{4}$ f. $\frac{9}{8}$

27 **Écris** le nombre de minutes dans $\frac{1}{2}$ heure.
Puis **écris** la fraction qui représente :
20 minutes • 10 minutes • 40 minutes

28 **Trace**, sur ton cahier, un carré de 8 carreaux de côtés. **Colorie** $\frac{1}{4}$ de la surface en bleu et $\frac{2}{8}$ en rouge. **Écris** la fraction correspondant à la surface restante.

million
1 000 000
neuf 9

Comparer, ranger et encadrer les nombres jusqu'à 999 999 999

Cherchons ensemble

Activité s'appuyant sur la situation de **manipulation** décrite dans le guide

1 Voici le catalogue des lofts que Hugo et Sami ont reçus.
- **Écris** la liste des lofts que chaque enfant peut acheter.
- **Range** les prix des lofts dans l'ordre croissant.
- **Recopie et complète.**

Pour pouvoir acheter ces lofts, il faut posséder **entre** .... € et .... €.

Retenons ensemble

Mots à retenir
ranger • encadrer

Comment comparer, ranger, encadrer les nombres jusqu'à 999 999 999 ?

- Pour **comparer les nombres jusqu'à 999 999 999** :

– on compare d'abord les chiffres des centaines de millions : 500 000 000 < 600 000 000 car **5** < **6** ;

– puis, si les **centaines de millions** sont identiques, on compare les chiffres des **dizaines de millions** et, si besoin, on continue à comparer les **autres chiffres entre eux** : **unités de millions**, **centaines de mille**, ... (voir leçon p. 12). 755 000 827 < 755 000 927 car **8** < **9** (chiffre des centaines).

- On peut alors **ranger** les nombres dans l'**ordre** croissant ou décroissant.

655 200 000 < 655 200 210 < 655 325 000 < 656 000 000 < 660 000 000 < 700 000 000

- On peut aussi les **encadrer** par des nombres de **plus en plus proches** :

500 000 000 < 580 812 000 < 600 000 000
580 800 000 < 580 812 000 < 580 900 000
580 000 000 < 580 812 000 < 590 000 000
580 811 999 < 580 812 000 < 580 812 001

Je sais faire

2 **Recopie, souligne** le plus grand des deux nombres et **complète** avec les signes < ou >.

a. 8 657 000 ... 8 658 000
b. 27 320 000 ... 27 302 000
c. 954 000 000 ... 945 000 000
d. 495 840 002 ... 495 841 005

3 **Complète** avec < ou >.

a. 9 870 000 ... **9 981 000** ... 9 990 000
b. 78 003 580 ... **78 003 582** ... 78 003 590
c. 244 500 441 ... **244 500 440** ... 244 500 439

4 **Range** les nombres dans l'ordre croissant.

280 080 000 • 28 800 000 • 288 000 000 • 208 080 000 • 20 880 000 • 280 800 000

5 **Range** les nombres dans l'ordre décroissant.

530 012 000 • 53 120 000 • 503 012 000 • 530 102 000 • 53 210 000 • 530 210 000

6 **Encadre** chaque nombre au plus près.

a. 200 000 000 b. 77 000 009 c. 1 800 200
d. 230 230 030 e. 99 099 099 f. 9 999 999

Je m'entraine

7 **Recopie** et **complète** à l'aide des signes < et >.

a. 5 000 000 … 4 000 000
b. 35 000 000 … 45 000 000
c. 960 000 000 … 950 000 000
d. 257 000 800 … 258 000 700
e. 88 888 888 … 88 889 887
f. 600 000 008 … 600 000 080

8 **Complète** pour encadrer chaque nombre par deux centaines de millions.

a. … < 350 000 000 < …
b. … < 720 000 000 < …
c. … < 666 245 304 < …
d. … < 500 000 010 < …
e. … < 100 005 000 < …
f. … < 200 550 055 < …

9 **Complète** pour encadrer chaque nombre au plus près.

a. … < 55 000 010 < …
b. … < 80 000 099 < …
c. … < 202 987 421 < …
d. … < 100 000 000 < …
e. … < 720 000 040 < …
f. … < 472 248 700 < …

10 **Écris** en chiffres et **range** dans l'ordre décroissant.

- huit-cent-quarante-millions-quinze
- huit-cent-quinze-millions-quarante
- quarante-millions-huit-cent-quinze
- cent-quinze-millions-quarante-huit
- cent-quarante-huit-millions-quinze

11 **Recopie** dans l'ordre croissant.

51 040 000 • 51 400 000 • 514 000 000 • 540 010 000 • 540 100 000 • 514 001 000

12 **Recopie** dans l'ordre décroissant.

972 000 000 • 970 200 000 • 970 002 000 • 920 070 000 • 920 700 000 • 920 007 000 • 900 270 000 • 900 027 000

13 **Écris** le plus grand nombre en chiffres et **encadre-le** au plus près.

- neuf-cent-soixante-douze-millions-cent-sept
- neuf-cent-quatre-vingt-six-millions-huit-cent-trente-et-un
- neuf-cent-quatre-vingt-dix-neuf-millions-six-cents

Je fais des maths autrement

14 Les Maths ça sert en **Sciences**

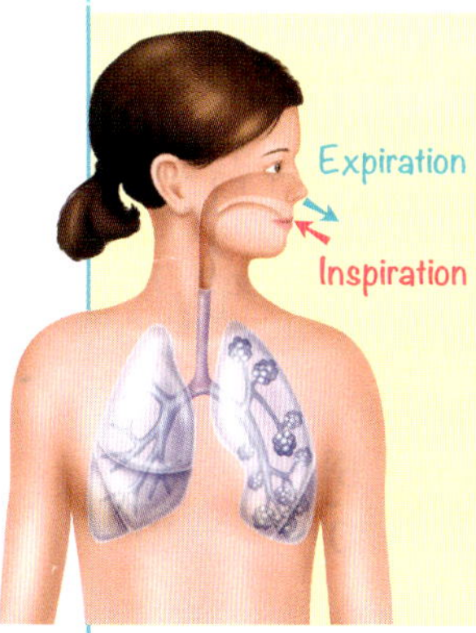

Le corps humain est étonnant. Nous inspirons et expirons environ 25 920 fois par jour, ce qui fait 4 000 000 de litres d'air par an qui passent dans nos poumons. Un homme effectue, en moyenne, tout au long de sa vie, 700 000 000 de respirations et une femme 775 000 000.

Écris, dans l'ordre croissant, les données chiffrées sur la respiration humaine.

15 L'encadrement-mystère

Écris le plus petit nombre possible de neuf chiffres sans utiliser deux fois le même chiffre !

Puis **encadre-le** au plus près.

16 Je travaille en groupe

La foire aux encadrements

- **Écrivez** chacun un nombre de 9 chiffres.
- **Rangez** les nombres dans l'ordre décroissant.
- **Encadrez** le plus petit nombre.

→ **Vérifiez les résultats du groupe voisin.**

Lire et écrire les nombres décimaux

Cherchons ensemble

Activité s'appuyant sur la situation de **manipulation** décrite dans le guide

1 Voici les cartes nombres que Malika et Lisa ont reçues.

9,27	*cent-vingt-cinq virgule six*	125 unités et 6 dixièmes
45,76	*neuf virgule vingt-sept*	0 unité et 95 centièmes
0,95	*quarante-cinq virgule soixante-seize*	9 unités 2 dixièmes et 7 centièmes
125,6	*zéro virgule quatre-vingt-quinze*	45 unités et 76 centièmes

Écris les nombres identiques ensembles.

Retenons ensemble

Mots à retenir
décimal • **virgule** • **dixièmes** • **centièmes**

Comment lire et écrire les nombres décimaux ?

- Un **nombre décimal** est composé d'une **partie entière** et d'une **partie décimale**.

La **partie décimale** s'écrit avec une **virgule**.

Elle sert à écrire les nombres plus petits que 1 : les **dixièmes** et les **centièmes**.

- Pour **lire et écrire** un nombre décimal et **connaitre la valeur de ses chiffres**, on peut s'aider d'un **tableau de numération**.

centaine	dizaine	unité ,	dixième	centième
		5 ,	3	
	7	2 ,	5	6

→ Le nombre **5,3** se lit « cinq virgule trois » ou « 5 unités et 3 dixièmes ».

→ Le nombre **72,56** se lit « soixante-douze virgule cinquante-six » ou « 72 unités et 56 centièmes ».

Dans le nombre 8,64, la partie entière est 8, la partie décimale est 64 centièmes (0,64).

Je sais faire

2 **Recopie** et **complète** le tableau de numération.

	c	d	u ,	dixième	centième
1,24					
77,36					
0,75					
35,08					

3 **Écris en chiffres dans un tableau de numération.**

a. soixante-quinze virgule soixante-six
b. trente virgule douze
c. cent-vingt virgule trois
d. mille-cent-un virgule zéro-deux

4 **Écris en lettres et en unités de numération.**

a. 223,99 b. 7,07 c. 0,3
d. 3 230,16 e. 15,51 f. 0,06

Je m'entraine

5 **Écris** en rouge la partie entière et en vert la partie décimale.
a. 7,26 b. 130,06 c. 56,26 d. 0,25

6 **Recopie** les nombres et **entoure** en rouge le chiffre des dizaines et en vert le chiffre des dizièmes.
a. 3,7 b. 35,17
c. 6 000,29 d. 0,05

7 **Recopie** les nombres et **entoure** en rouge le chiffre des centaines et en vert le chiffre des centièmes.
a. 101,26 b. 630,06 c. 6 036,20 d. 560,05

8 **Recopie** les nombres, puis **entoure** la partie entière en rouge et en vert le chiffre indiqué.
a. 5,27 (chiffre des centièmes)
b. 0,13 (chiffre des dixièmes)
c. 50,60 (chiffre des centièmes)

9 **Recopie** et **complète** les nombres.
soixante-huit unités et deux dixièmes 6 __ , __
trente-sept unités et deux centièmes __ 7, __ __
deux unités et soixante-huit centièmes 2, __ __
0 unité et 33 centièmes 0, __ __

10 **Écris** le chiffre des dixièmes et le nombre de dixièmes.
Exemple : 29,41 → 4 est chiffre des dixièmes.
294 est le nombre de dixièmes.
a. 29,41 b. 0,07 c. 3,95
d. 45,21 e. 50,51 f. 99,64

11 **Écris** en lettres.
a. 0,06 b. 623,05 c. 51,15
d. 821,11 e. 3 100, 83 f. 400,08
g. 0,01 h. 44,44 i. 3 200,02

12 **Écris** le chiffre des centièmes et le nombre de centièmes.
a. 12,49 b. 100,05 c. 1 324,56

13 **Écris** le prix de chaque objet sous la forme d'un décimal.
a. Magazine : 2 euros et 30 centimes
b. DVD : 10 euros et 7 centimes

14 **Écris** en chiffres tous les nombres décimaux que tu peux former avec :
a. 4 0 , et 2 b. 0 7 , et 9

15 **Écris** en chiffres puis en unités de numération tous les nombres décimaux que tu peux former avec 1 9 , et 2

Je fais des maths autrement

16 Les Maths ça sert en Sciences

Le chêne mesure à peine 20 cm au début de sa vie d'arbre. Adulte, il peut mesurer plus de 30 m.

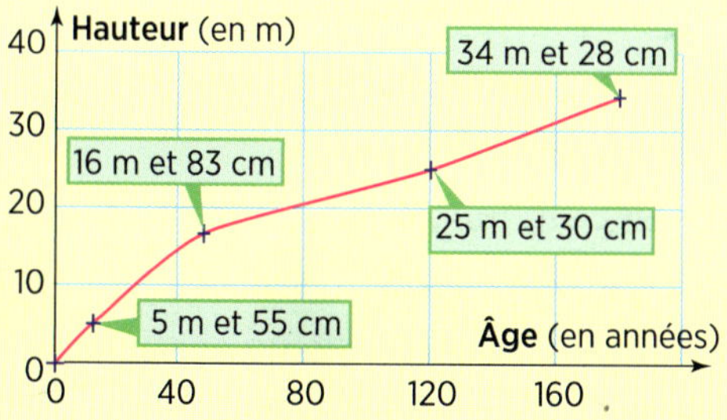

▸ **Écris**, en unités de numération, les différentes hauteurs du chêne au cours de sa vie.

17 Le nombre-mystère

▸ **Écris** le plus grand nombre décimal possible de quatre chiffres sans utiliser deux fois le même chiffre !

▸ Puis **écris** ce grand nombre en lettres et en unités de numération.

18 Je travaille en groupe

La foire aux décimaux

• **Écrivez**, en lettres, tous les nombres possibles en combinant virgule avec trois, cinq, quatre, et vingt(s).

→ **Comparez votre résultat avec le groupe voisin.**

Passer d'une écriture fractionnaire à une écriture décimale

Cherchons ensemble

Activité s'appuyant sur la situation de **manipulation** décrite dans le guide

1 Voici la droite graduée et les cartes de fractions décimales que le groupe de Malika a reçues.

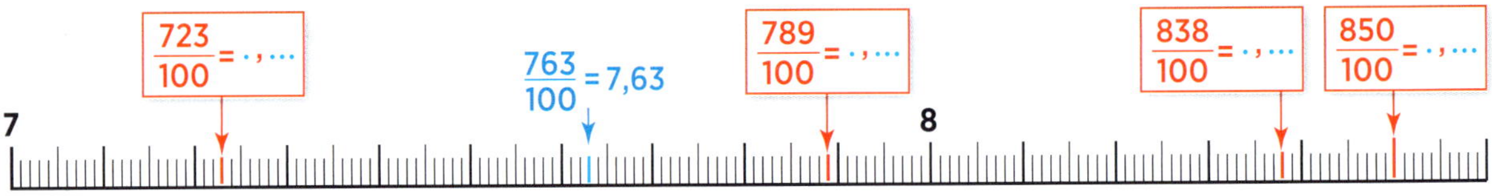

Écris VRAI ou FAUX.

a. Les fractions sont exprimées en centièmes.

b. Les nombres sont compris entre 1 et 2.

c. Dans 7,63 la partie entière est 7 et la partie décimale est constituée de 63 centièmes.

Recopie les fractions décimales puis **écris** le nombre à virgule correspondant.

Retenons ensemble

Mots à retenir

fraction décimale • virgule

Comment passer d'une écriture fractionnaire à une écriture décimale ?

Pour **écrire une fraction décimale** sous la forme d'un **nombre à virgule** on utilise le **tableau de numération**.

Fraction décimale	centaine	dizaine	unité	,	dixième	centième	Nombre à virgule
$\frac{76}{10}$			7	,	6	0	7,60

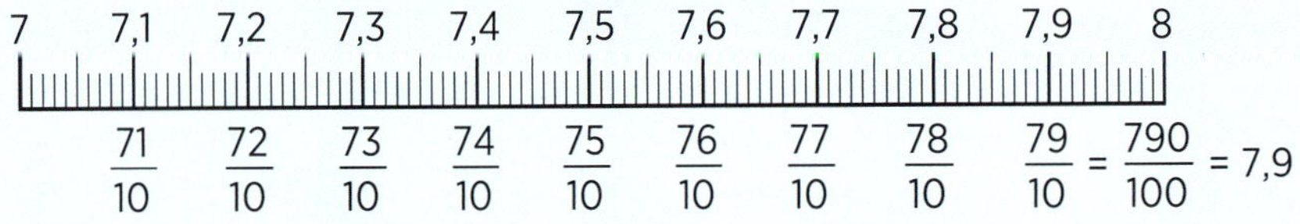

Je sais faire

2 **Écris sous la forme d'un nombre à virgule.**

a. $\frac{2}{10}$ b. $\frac{6}{100}$ c. $\frac{12}{100}$ d. $\frac{65}{100}$

e. $\frac{32}{10}$ f. $\frac{276}{100}$ g. $\frac{106}{100}$ h. $\frac{652}{100}$

i. $\frac{451}{10}$ j. $\frac{5\,300}{100}$ k. $\frac{1\,425}{100}$ l. $\frac{15\,235}{100}$

3 **Recopie et complète** avec une fraction.

a. 0,5 b. 0,12 c. 1,2 d. 3,7

4 **Écris sous la forme d'un nombre à virgule.**

a. une unité trois dixièmes

b. cinquante-trois dixièmes

c. sept centièmes

d. cent-cinquante-deux dixièmes

e. cent-deux centièmes

f. douze-mille-vingt-cinq centièmes

5 **Recopie et complète** en écriture littérale.

5,07 : ... unités sept ...

Je m'entraine

6 **Reproduis** et **complète** le tableau.

Écriture fractionnaire	$\frac{123}{10}$	$\frac{276}{10}$	$\frac{347}{10}$	$\frac{652}{100}$
Écriture à virgule	12,3	...	...	...

7 **Écris** sous la forme d'une fraction décimale, puis d'un nombre décimal.

a. 2 dixièmes b. 5 centièmes
c. 52 dixièmes d. 603 centièmes

8 **Recopie** et **barre** l'intrus.

a. 2,5 • $\frac{250}{100}$ • $\frac{250}{10}$

b. 27,03 • $\frac{273}{100}$ • 2,73

c. 30,05 • $\frac{3\,005}{100}$ • $\frac{35}{100}$

d. 5 unités 4 centièmes • 5,4 • 5,04

9 **Écris** sous la forme de nombre à virgule. **Indique** ce que représente le chiffre 5.

Exemple : $\frac{215}{10}$ = 21,5 (dixième)

a. $\frac{175}{10}$ b. $\frac{517}{100}$ c. $\frac{1543}{100}$ d. $\frac{351}{10}$

10 **Écris** la fraction décimale et le nombre à virgule qui correspond à chaque lettre, comme sur l'exemple.

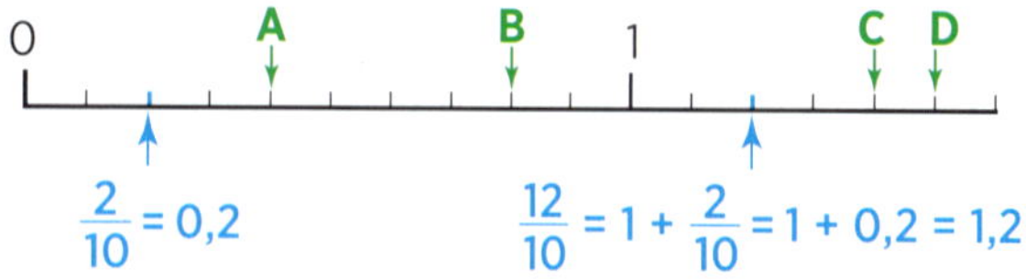

11 **Écris** les performances des enfants lors du 100 m sous la forme d'un nombre décimal.

vingt-sept secondes et 4 centièmes

vingt-cinq secondes et 2 centièmes

vingt-trois secondes et 7 centièmes

vingt-huit secondes et 1 centième

12 **Écris** les nombres à virgule.

Je suis un nombre décimal à deux chiffres compris entre $\frac{48}{10}$ et $\frac{50}{10}$.

Je fais des maths autrement

13 Les Maths ça sert en Sciences

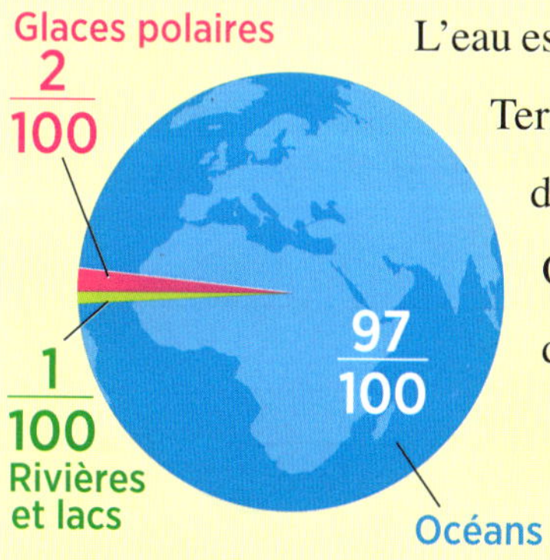

L'eau est très présente sur la Terre. Elle couvre près de $\frac{7}{10}$ de sa surface. On la trouve sous différentes formes.

› **Écris** chaque fraction décimale sous forme d'un nombre à virgule.

14 L'écriture décimale-mystère ???

Je suis l'écriture à virgule correspondant à la plus grande fraction décimale ayant un dénominateur égal à 100.

› **Qui suis-je ?**

15 Je travaille en groupe

La foire aux nombres décimaux

• **Notez** les écritures à virgule correspondant aux 5 plus petites fractions décimales ayant un dénominateur égal à 100.

→ **Comparez votre résultat avec le groupe voisin.**

million 1 000 000
neuf 9

Se repérer dans la suite des nombres (2)

Cherchons ensemble

Activité s'appuyant sur la situation de **manipulation** décrite dans le guide

1 Voici le puzzle que le groupe de Sami a reconstitué.

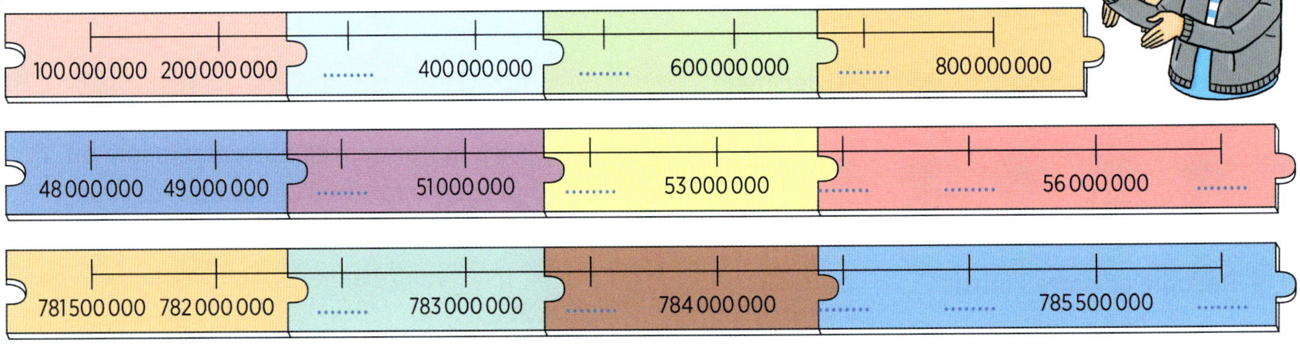

▸ **Écris**, sur ton cahier, les nombres manquants sur les pièces des puzzles.

Retenons ensemble

Mots à retenir
écart • terme

Comment se repérer dans la suite des nombres jusqu'à 999 999 999 ?

- Dans une suite de nombres, l'**écart** entre les **termes** peut être supérieur à 1 000 000.
- Pour **calculer l'écart**, on soustrait un terme du terme suivant de la suite.

0 — 200 000 000 — 400 000 000 — 600 000 000 — 800 000 000

400 000 000 – 200 000 000 = 200 000 000 (écart entre les termes)

Cette droite est graduée de 200 000 000 en 200 000 000.

Je sais faire

2 **Écris**, sur ton cahier, les termes manquants de la suite.

20 000 000 — .... — 40 000 000 — .... — 60 000 000 — .... — 80 000 000 — .... — 100 000 000 — .... — 120 000 000

3 **Écris** les termes manquants et l'écart entre les termes.

.... — 9 000 000 — 10 000 000 — .... — 12 000 000 — .... — .... — .... — 16 000 000 — .... — ....

4 **Reproduis** la droite graduée et **complète**.

0 — 30 000 000 — .... — 90 000 000 — .... — .... — .... — .... — .... — .... — ....

Je m'entraine

5 **Écris**, sur ton cahier, les termes manquants de la suite en prenant un écart de 15 000 000.

6 **Recopie** la droite graduée et **complète** la suite de nombres en prenant un écart de 50 000 000.

7 **Trouve** l'écart entre les termes et **corrige** les erreurs.

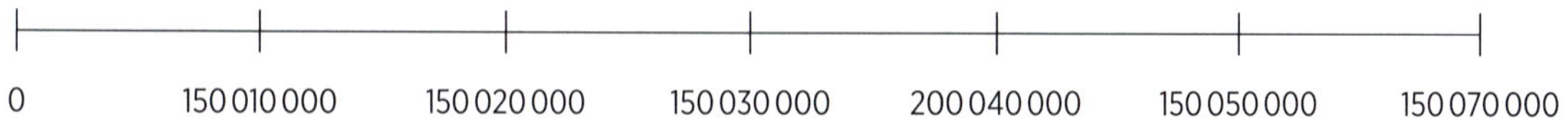

8 a. **Trace** une droite graduée de 10 graduations et **écris** la suite de nombres de 0 à 225 000 000 en prenant un écart de 25 000 000.

b. **Trace** une droite graduée de 10 graduations et **écris** la suite de nombres de 0 à 900 000 900 en prenant un écart 100 000 100.

9 **Écris VRAI ou FAUX.**

Le troisième terme de cette suite est 120 037 000.

120 012 000 • 120 024 000 • ?

10 **Recopie** et **complète** le tableau en prenant un écart de 30 000 000.

1er terme	2e terme	3e terme
50 000 000	...	...
115 000 000	...	...
816 000 000	...	...

11 **Écris une suite de 12 termes ayant pour écart 1 250 000.**

Je fais des maths autrement

12 Les Maths ça sert en Histoire

Les premiers hommes sont apparus il y a plusieurs millions d'années. La naissance de Jésus-Christ marque l'année zéro.

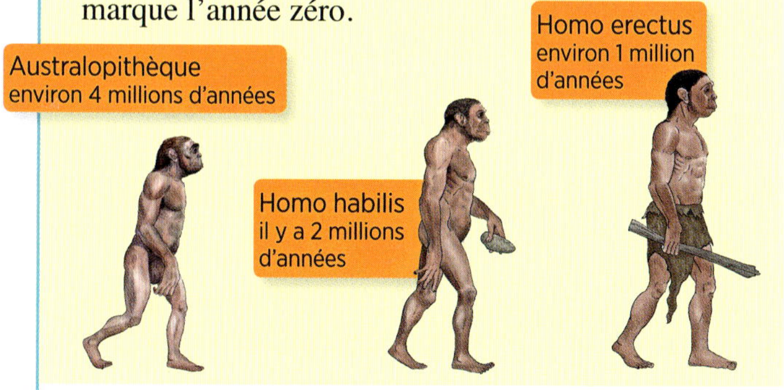

Reproduis et **complète** la frise.

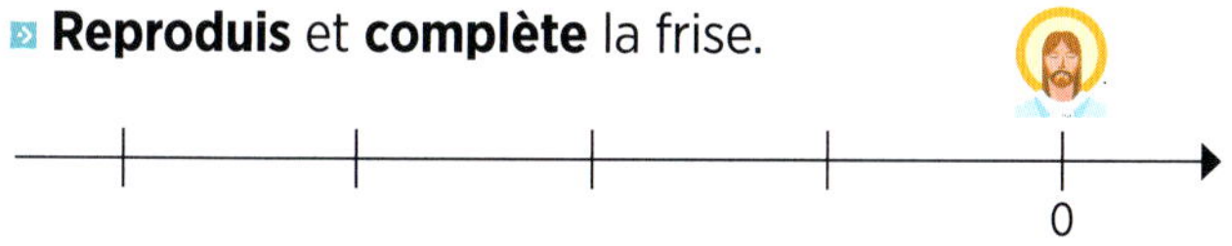

13 Le terme-mystère

Écris le dernier terme d'une suite de huit nombres commençant par 10 000 000 et ayant pour écart 5 000 000.

Quels sont les deux termes suivants ?

14 Je travaille en groupe

La suite infernale

• **Écrivez** une suite de 10 termes avec les plus grands nombres possibles. Chaque terme est un nombre à neuf chiffres.

→ Comparez votre résultat avec le groupe voisin.

Comparer et ranger des nombres décimaux

Cherchons ensemble

Activité s'appuyant sur la situation de **manipulation** décrite dans le guide

1 Voici le catalogue des jouets que Sami et Lisa ont reçu.

- **Écris** la liste des jouets que chaque enfant peut acheter.
- **Range** le prix des jouets dans l'ordre croissant.

Retenons ensemble

Mots à retenir
partie entière • dixièmes • centièmes

Comment comparer et ranger les nombres décimaux ?

- Pour **comparer deux nombres décimaux** :

– on compare les chiffres de la **partie entière** : 5,3 < 6,3 car 5 < 6.

– puis, on compare les **chiffres des dixièmes entre eux** si les parties entières sont égales. 7,4 < 7,6 car 4 < 6.

– enfin, on compare les **chiffres des centièmes entre eux** si les chiffres des dixièmes sont égaux. 9,38 < 9,39 car 8 < 9.

On peut alors **ranger** les nombres dans l'**ordre croissant** ou **décroissant**.

Je sais faire

2 **Compare** les chiffres des dixièmes, comme dans l'exemple.

Exemple : 75,75 € et 75,85 € → 7 < 8

a. 51,25 € et 51,15 € b. 128,42 € et 128,62 €

3 **Compare** les chiffres des centièmes, comme dans l'exemple.

Exemple : 30,92 € et 30,91 € → 2 > 1

a. 11,87 € et 11,89 € b. 558,24 € et 558,22 €

4 **Recopie et complète avec le signe = ou ≠.**

a. 5,1 ... 4,1 b. 52,0 ... 52,00
c. 60,3 ... 63,0 d. 9,80 ... 9,08
e. 8,07 ... 8,02 f. 0,4 ... 0,40

5 **Recopie et complète avec le signe < ou >.**

a. 7,1 ... 8,1 b. 59,0 ... 59,1
c. 6,3 ... 6,0 d. 9,85 ... 9,83
e. 81,07 ... 81,02 f. 0,8 ... 0,4

Je m'entraine

6 **Recopie et complète** avec le signe < ou >.

a. 7,1 … 6,1
b. 52,4 … 57,4
c. 643,3 … 653,3
d. 9,8 … 9,9
e. 8,87 … 8,92
f. 5,45 … 5,65

7 **Recopie et complète** avec le signe < ou >.

a. 9,70 … 9,80 … 9,90　b. 8,00 … 8,50 … 9,00
c. 5,80 … 5,85 … 5,90　d. 4,39 … 4,40 … 4,41

8 **Compare**, comme dans l'exemple.

Exemple : 75,75 € et 75,74 € → 75,74 < 75,75

a. 31,12 € et 32,15 €　b. 120,3 € et 125,23 €
c. 42,02 € et 24,20 €　d. 42,02 € et 42,20 €

9 Voici les tailles des enfants.

Qui est le plus grand ? Qui est le plus petit ?
Range-les dans l'ordre croissant.

10 **Range** dans l'ordre croissant.

a. 1,25 • 5,23 • 1,22 • 4,75 • 1,52 • 4,57
b. 0,13 • 1,30 • 1,03 • 3,01 • 0,31 • 3,10
c. 10,98 • 10,53 • 10,09 • 10,89 • 10,52 • 100,98 • 100,89 • 109,8 • 108,09

11 **Range** dans l'ordre décroissant.

a. 3,28 • 5,23 • 3,22 • 5,75 • 3,52 • 5,57
b. 0,18 • 1,80 • 1,08 • 3,08 • 0,81 • 8,10
c. 20,58 • 20,83 • 20,08 • 20,80 • 20,29 • 200,95 • 200,85 • 209,8 • 209,09

12 **Recopie et complète** avec le nombre qui vient juste après.

a. 8,11 < …　b. 55,4 < …　c. 645,3 < …
d. 9,8 < …　e. 8,80 < …　f. 545,32 < …

13 **Recopie et complète** avec le nombre qui vient juste avant.

a. 2,01 > …　b. 505,04 > …　c. 45,03 > …
d. 10,8 > …　e. 18,50 > …　f. 0,02 > …

14 Hugo mesure 1,04 m et Malika mesure 1,14 m. Le toboggan de la piscine est réservé aux enfants de moins d'1 m 10. Hugo et Malika pourront-ils descendre le toboggan ?

Je fais des maths autrement

15 Les Maths ça sert en **Sport**

Aux championnats du monde d'athlétisme de Pékin en 2015, de belles performances ont été réalisées par les athlètes, dans les différents lancers.

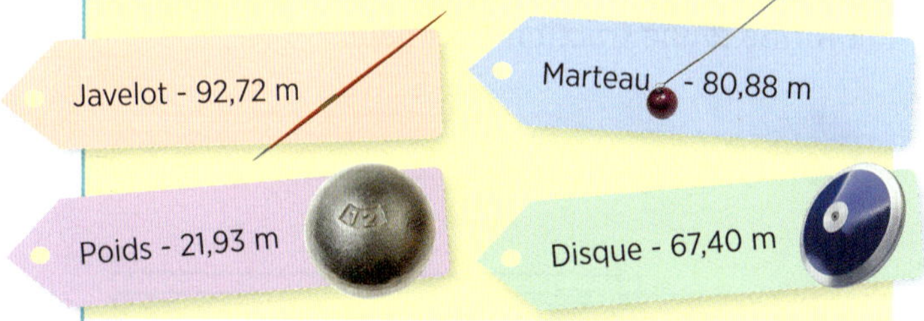

▸ **Range** les distances de lancer dans l'ordre croissant.

▸ **Quel** engin est lancé le plus loin ?

16 Le signe-mystère

▸ **Écris** le plus petit nombre décimal possible de 4 chiffres et le plus grand possible de 3 chiffres ayant 2 chiffres après la virgule.

▸ **Compare-les** deux nombres à l'aide du signe qui convient.

17 Je travaille en groupe

La foire aux décimaux

• **Écrivez** tous les nombres possibles en combinant [,] avec [3], [7] et [5].

→ **Demandez au groupe voisin de les ranger dans l'ordre croissant.**

Ordonner des segments à l'aide des nombres décimaux

million
1 000 000
neuf 9

Cherchons ensemble

Activité s'appuyant sur la situation de **manipulation** décrite dans le guide

1 Voici les mesures de segments que le groupe de Malika a reçues.

A $1u + \frac{81}{100}$ **B** $1u + \frac{12}{100}$ **C** $1u + \frac{25}{100}$ **D** $1u + \frac{52}{100}$

- **Fabrique** ta bande unité de 10 cm de long.

Bande unité u 

- À l'aide de ta bande unité, **trace** les segments de mesure A, B, C et D les uns en-dessous des autres.
- **Range** les segments dans l'ordre croissant.

Retenons ensemble

Mots à retenir
mesure • ordonner

Comment ordonner les mesures de segments à l'aide des nombres décimaux ?

- Pour **ordonner des segments**, on ordonne leurs **mesures** exprimées sous forme de **fraction décimale** ou d'**écriture à virgule**.

Segment bleu

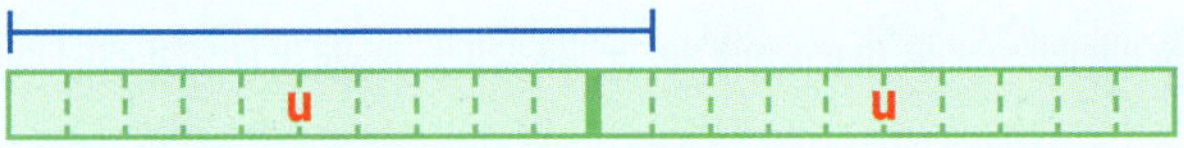

Le segment bleu mesure $\frac{11}{10}$u = 1,1u

Segment violet

Le segment violet mesure $\frac{15}{10}$u = 1,5u

$\frac{11}{10} < \frac{15}{10}$ et $1{,}1 < 1{,}5$ donc le **segment bleu est plus petit** que le **segment violet**.

Je sais faire

2 a. **Écris** la mesure de chaque segment sous la forme d'une fraction décimale.

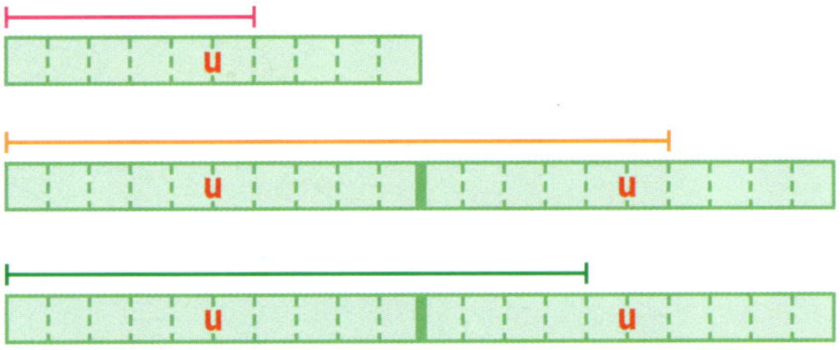

b. **Range** les segments dans l'ordre croissant en utilisant le signe <.

3 a. **Écris** la mesure de chaque segment sous la forme d'une fraction décimale.

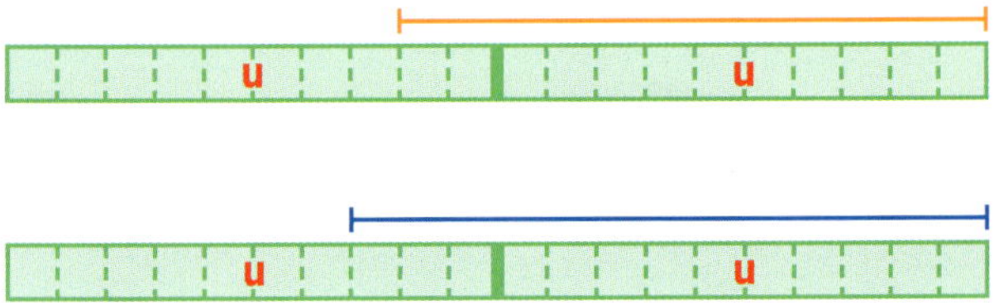

b. **Range** les segments dans l'ordre décroissant en utilisant le signe >.

Je m'entraine

4 **Construis** les segments puis **ordonne-les** dans l'ordre croissant.

AB : 8 cm • CD : $\frac{78}{10}$ cm • EF : 8,2 cm

5 **Reproduis** le tableau et **place** les mesures dans l'ordre croissant.

Mesures plus petites que 8,42 cm	Mesures plus grandes que 8,42 cm
…	…

6,7 cm • 9,41 cm • $\frac{800}{100}$ cm • 8,4 cm

8,6 cm • $\frac{85}{10}$ cm • $\frac{81}{10}$ cm

6 **Range** les mesures dans l'ordre décroissant.

7,09 cm • 7,51 cm • 7,31 cm • 70,9 cm

70,1 cm • 700 cm • 7,93 cm

7 **Écris quatre nombres dans l'ordre croissant compris :**

a. entre 2 et 4.

b. entre 8,7 et 9,3.

8 a. **Range** les nombres dans l'ordre croissant.

2,4 • $\frac{21}{10}$ • 2,7 • $\frac{29}{10}$ • 2,8 • $\frac{2}{10}$

b. **Trace** un segment dont la mesure en cm est le plus grand nombre rangé.

9 Pour passer à la case suivante, le nombre doit être plus grand que le précédent. **Choisis** la bonne couleur pour sortir du labyrinthe.

2,4	2,5	2,6	7,3	10,1
2,8	3,1	3	8,1	8,3
3	3,2	5,6	7,9	7,12
3,1	2,7	4,8	5,1	5

10 Au cours d'un concours de saut en longueur, Hugo a atterri à la graduation 3,64 mètres, Malika à la graduation 3,5 mètres et Sami à la graduation 2,99 mètres.

Range ces longueurs dans l'ordre croissant.

Qui a gagné le concours ?

Je fais des maths autrement

11 Les Maths ça sert en Géographie

Le climat de Paris est de type océanique : ni trop chaud, ni trop froid avec des pluies fréquentes toute l'année.

Mois	Température (en degrés)
septembre	21,1
octobre	16,3
novembre	10,8
décembre	7,5

Mois	Température (en degrés)
janvier	7,2
février	8,3
mars	12,2

Range les mois de l'année du plus chaud au moins chaud.

Trace deux segments dont les mesures, en cm, sont les deux plus petits nombres rangés.

12 La mesure-mystère

Je suis la plus grande fraction comprise entre $\frac{28}{10}$ et $\frac{34}{10}$.

Trace un segment de ma mesure, en cm.

13 Je travaille en groupe

La foire aux segments

• **Écrivez** trois nombres à virgule compris entre $\frac{136}{10}$ et $\frac{142}{10}$.

→ **Demandez au groupe voisin de tracer les segments correspondants.**

million
1 000 000
neuf 9

Intercaler des nombres entre d'autres nombres

Cherchons ensemble

Activité s'appuyant sur la situation de **manipulation** décrite dans le guide

1 Voici les cartes que Sami et Lisa ont reçues.

entre 0,50 et 1	13,6 et 13,8
entre 13,5 et 13,9	3,35 • 3,36 • 3,37 • 3,38
entre 9 et 10	0,60 • 0,70 • 0,80 • 0,90
entre 3,34 et 3,39	9,1 et 9,9

▸ **Recopie** en reconstituant les paires.

Retenons ensemble

Mots à retenir
intercaler • compris • limites

Comment intercaler des nombres entre d'autres nombres ?

• **Intercaler un nombre** entre deux autres c'est écrire un **nombre compris entre les deux nombres** qui servent de **limites**.

Entre 9 et 10 on peut intercaler **9,5** car 9,5 est compris entre 9 et 10.

Entre 9 et 10 ou peut aussi **intercaler plusieurs nombres** :
9,1 • 9,2 • 9,3 • 9,4 • 9,5 • 9,6 • 9,7 • 9,8 • 9,9

Je sais faire

2 **Recopie** les nombres qui sont compris :
a. entre 0,8 et 1.
b. entre 3,81 et 3,99.
c. entre 1 et 1,32.
d. entre 1,33 et 2.

1,36 • 0,85 • 3,87 • 1,2
3,9 • 1,52
0,91 • 1,3 • 0,9 • 1,99

3 **Recopie** en reconstituant les paires.

A entre 0,6 et 1	1 3 • 3,01
B entre 6,4 et 6,9	2 0,07 • 1,02
C entre 2,99 et 3,02	3 6,45 • 6,89
D entre 0,05 et 1,09	4 0,61 • 0,99

4 **Recopie et corrige** chaque suite de nombres pour qu'elle s'intercale.
a. 0,11 • 0,12 • 0,21 s'intercale entre 0,1 et 0,14
b. 15,51 • 15,25 • 15,53 s'intercale entre 15,5 et 15,54
c. 0,10 • 0,11 • 0,12 s'intercale entre 0,09 et 0,13

Je m'entraine

5 **Recopie et complète** le tableau.

Nombres à intercaler	Nombres limites
145,2 • 158,3 • 159,1 • ?	entre 145,1 et 159,3
5,22 • 5,31 • 5,35 • ?	entre 5,21 et 5,37
? • 0,62 • 0,68 • 0,7	entre 0,60 et 0,71

6 **Écris un nombre qui peut s'intercaler.**

a. entre 100,6 et 100,7
b. entre 16,95 et 16,97
c. entre 9,99 et 10,01
d. entre 1000,5 et 1000,9
e. entre 500,06 et 500,1
f. entre 0 et 0,04
g. entre 10 000,6 et 10 000,65
h. entre 1000 et 1001

7 **Écris trois nombres qui peuvent s'intercaler.**

a. entre 100 000,92 et 100 000,98
b. entre 1 006 000,05 et 1 006 000,1
c. entre 0,85 et 5,80
d. entre 10 000,51 et 10 000,6

8 **Recopie** l'intrus et **justifie**.

a. 0,05 < 0,06 • 0,07 • 0,01 • 0,09 < 0,10
b. 2 < 2,1 • 2,2 • 2,3 • 1,99 < 2,50
c. 0,10 < 0,01 • 0,11 • 0,12 • 0,13 < 0,14
d. 45,2 < 45,06 • 45,7 • 45,8 • 45,23 < 45,9

9 **Recopie et complète.**

a. 0,09 < … < 1,01
b. 7,3 < … < 7,5
c. 141,10 < … < 141,12
d. 50,02 < … < 50,04

10 **Recopie et complète.**

a. 3,05 < … • … • … • … < 3,10
b. 6,73 < … • … • … • … < 6,78

11 **Écris cinq nombres qui peuvent s'intercaler.**

a. entre 10 000 000,02 et 10 000 000,1
b. entre 60 000,60 et 60 000,70

12 **Recopie et continue la suite des neuf nombres à intercaler entre 2 425,67 et 2 425,77.**

2 425,68 • 2 425,69 • 2 425,70 • …

13 **Écris une suite de cinq nombres pouvant s'intercaler entre 521 521,12 et 521 521,21.**

Je fais des maths autrement

14 Les Maths ça sert en Français

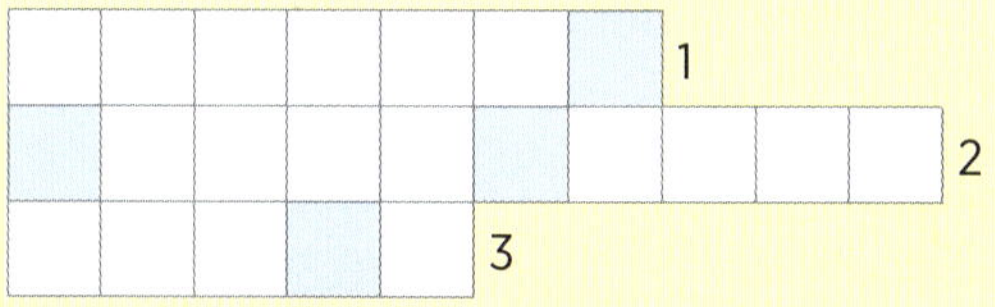

1. Nombres qui encadrent une suite.
2. Placer des nombres entre d'autres.
3. Ni avant, ni après.

- **Recopie** et **complète** la grille de mots.
- **Trouve** le mot caché à l'aide des cases bleues.

	O	M	P			

15 Le nombre décimal-mystère

- **Écris** le plus grand nombre décimal de quatre chiffres pouvant s'intercaler entre 74,05 et 75,45.

16 Je travaille en groupe

La foire aux nombres

- **Écrivez** tous les nombres possibles de 5 chiffres qu'on peut intercaler entre 100,81 et 101.

→ **Comparez votre résultat avec le groupe voisin.**

Encadrer un nombre décimal par deux nombres entiers consécutifs

Cherchons ensemble

Activité s'appuyant sur la situation de **manipulation** décrite dans le guide

1 Voici la liste des fournitures scolaires que le groupe de Lisa doit acheter.

Liste des fournitures	Prix	Somme nécessaire sans centimes
Grand classeur	5,85 €	6 €
Agenda	13,75 €	... €
Double décimètre	3,21 €	4 €
Compas	1,87 €	... €
TOTAL	... €	... €

- **Recopie** et **complète** le tableau.
- **Recopie** et **écris** les nombres entiers qui conviennent.

La somme nécessaire pour acheter les fournitures doit être comprise entre ... € et ... €.

Retenons ensemble

Mots à retenir
encadrer • consécutifs • partie entière

Comment encadrer un nombre décimal par deux nombres entiers consécutifs ?

- Pour encadrer **un nombre décimal** par **deux nombres entiers** consécutifs, il faut trouver sa partie entière et lui **ajouter 1**.

Encadrons 9,8
9,8 a pour partie entière 9. 9 + 1 = 10, donc **9 < 9,8 < 10**

Encadrons 25,73
25,73 a pour partie entière 25. 25 + 1 = 26, donc **25 < 25,73 < 26**

Je sais faire

2 **Écris le nombre entier qui précède.**

a. ... < 2,6
b. ... < 5,3
c. ... < 1,99
d. ... < 10,03
e. ... < 101,9
f. ... < 0,03
g. ... < 10,01
h. ... < 1000,36

3 **Écris le nombre entier qui suit.**

a. 5,4 < ...
b. 19,6 < ...
c. 1,9 < ...
d. 0,3 < ...
e. 100,8 < ...
f. 0,09 < ...
g. 1,05 < ...
h. 1000,50 < ...

4 **Écris le nombre entier manquant.**

a. 0 < 0,3 < ...
b. ... < 42,40 < 43
c. 90 < 90,04 < ...
d. 102 < 102,1 < ...
e. 0 < 0,07 < ...
f. ... < 0,4 < 1
g. 10 < 10,3 < ...
h. 100 < 100,72 < ...

5 **Encadre par deux nombres entiers consécutifs.**

a. ... < 5,5 < ...
b. ... < 15,40 < ...
c. ... < 50,04 < ...
d. ... < 105,1 < ...
e. ... < 0,08 < ...
f. ... < 0,9 < ...
g. ... < 150,3 < ...
h. ... < 1 000,82 < ...

Je m'entraine

6 **Recopie** et **complète** le tableau.

Nombre à encadrer	Nombres entiers qui encadrent
70,02	70 et ?
250__,05	2500 et 2501
__,02	0 et 1

7 **Retrouve** les erreurs faites par Hugo et **corrige-les**.

a. 1 < 0,9 < 0
b. 72 < 62,50 < 63
c. 900 < 90,40 < 91
d. 12 < 12,1 < 11,2
e. 0 < 1,07 < 1
f. 33 < 30,4 < 35
g. 11 < 10,30 < 10
h. 1000 < 100,52 < 101

Erreurs !

8 **Encadre** par deux entiers consécutifs.

a. … < 13,2 < …
b. … < 29,51 < …
c. … < 51,29 < …
d. … < 2,13 < …
e. … < 8,08 < …
f. … < 0,96 < …
g. … < 501,3 < …
h. … < 1052,12 < …

9 **Encadre** par deux entiers consécutifs.

a. … < 1300578,23 < …
b. … < 150524302,03 < …
c. … < 432502200,54 < …
d. … < 999999998,99 < …

10 **Recopie** l'intrus et **justifie**.

a. 0,6 < 0,07 • 0,08 • 0,09 • 0,10 < 1
b. 24 < 24,1 • 24,2 • 24,3 • 24,4 < 24
c. 10 < 10,10 • 10,12 • 10,14 • 10,16 < 9
d. 10 < 0,6 • 0,7 • 0,8 • 0,9 < 0,5

11 **Encadre** comme dans l'exemple.

Exemple : 2 > 1,5 > 1

a. … > 4,5 > …
b. … > 2,8 > …
c. … > 74,5 > …

12 **Encadre** comme dans l'exemple.

Exemple : 2 > 1,08 > 1

a. … > 9,05 > …
b. … > 12,78 > …
c. … > 84,95 > …

13 **Encadre** ces suites de nombres décimaux par deux entiers consécutifs.

a. 99,3 • 99,4 • 99,5 • 99,6 • 99,7
b. 9,05 • 9,06 • 9,07 • 9,08 • 9,09

14 **Range** dans l'ordre croissant, puis **encadre** cette série de nombres décimaux par deux entiers consécutifs.

190,95 • 171,90 • 90,51 • 199,6 • 199,57

Je fais des maths autrement

15 Les Maths ça sert en **Éducation musicale**

Le tempo sert à indiquer la vitesse à laquelle doit être jouée une musique. Le tempo le plus rapide, *prestissimo*, peut aller jusqu'à environ 207,9 battements par minute.

Encadre le tempo *prestissimo* par deux nombres entiers consécutifs.

16 L'encadrement-mystère

Écris les deux plus grands nombres entiers consécutifs, ne comportant que des chiffres différents qui encadrent le nombre 5775,32.

17 Je travaille en groupe

La foire aux nombres

• **Écrivez** une suite de cinq nombres décimaux.

→ **Demandez au groupe voisin de la ranger dans l'ordre croissant et de l'encadrer par deux entiers consécutifs.**

million 1 000 000 neuf 9

Je fais le Bilan

Les nombres entiers jusqu'au milliard
Les fractions décimales

Comparer, ranger, encadrer les entiers

1 **Recopie** et **complète** avec < ou >.

a. 21 000 500 … 51 000 200
b. 80 054 000 … 80 045 000
c. 38 000 009 … 39 000 008

2 **Recopie** et **encadre** entre deux dizaines de millions.

a. … < 75 000 900 < …
b. … < 62 000 112 < …
c. … < 58 854 000 < …

3 **Recopie** et **encadre** au plus près.

a. … < 5 000 900 < …
b. … < 75 512 125 < …
c. … < 15 003 300 < …

4 **Range** les nombres dans l'ordre croissant.

90 000 801 • 90 300 030 • 9 900 000
93 000 000 • 90 030 514 • 99 000 999

Se repérer dans la suite des nombres

5 **Construis** la droite graduée et **continue** la suite des nombres jusqu'à 30 000 000.

6 **Place**, sur une droite graduée, la suite des nombres de 1 000 000 à 4 500 000 avec un écart de 500 000.

7 **Place**, sur une droite graduée, la suite des nombres de 0 à 90 000 009 avec un écart de 10 000 001.

8 **Écris** la suite des nombres de 100 000 000 à 300 000 000 avec un écart de 20 000 000.

9 **Écris** une suite de 5 nombres ayant pour écart 25 000 000.

Découvrir les fractions décimales

10 **Reproduis** la droite graduée et **place** les fractions.

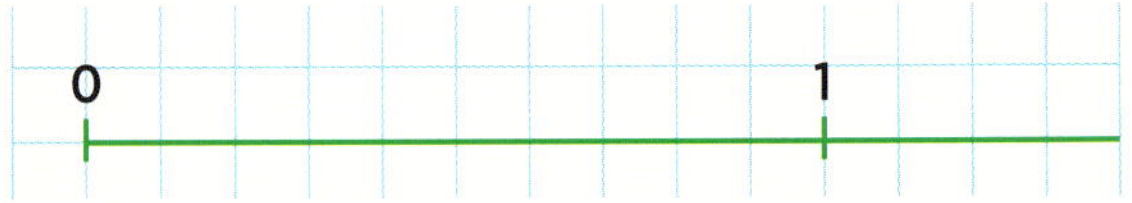

$\frac{1}{10}$ $\frac{8}{10}$ $\frac{11}{10}$ $\frac{6}{10}$ $\frac{12}{10}$

11 **Écris** la fraction qui correspond à chaque lettre.

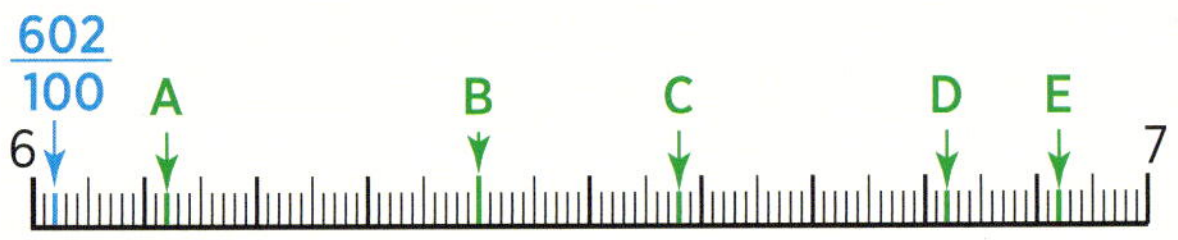

12 **Écris** les fractions en lettres.

a. $\frac{82}{10}$ b. $\frac{425}{100}$ c. $\frac{203}{100}$ d. $\frac{5}{10}$ e. $\frac{84}{10}$

13 **Écris** les fractions en chiffres.

a. trois dixièmes b. trente-sept centièmes
c. quatre centièmes e. dix-huit dixièmes

14 **Recopie** et **complète**, comme dans l'exemple.

Exemple : $\frac{50}{10} + \frac{8}{10} = \frac{58}{10}$

a. $\frac{40}{10} + \frac{5}{10} = \frac{\dots}{\dots}$ b. $\frac{700}{100} + \frac{8}{100} = \frac{\dots}{\dots}$

c. $\frac{200}{100} + \frac{10}{100} + \frac{9}{100} = \frac{\dots}{\dots}$

15 **Transforme** comme dans l'exemple.

Exemple : $\frac{280}{100} = \frac{200}{100} + \frac{80}{100}$

a. $\frac{550}{100}$ b. $\frac{76}{10}$ c. $\frac{486}{100}$

16 **Recopie** et **complète**, comme dans l'exemple.

Exemple : $5 + \frac{7}{10} + \frac{3}{100} = \frac{573}{100}$

a. $7 + \frac{2}{10} + \frac{8}{100} = \frac{\dots}{100}$

b. $8 + \frac{3}{10} + \frac{5}{100} = \frac{\dots}{100}$

Les nombres décimaux

Lire et écrire les nombres décimaux

17 **Recopie et complète** le tableau de numération.

	c	d	u ,	dixième	centième
2,24					
87,36					
0,65					
39,08					

18 **Écris en chiffres dans un tableau de numération.**
a. soixante-quatorze virgule soixante-six
b. trente virgule treize
c. cent-vingt virgule cinq
d. mille-cent-un virgule zéro-sept

19 **Écris en lettres et en unités de numération**
a. 224,99 b. 6,07 c. 0, 6
d. 3 630,12 e. 25,51 f. 0,03

20 **Écris en chiffres puis en lettres tous les nombres décimaux possibles en utilisant :**
1 8 , et 3

Passer d'une écriture fractionnaire à une écriture décimale

21 **Écris sous la forme d'un nombre à virgule.**
a. $\frac{3}{10}$ b. $\frac{7}{100}$ c. $\frac{13}{100}$ d. $\frac{75}{100}$
e. $\frac{33}{10}$ f. $\frac{277}{100}$ g. $\frac{105}{100}$ h. $\frac{654}{100}$

22 **Écris sous forme de nombre décimal.**
a. une unité deux dixièmes
b. cinquante-quatre dixièmes
c. huit centièmes
d. cent-cinquante-cinq dixièmes
e. cent-neuf centièmes.

23 **Écris sous forme de nombre décimal.**
a. vingt-huit virgule cinq
b. zéro virgule zéro trois
c. cinq-cents virgule soixante-quinze
d. six-mille virgule six

Comparer, ranger les nombres décimaux

24 **Recopie et complète** avec les signes $<$ ou $>$.
a. 8,1 … 7,1 d. 53,4 … 58,4
b. 653,3 … 663,3 e. 9,7 … 9,8
c. 8,88 … 8,92 f. 545,5 … 565,5

25 **Recopie et complète avec les signes $<$ ou $>$.**
a. 8,70 … 8,80 … 8,90 b. 7,00 … 7,50 … 8,00
c. 4,80 … 4,85 … 4,90 d. 3,39 … 3,40 … 3,41

26 **Recopie et complète avec le nombre suivant.**
a. 8,12 $<$ … b. 55,5 $<$ …
c. 645,4 $<$ … d. 9,7 $<$ …
e. 8,70 $<$ … f. 545, 31 $<$ …

27 **Range** dans l'ordre décroissant.
a. 4,28 • 6,23 • 4,22 • 6,75 • 4,52 • 6,57
b. 0,19 • 1,90 • 1,09 • 3,09 • 0,91 • 9,10
c. 20,58 • 20,83 • 20,08 • 20,80 • 20,29 • 200,95 • 200,85 • 209,8 • 209,09

Intercaler, encadrer les nombres décimaux

28 **Recopie** les nombres qu'on peut intercaler.

1,36 0,85 1,2 3,87 3,9
1,52 0,91 1,3 0,9 1,99

a. Entre 0,8 et 1. c. Entre 1 et 1,32.
b. Entre 3,81 et 3,99. d. Entre 1,33 et 2.

29 **Écris** le plus grand nombre décimal possible de quatre chiffres pouvant s'intercaler entre 75,05 et 76,45.

30 **Encadre par deux nombres entiers consécutifs.**
a. … $<$ 5,6 $<$ … e. … $<$ 0,07 $<$ …
b. … $<$ 15,30 $<$ … f. … $<$ 0,9 $<$ …
c. … $<$ 50,05 $<$ … g. … $<$ 150,5 $<$ …
d. … $<$ 106,1 $<$ … h. … $<$ 1 001,82 $<$ …

31 **Encadre par deux entiers consécutifs.**
a. … $<$ 1 300 578,25 $<$ …
b. … $<$ 150 524 302,07 $<$ …
c. … $<$ 380 354 201,01 $<$ …

million
1 000 000
neuf 9

Problèmes interdisciplinaires

Les maths et l'EMC — Lire et écrire les nombres jusqu'au million

La parité homme-femme

Dans le monde, sur 152 chefs d'états, seulement 10 sont des femmes.
En France, des lois sur la parité homme-femme sont mises en place depuis 1999. Pour les élections municipales cette loi oblige, sous peine d'amende, un parti politique à présenter autant d'hommes que de femmes sur sa liste, en alternant une femme, un homme, une femme, un homme... Cependant, sur les 36 658 communes que compte la France, seulement 5 343 ont un maire de sexe féminin.

1 **Écris en lettres les nombres soulignés.**

2 **Que penses-tu des lois sur la parité homme-femme ?**

Les maths et le Français — Décomposer et composer les nombres

Les bons points de Tom Sawyer

Tom Sawyer, qui ne travaille pas à l'école, se débrouille pour récupérer les bons points de ses camarades afin de réclamer un prix. Tu découvriras, dans l'extrait ci-après, les règles d'échange de cette drôle de monnaie.

Dix bons points bleus équivalaient à un rouge et pouvaient être échangés contre lui. Dix bons points rouges donnaient droit à un bon point jaune et pour dix bons points de cette couleur, le directeur de l'école remettait à l'élève un prix. [...] Alors que tout semblait irrémédiablement perdu, Tom Sawyer quitta les rangs, s'avança avec **neuf bons points jaunes, neuf bons points rouges, dix bons points bleus** et réclama son prix. »

Extrait des *Aventures de Tom Sawyer* de Mark Twain.

Les bons points présentés par Tom lui permettent-ils de réclamer son prix ?

Les maths et la Géographie — Lire et écrire les nombres jusqu'au milliard

Voyager en France

En France, les communes peuvent demander aux vacanciers de payer une taxe de séjour pour financer certaines dépenses (entretien des plages, des parcs, des monuments etc.).
Par exemple, avec vingt-huit-millions de personnes qui visitent chaque année la ville de Paris, c'est soixante-huit-millions-cent-mille nuits d'hôtels qui sont réservées ! Paris récolte ainsi plus de quarante-millions d'euros. Mais savais-tu que repeindre la Tour Eiffel coute quatre-millions d'euros et que l'on recommence tous les sept ans ?

■ **Écris en chiffres les nombres soulignés.**

Les maths et l'Histoire — Découvrir les fractions pour mesurer

Le système métrique

Pour unifier la France et simplifier les échanges commerciaux entre ses différentes provinces, de nombreux rois, comme François Ier, ont tenté sans succès d'imposer une unité de mesure de longueur unique. Ce n'est que bien après la révolution, en 1837, que la loi rend obligatoire le système métrique [Doc 1]. Mais le peuple a du mal à s'y habituer.

Doc 1

Voici une petite manipulation qui va te montrer pourquoi. Pour cela, demande d'abord 4 bouts de ficelle à ton professeur.

Il te faut !
- 4 bouts de ficelle
- 1 paire de ciseaux

1 **Coupe, sans utiliser ta règle, une première ficelle en deux parts égales et donnes-en la moitié à ton voisin.**

2 **Coupe la deuxième ficelle en deux morceaux : tu en gardes un quart et tu donnes le reste à ton voisin. Quelle fraction de la ficelle as-tu donnée à ton voisin ?**

3 **Coupe la troisième ficelle en deux morceaux : tu en gardes un tiers et tu donnes le reste à ton voisin. Quelle fraction de la ficelle as-tu donnée à ton voisin ?**

4 **Dans le système métrique on échange 1 unité contre 10 unités plus petites. Sans utiliser ta règle graduée, essaie de couper la quatrième ficelle en 10 morceaux identiques. Y arrives-tu facilement ?**

million
1 000 000
neuf 9

Problèmes interdisciplinaires

Les maths et le Français — Utiliser des fractions pour partager

Les charades

Une charade est une forme de devinette où la réponse à chaque question est une syllabe orale du mot à trouver.

Mon premier est la seconde syllabe du mot infraction.
Mon second est la dernière syllabe du mot action.
Mon tout est un nombre comportant un numérateur et un dénominateur.
Fraction

1 **Écris la solution de ces trois charades.**

Charade 1
Mon premier vient après zéro.
Mon second vient après un.
Mon troisième se trouve au cœur du pain.
Mon tout est une fraction correspondant à la moitié.

Charade 2
Mon premier est la dernière syllabe du mot étroit.
Mon second est la dernière syllabe du mot écart.
Mon tout est une fraction comprise entre le demi et l'unité.

Charade 3
Mon premier suit zéro.
Mon second est un synonyme de bus.
Mon tout est une fraction correspondant à la moitié de la moitié.

2 **Reproduis** la droite graduée [Doc 1] et **place les fractions :** un demi, un quart, quatre-quarts.

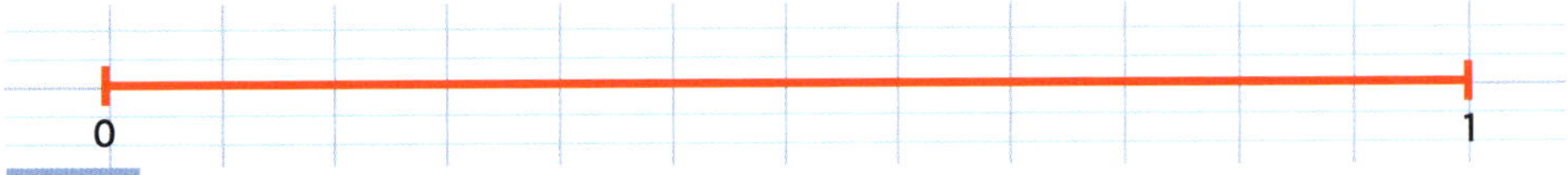

Doc 1

Les maths et les Sciences — Ranger des nombres entiers jusqu'au milliard

La Terre dans notre système solaire

Voici les distances entre le Soleil et cinq des huit planètes de notre système solaire.

Planète	Distance Soleil-Planète
Venus	108 208 930 km
Mars	227 936 640 km
Terre	149 597 890 km
Mercure	57 909 175 km
Jupiter	778 412 010 km

Doc 1

1 **Range** ces distances dans l'ordre croissant.

2 **Écris** les planètes de la plus proche à la plus éloignée du Soleil.

3 **Observe** le système solaire [Doc 1] et **vérifie** ta réponse grâce aux indices.

Indice 1 On dit que la Terre est la planète bleue.

Indice 2 On surnomme Mars, la planète rouge.

Indice 3 Vénus a la même taille que la Terre.

Les maths et le Sport — Comparer des grandeurs décimales exprimées dans des unités différentes

Le bowling

En compétition de bowling, les boules et les quilles sont réglementées.
Leurs masses doivent respecter certaines normes.

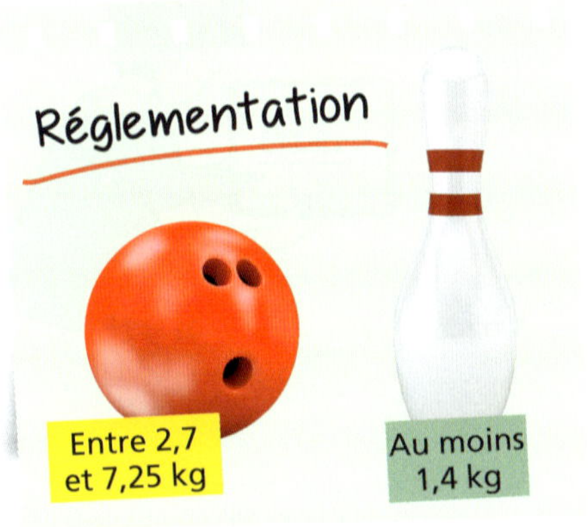

1 Parmi les boules suivantes, **quelles** sont celle(s) autorisée(s) en compétition ? **Justifie** tes réponses.
a. 2 900 g b. 0,72 kg c. 5,4 kg

2 Parmi les quilles suivantes, **quelles** sont celle(s) autorisée(s) en compétition ? **Justifie** tes réponses.
a. 0,92 kg b. 1,08 kg c. 1,5 kg

3 **Dessine** une boule et une quille de bowling. **Indique** leur masse afin qu'elles puissent être utilisées en compétition.

Les maths et la Géographie — Lire un graphique comportant des nombres décimaux

L'espérance de vie des femmes en France

L'espérance de vie est la durée de vie moyenne d'un groupe de personnes à la naissance. Au fil du temps, les femmes se sont mises à vivre plus longtemps grâce aux progrès de la médecine, notamment.

1 **Recopie** le tableau et **complète-le** à l'aide du graphique [Doc 1].

Année	Espérance de vie moyenne des femmes en France
2001	Entre 82,5 et ... ans
2005	Entre ... et 84 ans
2007	Entre ... et ... ans
20 ...	Entre 84,5 et 85 ans

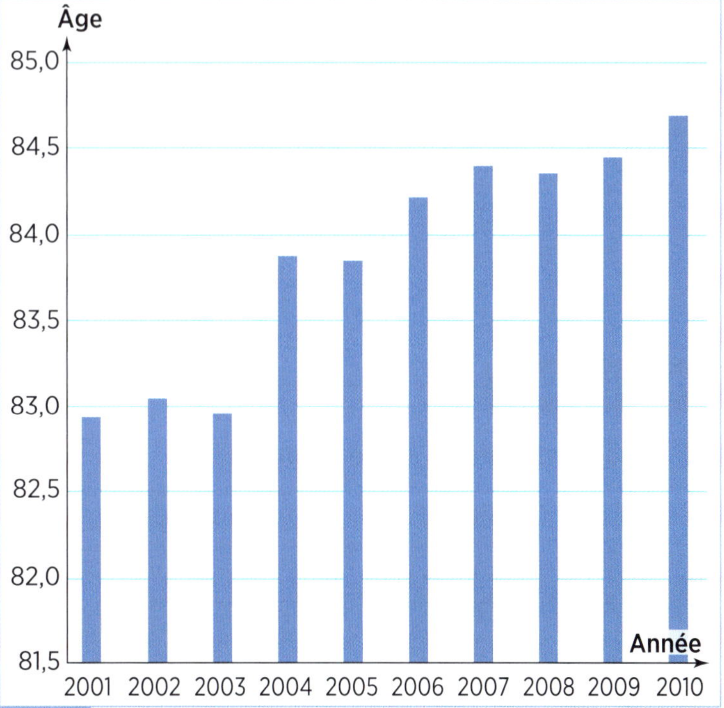

Doc 1 Espérance de vie des femmes en France

2 **Réponds** aux questions en lisant le graphique.
a. En quelle année l'espérance de vie des femmes en France était-elle la plus faible ?
b. Par rapport aux années précédentes, que peut-on dire de l'espérance de vie en 2010 ?

Poser une addition

Cherchons ensemble

Activité s'appuyant sur la situation de **manipulation** décrite dans le guide

1 Voici les élastiques que Malika et Hugo ont reçus.

	Boites de 10 000 élastiques	Boites de 1000	Boites de 100	Sachets de 10	Élastiques seuls
Malika	2	2	5	4	5
Hugo	1	9	2	7	3

- **Observe** le tableau.
- **Calcule** le nombre total d'élastiques qu'ont reçus Malika et Hugo.

Retenons ensemble

Mots à retenir
chiffres • colonnes • retenue

Comment poser et calculer une addition ?

- Pour **poser une addition**, on dispose les **chiffres** de chaque **nombre les uns en dessous des autres**, en respectant les **colonnes** : centaines, dizaines, unités...

On **additionne d'abord les unités**, puis les **dizaines** et on continue jusqu'à ce qu'il n'y ait plus de chiffre à gauche. Si le total d'une **colonne dépasse 9**, on pose une **retenue**.

	dm	m	c	d	u
(retenues)	1		1		
	6	5	2	3	7
+	2	7	4	8	1
=	9	2	7	1	8

Le résultat est **92 718**.

Je sais faire

2 **Recopie et effectue** les additions.

		7	7	8	3
+		5	4	5	0
=	...	...	...	...	...

	2	7	4	9	5
+	1	8	6	2	7
=	...	...	...	...	...

	4	0	6	7	8	9
+	1	2	3	6	5	4
=	...	...	...	...	...	...

	6	3	4	7	0	7
+	1	8	7	1	0	9
=	...	...	...	...	...	...

3 **Pose et effectue** les additions.

a. 8 902 + 7 693
b. 256 749 + 408 984
c. 55 475 + 65 723
d. 652 479 + 205 947

4 **Recopie et complète.**

a. 1 420 + 47 042 + 27 357

(retenue)			1		
	1	...	...	...	0
+	4	...	...	4	...
+	...	7	3	...	...
=	...	...	...	...	...

b. 19 413 + 3 775 + 14 444

	1	...	...	1	...
+		3	7	...	...
+	...	...	...	...	4
=	...	...	...	...	...

Je m'entraine

5 **Pose et effectue** les additions.

a. 7 812 + 8 704
b. 66 584 + 54 612
c. 33 638 + 39 081 + 25 144
d. 431 641 + 280 176 + 174 863

6 **Calcule** l'ordre de grandeur des additions. **Vérifie** en posant les opérations.

Exemple : 49 823 + 18 957 → 50 000 + 20 000 = 70 000

a. 38 490 + 47 999
b. 69 709 + 19 840
c. 47 400 + 10 059
d. 19 509 + 29 112

7 **Problème** Sur sa console de jeu, Malika a obtenu 456 pièces d'or au premier niveau. Elle en a eu 1 578 au second niveau et 1 078 au troisième niveau.

• **Calcule** le nombre de pièces d'or que Malika a obtenu en tout.

8 **Pose et effectue** les opérations.

a. 11 405 + 32 739 + 17 300
b. 22 843 + 25 993 + 45 434
c. 97 866 + 78 729 + 89 938
d. 39 719 + 18 112 + 25 999

9 **Recopie et complète le carré magique :** les sommes des nombres de chacune des lignes, de chaque colonne et de chaque diagonale sont toutes égales.

17	...	3	14
...	11	12	...
...	7	8	13
5	...	...	...

10 **Retrouve** les erreurs faites par Malika et **corrige-les**.

a. 121 405 + 322 739 + 17 200 = 457 800
b. 202 843 + 205 993 + 405 434 = 810 193
c. 907 866 + 18 729 + 9 938 = 945 682
d. 147 661 + 228 309 + 59 354 = 502 309

Erreurs !

11 **Problème** Un gagnant a remporté la somme de 57 423 € aux courses. La semaine suivante, il gagne encore 458 769 €.

• **Calcule** le montant total de ses gains.

12 **Pose et effectue** les opérations.

a. 581 435 + 122 779 + 211 888
b. 371 543 + 99 676 + 331 954
c. 259 993 + 170 499 + 279 899
d. 451 235 + 252 789 + 111 999

Je fais des maths autrement

13 Les Maths ça sert en **Géographie**

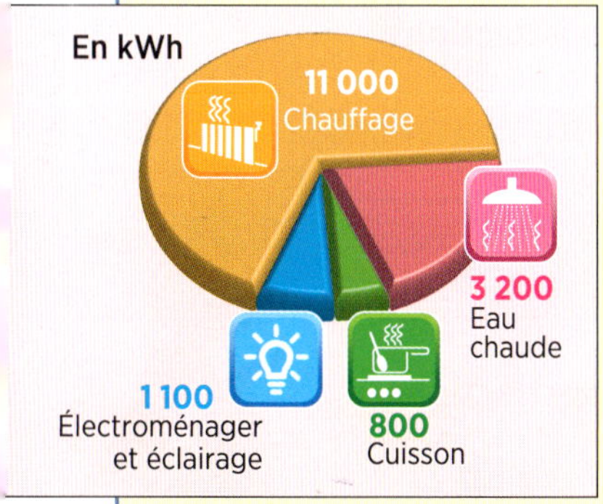

En France, on calcule chaque année la consommation moyenne d'électricité. Cette consommation s'exprime en kWh (kilowattheure). La répartition est donnée ci-contre.

▸ **Calcule** la consommation moyenne d'électricité d'une famille pour une année.

14 Le nombre-mystère

L'addition de mon nombre mystère et de 185 529 a pour résultat 510 117.

▸ **Quel** est ce nombre ?

15 Je travaille en groupe

La foire aux nombres

• **Écrivez** tous les nombres possibles qui, additionnés à 425 379, donnent un résultat compris entre 525 379 et 525 400.

→ **Comparez votre résultat avec le groupe voisin.**

Poser une soustraction

Cherchons ensemble

Activité s'appuyant sur la situation de **manipulation** décrite dans le guide

1 Voici les élastiques que l'école possède et ceux que Sami doit prendre pour sa classe.

	Boites de 10 000 élastiques	Boites de 1000	Boites de 100	Sachets de 10	Élastiques seuls
École	5	0	2	7	6
Sami	2	1	9	1	5

- **Observe** le tableau.
- **Calcule** le nombre d'élastiques restant après que Sami se soit servi.

Retenons ensemble

Mots à retenir
soustraction • retenues

Comment poser et calculer une soustraction ?

- Pour **poser une soustraction**, on dispose les **chiffres** de chaque **nombre les uns en dessous des autres**, en respectant les **colonnes** : unités, dizaines, centaines...
- On **commence par soustraire** les **unités**, puis les **dizaines** et on continue jusqu'à ce qu'il n'y ait plus de chiffre à gauche.

Quand le chiffre de départ est inférieur au chiffre à soustraire, on pose des **retenues**.

	dm	m	c	d	u
	8	[1]1	7	[1]2	8
−	(1)4	7	(1)4	9	6
=	3	4	2	3	2

Le résultat est **34 232**.

Je sais faire

2 **Recopie** et **effectue** les soustractions.

	5	4	9	7	3
−	2	2	7	6	2
=	...	...	...	...	...

	7	8	4	0	2
−	3	7	6	4	1
=	...	...	...	...	...

	5	7	4	8	6	3
−	3	6	3	7	5	2
=	...	...	...	...	...	...

	4	4	6	5	2	7
−	3	2	7	4	8	7
=	...	...	...	...	...	...

3 **Pose** et **effectue** les soustractions.

a. 45 879 – 37 741
b. 57 021 – 34 910
c. 37 153 – 19 678
d. 91 202 – 72 354

4 **Pose** et **effectue** les soustractions.

a. 598 384 – 341 291
b. 204 572 – 87 603
c. 614 270 – 537 888
d. 900 050 – 769 349

Je m'entraine

5 **Calcule** l'ordre de grandeur des soustractions. **Vérifie** en posant les opérations.

Exemple : 48 958 – 18 957 →

a. 57 782 – 29 875
b. 89 825 – 18 799
c. 493 972 – 199 892
d. 897 998 – 498 729

6 **Retrouve** les erreurs faites par Lisa et **corrige-les.**

a. 30 150 - 9 670 = 20 452
b. 77 114 - 39 698 = 38 416
c. 692 185 - 271 271 = 421 204
d. 502 084 - 378 205 = 123 789

Erreurs !

7 **Recopie** et **complète.**

	4	9	①...	7
–	4	①...	5	2
=	...	1	9	...

	7	3	9	①4	...
–	...	2	①8	...	1
=	2	...	...	7	2

8 Problème Le père d'Hugo veut s'acheter une nouvelle voiture à 15 452 €. Il verse un acompte de 8 729 €.

• **Combien** lui reste-t-il à payer ?

9 Problème La famille de Sami dépense 3 100 € pour les vacances. Le logement et la nourriture représentent 1 850 €. Le reste est consacré aux loisirs.

• **Calcule** le montant consacré aux loisirs.

10 **Pose et effectue** les opérations.

a. 258 – _ _ _ = 137
b. 7 213 – _ _ _ _ = 5 313
c. 90 155 – _ _ _ _ _ = 89 955
d. 800 000 – _ _ _ _ _ _ = 690 000

11 **Calcule** les différences.

a. (451 – 79) – 198
b. (4 509 – 721) – 12
c. (40 000 – 25 000) – 227
d. (754 000 – 48) – 2 452

12 **Calcule**

a. (191 – 29) – (78 – 25)
b. (509 – 21) – (104 – 45)
c. (60 000 – 25 000) – (7 000 – 2 500)
d. (982 000 – 8 000) – (982 – 80)

13 Problème Madame Chanceuse gagne 12 919 € à la loterie et Madame Chance 17 186 €.

• **Calcule** la différence entre les deux gains.

Je fais des maths autrement

14 Les Maths ça sert en Géographie

Les Champs-Élysées à Paris sont une des avenues les plus prestigieuses au monde. Elle recense 320 000 promeneurs par jour. Parmi eux, il y a 180 000 touristes.

Combien y a-t-il de Parisiens qui se promènent chaque jour sur les Champs-Élysées ?

15 Le nombre-mystère

Je pense à un nombre, je lui soustrais 105 029 et je trouve 712 110.

Quel est ce nombre ?

16 Je travaille en groupe

La foire aux nombres

• **Écrivez** tous les nombres possibles qui, soustraits à 315 458, donnent un résultat compris entre 115 458 et 115 474.

→ **Comparez votre résultat avec le groupe voisin.**

Calcul

Poser une multiplication par un nombre à un chiffre

Cherchons ensemble

Activité s'appuyant sur la situation de **manipulation** décrite dans le guide

1 Voici la commande de pailles que l'école doit effectuer par classe.

Boites de 10 000 pailles	Boites de 1000	Boites de 100	Sachets de 10	Pailles seuls
3	4	1	7	3

- **Observe** le tableau.
- **Calcule** le nombre de pailles que l'école va acheter en tout, pour ses 5 classes.

Retenons ensemble

Mots à retenir
produit • colonnes • retenue

Comment poser et calculer une multiplication ?

Pour calculer le **produit 41 324 × 4**, on **pose l'opération en respectant** les **colonnes**.

	cm	dm	m	c	d	u
		4	1	3	2	4
×						4
=	1	6	5	2	9	6

Boite à retenues

cm	dm	m	c	d
		1		1

- On **multiplie d'abord les unités** : 4 × 4 = **16**.
On écrit **6** dans la colonne des unités et **1** dans la boite à retenues des dizaines.
- Puis, on **multiplie les dizaines**, 4 × 2 = **8 plus la retenue** : **8** + **1** = **9**.
- Puis les **centaines** : 4 × 3 = **12**. On écrit **2** dans la colonne des centaines et 1 dans la boite à retenues des milliers.
- Puis les **milliers** : 4 × 1 = **4 plus la retenue** : **4** + **1** = **5**.
- Enfin les **dizaines de milliers** : 4 × 4 = **16**.
On écrit 16, dans les deux dernières colonnes à gauche.

Je sais faire

2 **Recopie** et **effectue** les multiplications.

	1	3	1	2	3
×					3
=	…	…	…	…	…

	1	1	2	1	5	0
×						6
=	…	…	…	…	…	…

3 **Pose** et **effectue** les multiplications.

a. 14 082 × 4
b. 24 587 × 3
c. 35 102 × 8
d. 75 863 × 5

4 **Pose** et **effectue** les multiplications.

a. 140 234 × 2
b. 312 104 × 3
c. 232 789 × 4
d. 135 859 × 6

Je m'entraine

5 **Retrouve** les erreurs faites par Hugo et **corrige-les**.

a. 27 132 × 3 = 81 386
b. 78 408 × 6 = 478 445
c. 124 549 × 8 = 995 592
d. 107 138 × 9 = 242 964

Erreurs !

6 **Recopie et complète.**

	1	...	8	4	...
×					8
=	9	4	...	5	2

	...	9	...	7
×				3
=	8	...	2	...

7 **Problème** Pour son activité, une entreprise de transport achète 4 véhicules qui coutent 27 485 € chacun.

• **Combien** dépense en tout l'entreprise pour ses achats ?

8 **Problème** Un ferrailleur récupère un chargement de cuivre estimé à 6 420 € la tonne. La quantité récupérée est de 9 tonnes.

• **Quelle** est la valeur du chargement ?

9 **Pose et effectue** les opérations.

a. 42 052 × ... = 168 208
b. 64 415 × ... = 128 830
c. 70 212 × ... = 491 484
d. 132 507 × ... = 795 042

10 **Calcule** les produits.

a. (4 000 × 3) × 8
b. (23 000 × 2) × 5
c. (2 × 2 100) × 7
d. (4 000 × 2) × 5
e. (12 000 × 4) × 9

11 **Calcule.**

a. (3 × 4 531) × 2
b. (4 × 1 542) × 3
c. (145 025 × 2) × 2
d. (21 021 × 4) × 5
e. (12 012 × 8) × 9

12 **Problème** Malika se rend dans une salle de spectacle. À l'intérieur, il y a 9 rangées de 84 places, 6 rangées de 157 places et 3 rangées de 208 places.

• **Calcule** le nombre total de places de la salle.

Je fais des maths autrement

13 Les Maths ça sert en **Histoire**

Au Moyen Âge un chevalier pouvait parcourir de longues distances pour rejoindre les châteaux des seigneurs.

▸ **Quelle** distance un chevalier parcourait-il en rejoignant 3 châteaux séparés chacun de 928 km ?

14 Le nombre-mystère

Lisa pense à un nombre. Elle le multiplie par 4 et elle trouve 220 000.

▸ **Quel** est ce nombre ?

15 Je travaille en groupe

La foire aux nombres

• **Écrivez** tous les nombres possibles qui, multipliés par 6, donnent un résultat compris entre 59 999 et 60 121.

→ **Comparez votre résultat avec le groupe voisin.**

Poser une division avec un diviseur à un chiffre

Cherchons ensemble

Activité s'appuyant sur la situation de **manipulation** décrite dans le guide

1 Voici la commande de feuilles perforées que l'école doit effectuer.

Paquets de 100 feuilles	Paquets de 10 feuilles	Feuilles seules	Total
12	4	8	?

- **Observe** le tableau.
- **Écris** le nombre total de feuilles de la commande.
- Si les feuilles sont équitablement réparties entre les 6 classes, **combien** de feuilles chaque classe va-t-elle recevoir ?

Retenons ensemble

Mots à retenir

quotient • reste • dividende

Comment poser et calculer une division à 1 chiffre ?

- Pour calculer le **quotient** **2 397 : 7**, on pose l'opération en respectant les **colonnes**.

	m	c	d	u			
	2	3	9	7	7		
–	2	1			3	4	2
		2	9				
–		2	8				
			1	7			
–			1	4			
=				3			

- On divise d'abord le nombre de **milliers**.
Dans 2, combien de fois 7 ? Ce n'est pas possible car 2 < 7.
- On prend donc en compte le nombre de **centaines**.
Dans 23, combien de fois 7 ?
Dans 23, il y a 3 fois 7 et il **reste** 2.
On écrit 3 au quotient et, le reste, au **dividende**.
- On abaisse le 9 des **dizaines**.
Dans 29, combien de fois 7 ? 4 × 7 = 28 et il reste 1.
- On abaisse le 7 des **unités**.
Dans 17, combien de fois 7 ? 2 × 7 = 14 et il reste 3.

2 397 : 7 = 342 et il reste 3.

Je sais faire

2 **Recopie** et **effectue** les divisions.

	8	9	6	4
–	...			... ...
	...	...		
–		...		
		...	...	
–		...	...	
=			0	

	8	6	1	7
–	...			... ...
	...	...		
–	...	...		
		...	...	
–		...	...	
=			0	

3 **Pose** et **effectue** les divisions.

a. 2 472 : 6
b. 1 926 : 9
c. 5 984 : 8
d. 4 263 : 7
e. 5 475 : 5
f. 3 168 : 9

4 **Pose, calcule** et **entoure** le reste.

a. 20 527 : 3
b. 32 483 : 4
c. 54 152 : 5
d. 44 444 : 6
e. 52 028 : 5
f. 35 985 : 7

Je m'entraine

5 **Retrouve** les erreurs faites par Sami et **corrige-les.**

a. 5 251 : 6 = 874, reste 0
b. 5 966 : 7 = 852, reste 9
c. 7 870 : 8 = 938, reste 6
d. 8 141 : 9 = 904, reste 6

Erreurs !

6 **Recopie et effectue** les divisions.

	…	7	…	4	
–	…			1 … …	
	1	…			
–	…	…			
		…	9		
–		…	…		
=			…		

	…	…	…	9	6	
–	3	6			… … …	
		3	0			
–		…	…			
			…	…		
–				…		
=				…		

7 **Calcule** les quotients.

a. 70 985 : 5
b. 49 925 : 6
c. 351 905 : 3
d. 435 002 : 8
e. 905 905 : 5
f. 732 258 : 4

8 Problème Malika est philatéliste, elle collectionne les timbres. Elle possède 3 245 timbres répartis dans 5 albums identiques et tous complets.

• **Combien** y a-t-il de timbres dans un album ?

9 **Recopie et complète** les opérations.

a. 372 : … = 62
b. 1525 : … = 305
c. 2 466 : … = 411
d. … : 8 = 220

10 Problème Un bijoutier reçoit sa livraison d'1 kg d'or estimée à 32 210 € le kg.

• **Quelle** est la valeur de 500 grammes d'or ? De 100 grammes d'or ?

• **Combien** coute 1 gramme d'or ?

11 Problème Un agriculteur veut planter 1 473 radis. Chaque jour, il plante le même nombre de radis. Au bout de 5 jours, il a presque terminé.

• **Calcule** le nombre de radis qui lui reste à planter le 6e jour.

• **Indique** combien de radis il a planté chaque jour durant les cinq premiers jours.

Je fais des maths autrement

12 Les Maths ça sert en Géographie

Chaque Français consomme, en moyenne, 1 015 litres d'eau en une semaine.

Calcule la consommation d'eau journalière, en litres, de chaque Français.

13 Le nombre-mystère ???

Malika pense à un nombre. Elle le divise par 4 et elle trouve 510.

Quel est ce nombre ?

14 Je travaille en groupe

La foire aux nombres

• **Écrivez** tous les nombres possibles qui, divisés par 6, donnent un résultat compris entre 300 et 310.

→ **Comparez votre résultat avec le groupe voisin.**

Résoudre des problèmes multiplicatifs et de partage (1)

Cherchons ensemble

Activité s'appuyant sur la situation de **manipulation** décrite dans le guide

1 Voici le problème que le groupe de Lisa a reçu.

Problème Lisa et Hugo ont reçu 978 pochettes plastiques.
Ils doivent les répartir entre les 6 classes de l'école.

- **Combien** y aura-t-il de pochettes plastiques pour chaque classe ?

- **Recopie** le problème et **surligne** les informations importantes.
- **Dessine** la situation.
- **Effectue** les calculs en choisissant la ou les bonnes opérations.

Retenons ensemble

Mots à retenir
paquet • division • divise

Comment trouver le nombre d'objets par paquet lors d'un partage?

- Pour **trouver le nombre d'objets** par **paquet** lors d'un **partage équitable**, on fait une **division**. On **divise** le **nombre total d'objets** par le **nombre de paquets à constituer**.

Problème Je dois partager 1 304 pochettes plastiques en 8 chemises.
- **Combien** y aura-t-il de pochettes plastiques dans chaque chemise ?

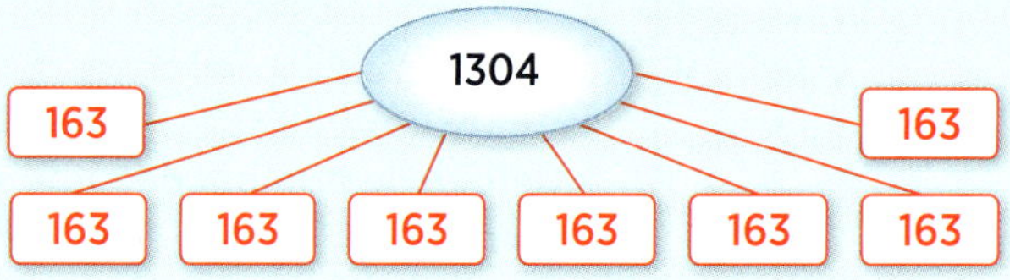

- **Écris le calcul.**

La division	1304	:	8	=	163
	Mille-trois-cent-quatre	**divisé par**	huit	égal	**cent-soixante-trois**

- **Écris la réponse à la question.**

Il y aura **163** pochettes plastiques dans chaque chemise.

Je sais faire

2 **Recopie et résous** le problème.

Problème Je dois partager équitablement 1 855 jetons en 7 enveloppes.
- **Combien** y a-t-il de jetons dans chaque enveloppe ?

3 **Écris VRAI ou FAUX.**

a. Dans un problème de partage, on ne fait jamais de division.

b. Le nombre d'objets par paquet correspond au quotient de la division.

4 **Observe** le tableau et **résous** le problème.

Problème Un gagnant de la loterie doit redistribuer équitablement ses gains.

Gain total	Nombre de joueurs
15 865 €	5

- **Combien** chaque joueur aura-t-il d'argent ?

5 **Vérifie et corrige.**

Je partage 100 304 par 7. Cela fait 12 537.

Je m'entraine

6 **Recopie et complète** le schéma de résolution du problème.

Problème Une secrétaire doit partager équitablement 12 848 feuilles en 3 dossiers.

• **Combien** va-t-elle mettre de feuilles par dossier ?

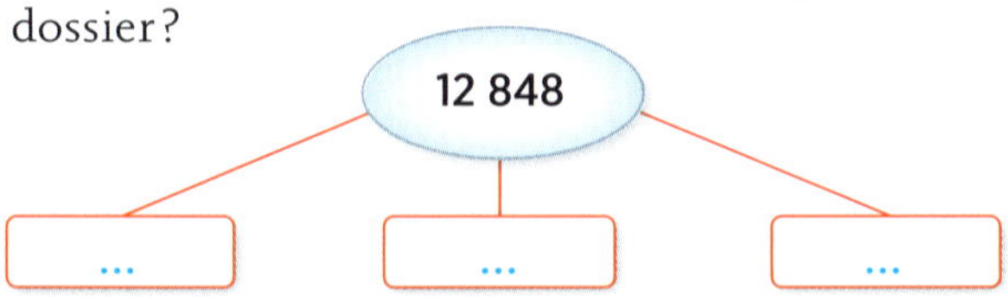

Écris la réponse à la question.

7 **Recopie et corrige** le schéma de résolution du problème.

Problème Un informaticien doit partager équitablement 126 482 fichiers pour les archiver dans 2 disques durs externes.

• **Combien** va-t-il mettre de fichiers dans chaque disque dur ?

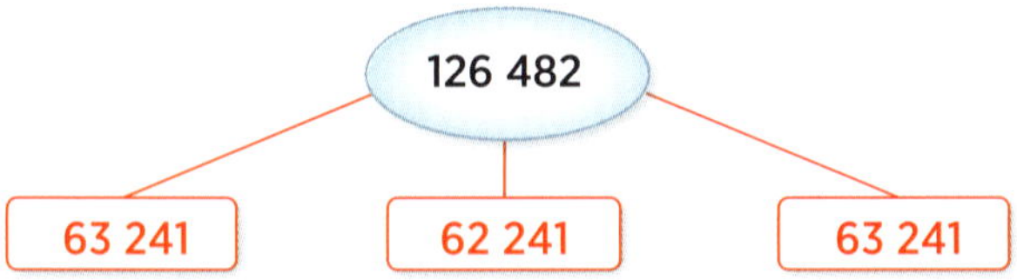

Écris la réponse à la question.

8 **Résous** le problème.

Problème Il y a 307 200 taches sur 4 rouleaux de tapisserie-léopard.

• **Combien** y a-t-il de taches par rouleau ?

9 **Recopie** la bonne solution au problème.

Problème Une imprimerie doit faire distribuer équitablement 32 400 prospectus dans 9 quartiers de la ville.

• **Combien** de prospectus seront distribués dans chaque quartier ?

Solution **A** → $32\,400 \times 9$

Solution **B** → $32\,400 : 9$

Calcule le résultat.

Écris la réponse à la question.

10 **Résous** le problème.

Problème Un groupe de 4 parieurs gagnent ensemble 848 624 euros aux courses de chevaux.

• **Combien** chaque parieur va-t-il gagner d'argent ?

• **Combien** chacun aurait-il gagné s'il y avait eu 8 parieurs ?

11 **Écris** un problème correspondant au schéma de résolution.

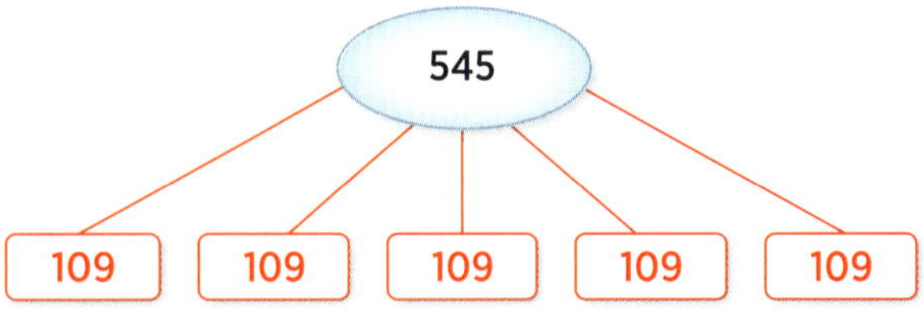

Je fais des maths autrement

12 Les Maths ça sert en Géographie

Le tramway surnommé le Mongy qui relie Lille - Roubaix - Tourcoing, compte 4 wagons. En septembre 2010, il a transporté environ 734 000 passagers.

Calcule le nombre moyen de passagers transporté par wagon durant le mois de septembre 2010.

13 La solution-mystère

Sami annonce le nombre 525 qu'il faut diviser par 5. Hugo trouve 625 et Malika trouve 525.

Qui a raison ?

14 Je travaille en groupe

La foire aux problèmes

• **Construisez** le schéma de résolution d'un problème.

→ **Demandez au groupe voisin d'écrire le problème ainsi que sa phrase-réponse.**

Résoudre des problèmes à deux étapes (1)

Cherchons ensemble

Activité s'appuyant sur la situation de **manipulation** décrite dans le guide

1 Voici le problème que le groupe de Sami a tiré au sort.

Problème Lors de l'EuroBasket le record du nombre de spectateurs pour un match de basket en Europe a été battu à trois reprises : 26 135 pour les huitièmes de finale, 26 922 pour les demi-finales et 27 372 pour la finale.

1. **Combien** y a-t-il eu de spectateurs en tout pour ces trois compétitions ?
2. Si 2 435 entrées gratuites ont été distribuées, **combien** y a-t-il eu d'entrées payantes ?

- **Recopie** les informations importantes du problème.
- **Dessine** la situation.
- **Effectue** les calculs de la première étape et **écris** la phrase-réponse.
- **Effectue** les calculs de la seconde étape puis **écris** la phrase-réponse.

Retenons ensemble

Mots à retenir

étapes • résultat • phrase-réponse

Comment résoudre un problème à deux étapes ?

Pour **résoudre un problème à deux étapes** :
- On **calcule le résultat de la première étape**, en utilisant **l'addition ou la soustraction**, puis on écrit la **phrase-réponse**.
- Ensuite, on utilise le résultat obtenu en **étape 1** pour calculer celui de l'**étape 2**.

Problème J'ai 123 jetons dans mon enveloppe. J'en ajoute 57 et encore 103.

1. **Combien** y aurai-je de jetons en tout dans mon enveloppe ?
2. Si je perds 143 jetons, **combien** m'en restera-t-il ?

1 Résolution de l'étape 1
- **Écris le calcul :** addition → 123 + 57 + 103 = **283**
- **Écris la réponse à la question.** J'aurai **283** jetons dans mon enveloppe.

2 Résolution de l'étape 2
- **Écris le calcul :** soustraction → 283 – 143 = **140**
- **Écris la réponse à la question.** Il me restera **140** jetons dans mon enveloppe.

Je sais faire

2 **Recopie et résous le problème.**

Problème J'ai 4 583 jetons dans mon enveloppe. J'en ajoute 577 et encore 1 105.

1. **Combien** aurai-je de jetons dans mon enveloppe ?
2. Si je perds 1 543 jetons, **combien** m'en restera-t-il ?

3 **Recopie et résous le problème.**

Problème J'avais 2 500 timbres dans ma collection. J'en ai perdu 346.

1. **Combien** me reste-t-il de timbres ?
2. Si j'en retrouve 1 109, **combien** aurai-je de timbres, au total, dans ma collection ?

Je m'entraine

4 **Associe** chaque étape à l'opération correspondante et **résous** le problème.

Problème Ma boite contient 605 perles. J'en ajoute 425 et encore 125.

1 **Combien** aurai-je de perles dans ma boite ?

2 Si j'en perds 250, **combien** m'en restera-t-il ?

Opération A → 1155 – 250

Opération B → 605 + 425 + 125

5 **Associe** chaque étape à la phrase-réponse correspondante.

Problème J'ai 2 247 étiquettes. J'en perds 932.

1 **Combien** me reste-t-il d'étiquettes ?

2 Si j'en retrouve 54, **combien** en aurai-je au total ?

Solution A → J'aurai 1 369 étiquettes au total.

Solution B → Il me reste 1 315 étiquettes.

6 **Observe** le tableau et **résous** le problème.

Somme d'argent	Gain	Dépense	Argent restant
20 648 €	5 563 €	2 305 €	?

- **Combien** ai-je d'argent après le gain ?
- **Quelle** somme d'argent me reste-t-il ?

7 **Résous** le problème.

Problème Un agent immobilier a vendu une maison et un appartement pour 457 326 €. La maison valait 372 954 €.

1 **Quelle** est la valeur de l'appartement ?

2 **Combien** a-t-il gagné si les travaux de rénovation lui ont couté 8 765 € ?

8 **Résous** le problème.

Problème Avant la tempête, une toiture comptait 3 256 tuiles. Après la tempête, il n'en restait plus que 522.

1 **Combien** le vent a-t-il emporté de tuiles ?

2 Si l'assurance rembourse la moitié des tuiles, **combien** le propriétaire devra acheter de tuiles ?

9 **Recopie** et **résous** le problème.

Problème Une jument pèse 822 kg, c'est 161 kg de moins que son étalon. Leur poulain pèse 764 kg de moins que sa mère.

- **Quel** est le poids de chaque animal ?

Je fais des maths autrement

10 Les Maths ça sert en Histoire des arts

Le post-it art vise à réaliser des œuvres éphémères sur les murs, les fenêtres ou dans les stations de métro en utilisant des post-it.

Nombre total de post-it	Post-it orange	Post-it rose et verts	Autres couleurs
17 900	5 700	3 305	?

Lis le tableau et **résous** le problème.

11 L'étape-mystère

Je gagne 12 300 € à la loterie puis je perds 4 200 € aux courses. Enfin, la chance me permet de gagner 235 € au grattage.

Que faut-il calculer en premier ?

12 Je travaille en groupe

La foire aux problèmes

- **Écrivez** un problème en faisant bien apparaitre deux étapes.

→ **Demandez au groupe voisin de le résoudre.**

Calcul

Poser une multiplication par un nombre à deux chiffres

Cherchons ensemble

Activité s'appuyant sur la situation de **manipulation** décrite dans le guide

1 Voici la commande d'élastiques que l'école doit effectuer par classe.

Boites de 1 000	Boites de 100	Sachets de 10	Élastiques seuls	Total
5	6	3	2	?

- **Observe** le tableau et écris le total d'élastiques.
- **Calcule** le nombre d'élastiques que l'école doit acheter en tout, pour ses 12 classes.

Retenons ensemble

Mots à retenir

zéro • additionne • deux résultats

Comment poser et calculer une multiplication ?

Pour calculer **7 421 × 24**, on pose la multiplication en colonnes.

	cm	dm	m	c	d	u
			7	4	2	1
×					2	4
		2	9	6	8	4
+	1	4	8	4	2	0
=	1	7	8	1	0	4

Sur la **première ligne**, on écrit le résultat de 7 421 × 4.

Sur la **seconde ligne**, on calcule le résultat de 7 421 × 20.
On pose le **zéro** de 20 et on calcule 7 421 × 2.

Enfin, on **additionne** les **deux résultats** intermédiaires :
7 421 × 24 = 29 684 + 148 420 = 178 104

Je sais faire

2 **Recopie** et **effectue** les multiplications.

		8	2	0	6	
×				1	4	
	...	...	...	...	...	...
+	...	...	...	...	...	0
=	...	...	...	...	...	...

			4	6	5	4
×					2	3
	...	...	...	...	...	...
+	...	...	...	...	...	0
=	...	...	...	...	...	...

3 **Écris VRAI ou FAUX.**

a. 375 × 25 = 9 376
b. 2 015 × 15 = 30 225
c. 4 212 × 11 = 46 322

4 **Pose et effectue les multiplications.**

a. 6 071 × 14
b. 5 576 × 23
c. 3 201 × 35
d. 5 973 × 54
e. 8 875 × 45

5 **Pose et calcule.**

a. 12 247 × 27
b. 21 204 × 34
c. 33 689 × 42
d. 45 855 × 53
e. 18 915 × 15

Je m'entraine

6 **Retrouve** les erreurs faites par Hugo et **corrige-les.**

a. 67 637 × 67 = 4 531 000
b. 79 407 × 79 = 6 273 152
c. 110 249 × 13 = 1433
d. 309 138 × 21 = 6 491 799

Erreurs !

7 **Recopie et complète.**

			7	…	3	0
×					7	4
		2	…	7	…	…
+	5	2	…	1	…	0
=	…	…	9	…	2	…

			3	…	5	…	1
×						5	7
		2	…	7	…	4	…
+	1	6	2	…	0	…	0
=	1	8	…	3	6	…	7

8 **Suis le programme de calcul.**
J'ajoute 2 314 à 4 512 puis je multiplie la somme par 52. **Quel** est le résultat ?

9 **Suis le programme de calcul.**
Je retranche 529 à 9345 puis je multiplie la différence par 12. **Quel** est le résultat ?

10 **Le produit cible.**
Je suis le résultat de la multiplication de 43 000 par 20.
Qui suis-je ?

11 **Le produit cible.**
Je suis le résultat de la multiplication de 54 123 par 31.
Qui suis-je ?

12 **Problème** Une école de 13 classes utilise 2 145 élastiques par classe au cours d'une année.
- **Combien** d'élastiques ont été utilisés au total par l'école en une année ?

13 **Problème** Pour reconstituer une pinède, une entreprise a planté 75 rangées de 1 507 arbres.
- **Combien** de pins ont été plantés par l'entreprise ?

14 **Problème** Dans une nouvelle salle de concert, il est prévu d'installer 5 555 personnes.
Les rangées auront toutes une capacité de 55 places.
- **Combien** de rangées y aura-t-il dans la salle ?

Je fais des maths autrement

15 Les Maths ça sert en **Sciences**

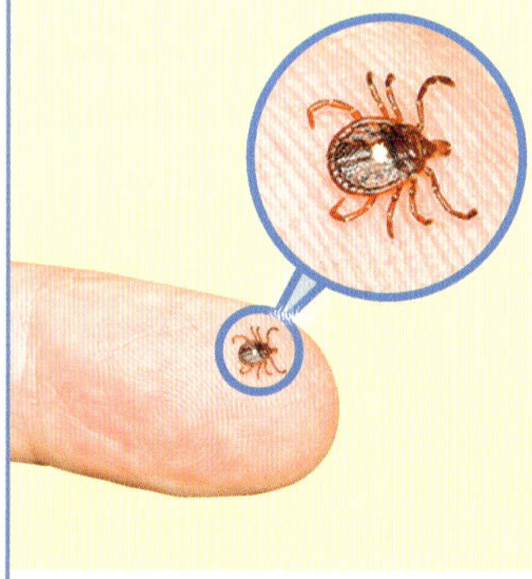

La tique est un acarien de la famille des araignées qui se nourrit du sang des mammifères sur lesquels elle s'accroche. Elle multiplie son poids par 8 en une heure et par 96 en douze heures.

Combien pèseront 58 tiques de 3 grammes s'étant nourries pendant 12 heures ?

16 Le nombre-mystère

Lisa pense à un nombre. Elle le multiplie par 12 et trouve 360 000.

Quel est ce nombre ?

17 Je travaille en groupe

La foire aux nombres

- **Écrivez** tous les entiers possibles qui, multipliés par 12, donnent un résultat compris entre 119 999 et 120 145.

→ **Comparez votre résultat avec le groupe voisin.**

Poser une division avec un diviseur à deux chiffres

Cherchons ensemble

Activité s'appuyant sur la situation de **manipulation** décrite dans le guide

1 Voici la commande de stylos que le maître doit partager équitablement dans sa classe.

Boites de 100 stylos	Boites de 10 stylos	Stylos seuls	Total
2	8	6	?

- **Observe** le tableau et **écris** le nombre total de stylos.
- **Calcule** le nombre de stylos que chacun des 26 élèves de la classe recevra.

Retenons ensemble

Mots à retenir
quotient • abaisse • reste

Comment poser et calculer une division à 2 chiffres ?

Pour calculer le **quotient 629 : 12**, on pose la division en colonnes puis on construit la **table de 12**.

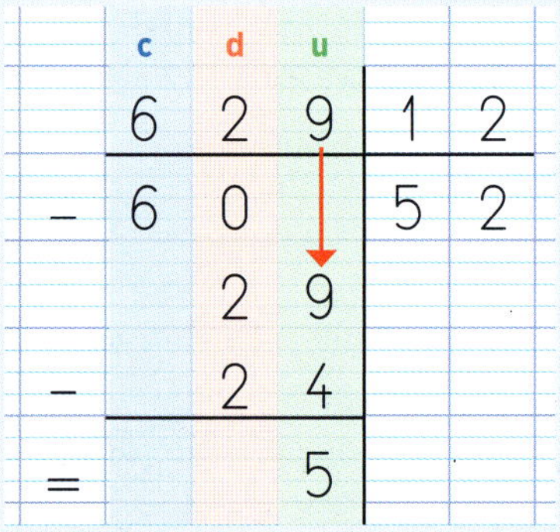

Table de 12

1 × 12 = 12	**5 × 12 = 60**
2 × 12 = 24	6 × 12 = 72
3 × 12 = 36	7 × 12 = 84
4 × 12 = 48	8 × 12 = 96
	9 × 12 = 108

- On divise d'abord le nombre de **dizaines**.
Dans 62, il y a 5 **fois** 12 et il reste 2.
On écrit **5** au **quotient** et, le reste 2, au dividende.
- On **abaisse** le chiffre des **unités**.
Dans 29, il y a 2 **fois** 12 et il reste 5. On écrit 2 au **quotient** et 5, au dividende.
Le résultat est 52. C'est le quotient. Le reste est 5.
629 : 12 = **52** et il **reste 5**.

Je sais faire

2 **Recopie et effectue** les divisions.

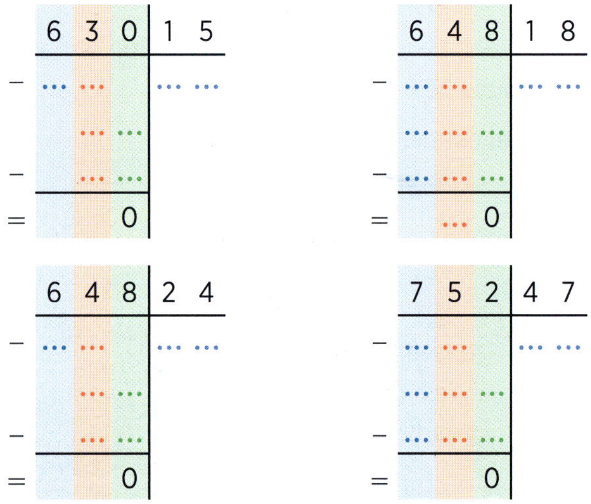

3 **Pose et effectue** les divisions.
a. 384 : 12
b. 675 : 25
c. 504 : 42
d. 945 : 35
e. 480 : 15

4 **Pose, calcule et entoure le reste.**
a. 1026 : 25
b. 1635 : 16
c. 1125 : 20
d. 1782 : 34
e. 2028 : 55

Je m'entraine

5 **Retrouve** les erreurs faites par Sami et **corrige-les.**

a. 2 074 : 14 = 148, reste 5
b. 4 993 : 16 = 315, reste 1
c. 2 891 : 26 = 121, reste 4
d. 5 754 : 46 = 155, reste 0

Erreurs !

6 **Recopie et effectue** les divisions.

	…	5	…	1	2
–	8	…		…	…
	0	1	2		
–		…			
=			0		

	5	…	…	8	3	6	
–	…	6			…	…	…
	1	5	4				
–	…	…	…				
	…	…	…	…			
–		…	…	…			
=				…			

7 **Calcule** les quotients.

a. 70 385 : 15
b. 79 925 : 16
c. 301 905 : 43
d. 835 002 : 18
e. 509 905 : 95
f. 732 208 : 74

8 **Vérifie et corrige** le reste si nécessaire.

a. 5 002 : 28 = 178, reste 12
b. 35 000 : 13 = 2 692, reste 8
c. 450 312 : 11 = 40 937, reste 15

9 **Écris** VRAI ou FAUX.

a. 4 536 : 17 = 269
b. 55 781 : 34 = 1 652
c. 744 002 : 51 = 13 588

10 Problème Sami a invité 12 amis à son anniversaire. Il prépare un sachet de bonbons identique pour chacun d'entre eux. En tout il a 170 bonbons.

• **Combien** de bonbons lui restera-t-il ?

11 **Pose et complète** les opérations.

a. 175 : … = 7
b. 1 224 : … = 102
c. … : 37 = 9
d. … : 11 = 57

12 Problème La grand-mère de Lisa veut lui acheter un ordinateur portable à 1 584 euros. Le magasin lui propose de payer en 18 fois.

• **Calcule** le montant de chaque versement.

Je fais des maths autrement

13 Les Maths ça sert en EMC

824 élèves de CM1 ont obtenu leur Attestation de Première Éducation à la Route (APER) après avoir participé, avec leur classe, à des projets de sécurité routière.

Si toutes les classes de CM1 comptent 24 élèves, **calcule** le nombre de classes de CM1 qui ont obtenu l'APER.

14 Le nombre-mystère

Sami pense à un nombre, il le divise par 14 et trouve 210.

Quel est ce nombre ?

15 Je travaille en groupe

La foire aux nombres

• **Écrivez** tous les entiers possibles qui, divisés par 25, donnent un résultat compris entre 200 et 215.

→ **Comparez votre résultat avec le groupe voisin.**

Résoudre des problèmes multiplicatifs et de partage (2)

Cherchons ensemble

Activité s'appuyant sur la situation de **manipulation** décrite dans le guide

1 Voici le problème que Lisa et Hugo ont reçu.

Problème Lisa et Hugo ont reçu 1572 punaises pour accrocher les affiches. Ils doivent mettre 12 punaises par affiche.

- **De combien** d'affiches la frise se compose-t-elle ?

- **Recopie** le problème et **surligne** les informations importantes.
- **Dessine** la situation.
- **Effectue** les calculs en choisissant la ou les bonnes opérations.
- **Écris** la réponse à la question.

Retenons ensemble

Mots à retenir
paquets • division • divise

Comment trouver le nombre de paquets lors d'un groupement d'objets ?

Pour **trouver le nombre** de **paquets** lors d'un groupement d'objets, on fait une **division**. On **divise** le **nombre total d'objets** par le nombre d'**objets par paquet**.

Problème Je dois afficher des dessins avec 1300 punaises. Il me faut 12 punaises par dessin.

- **Combien** y aura-t-il de dessin à afficher ?

1. **Écris** le calcul.

La division	1296	:	12	=	108
	Mille-deux-cent-quatre-vingt-seize	divisé par	douze	égal	cent-huit

2. **Écris** la réponse à la question.

Il y aura 108 dessins à afficher.

Je sais faire

2 Recopie et résous le problème.

Problème Je dois grouper 1515 jetons dans des enveloppes de 15.

- **Combien** y aura-t-il d'enveloppes ?

3 Observe le tableau et résous le problème.

Problème Une grosse somme d'argent a été gagnée à la loterie.

Gain total	Somme par gagnant
32875 €	1315 €

- **Combien** y a-t-il de gagnants ?

4 Écris VRAI ou FAUX.

a. Dans un problème de groupement d'objets, on ne fait jamais de division.

b. Le nombre de paquets correspond au quotient de la division.

5 Recopie et résous le problème.

Problème Une caissière doit grouper dans des cartons de vingt-cinq, 2875 Boites de sardines.

- **Combien** lui faudra-t-il de cartons ?

Je m'entraine

6 **Recopie et complète** le schéma de résolution du problème.

Problème Une bibliothécaire doit ranger 221 livres dans des étagères. Elle doit mettre 17 livres par étagère.

- **Combien** y aura-t-il d'étagères ?

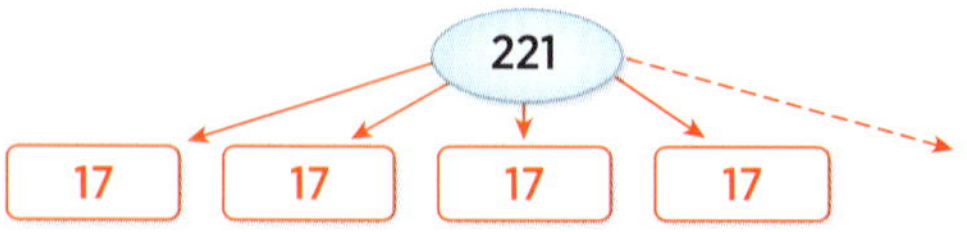

Écris la réponse à la question.

7 **Recopie et corrige** le schéma de résolution du problème.

Problème Un informaticien doit copier 368 fichiers sur des clés USB. Il doit mettre 92 fichiers sur chaque clé.

- **Combien** y aura-t-il de clés USB ?

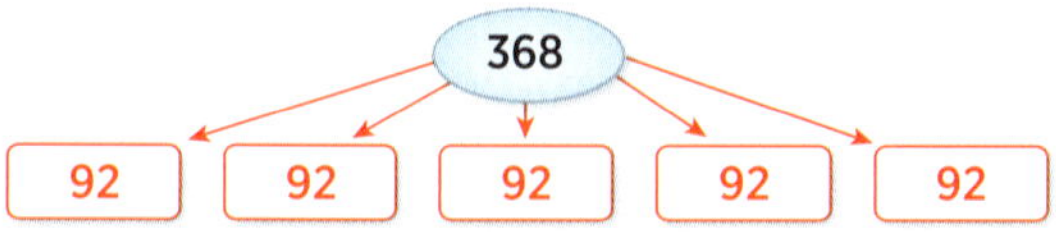

Écris la réponse à la question.

8 **Résous** le problème.

Problème Une infirmière doit ranger 11 223 seringues dans des tiroirs. Elle peut mettre 87 seringues par tiroir, pas plus.

- **Combien** y aura-t-il de tiroirs ?

9 **Recopie** la bonne solution au problème.

Problème Une biscuiterie doit grouper sa production journalière de 6 290 biscuits par boites de 85 biscuits. Combien de boites l'entreprise devra-t-elle prévoir?

Solution **A** → 6 290 × 85

Solution **B** → 85 : 6 290

Solution **C** → 6 290 : 85

Calcule le résultat.

Écris la réponse à la question.

10 **Résous** le problème.

Problème Un groupe de parieurs gagne ensemble 504 669 euros aux courses de chevaux. Chacun va toucher 45 879 euros.

- **Combien** y a-t-il de parieurs ?
- **Combien** y aurait-il eu de parieurs si chacun avait gagné 168 223 € ?

11 **Écris** un problème correspondant au schéma de résolution.

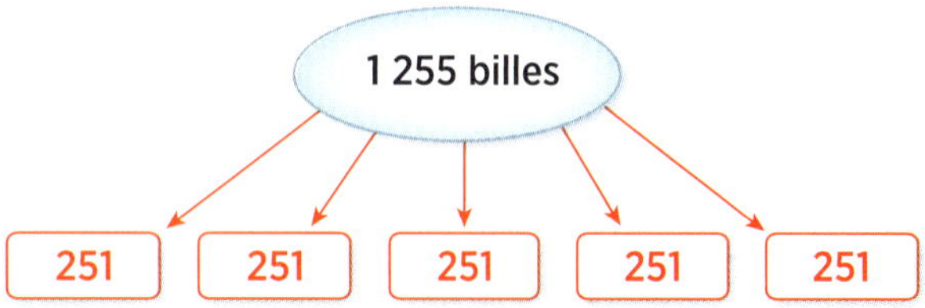

Je fais des maths autrement

12 Les Maths ça sert en **Sport**

Une rencontre sportive inter-écoles est organisée pour les élèves de CM1. Il y a 5 792 participants et les écoles doivent former des équipes de 16, composées de 8 filles et 8 garçons.

- **Combien** y aura-t-il d'équipes lors de cette rencontre sportive ?

13 La solution-mystère

Sami annonce le nombre de 27 225 objets qu'il faut grouper par paquets de 1815. Hugo trouve 25 paquets et Malika trouve 15 paquets.

- **Qui a raison ?**

14 Je travaille en groupe

La foire aux problèmes

- **Construisez** le schéma de résolution d'un problème de division-groupement.

→ **Demandez au groupe voisin d'écrire le problème ainsi que sa phrase-réponse.**

Résoudre des problèmes de proportionnalité (1)

Cherchons ensemble

Activité s'appuyant sur la situation de **manipulation** décrite dans le guide

1 Problème Lisa, Sami, Malika et Hugo doivent confectionner un gâteau pour 16 personnes et un autre pour 4 personnes pour le gouter de Noël.

Recette du gâteau aux pommes : ingrédients pour 8 personnes					
Pommes	Sucre	Beurre	Farine	Œufs	Sel
6	360 g	320 g	340 g	8	2 pincées

- **Indique** pour combien de personnes sont prévues les quantités indiquées dans la recette.
- **Calcule**, pour chaque ingrédient, la quantité à prévoir pour le gâteau de 16 personnes.
- **Calcule** la quantité à prévoir pour un gâteau de 4 personnes.

Retenons ensemble

Mots à retenir
proportionnalité • tableau • deux fois plus • deux fois moins

Comment résoudre un problème de proportionnalité ?

Pour résoudre un problème de **proportionnalité**, il faut observer les **relations** entre les **quantités présentes dans l'énoncé** et les **quantités présentes dans la question**.

Problème Hugo fait des crêpes pour **4 personnes**. Il a besoin de 200 g de farine, de 4 œufs, de 50 cL de lait et de 50 g de beurre.
1. **De quelles** quantités d'ingrédients aura-t-il besoin pour **8 personnes** ?
2. **Calcule** les quantités nécessaires pour **2 personnes**.

On peut utiliser un **tableau** et des **flèches à bulle** pour voir plus facilement.

	Farine	Beurre	Œufs	Lait
Ingrédients pour **4 personnes**	200 g	50 g	4	50 cL
Ingrédients pour **8 personnes**	400 g	100 g	8	100 cL
Ingrédients pour **2 personnes**	100 g	25 g	2	25 cL

× 2 : 2

1. Pour le double de personnes, Hugo aura besoin de **2 fois plus** d'ingrédients.
2. Pour la moitié de personnes, il aura besoin de **2 fois moins** d'ingrédients.

Je sais faire

2 **Écris VRAI ou FAUX.**

a. Lisa a 9 ans et elle mesure 1 m 35.
Quand elle aura 18 ans, sa taille elle aussi aura doublée.

b. Sami a besoin de 3 œufs pour faire un gâteau pour 5 personnes.
Pour faire un gâteau pour 10 personnes, il aura besoin de 6 œufs.

3 **Résous le problème.**

Problème Pour préparer un diabolo menthe, Malika mélange 4 cL de sirop de menthe et 10 cL de limonade.

- **Calcule** combien de centilitres (cL) de limonade elle doit ajouter à 8 cL de sirop de menthe pour obtenir un diabolo menthe ayant le même gout.

Je m'entraine

4 **Recopie et complète.**

Malika roule en vélo toujours à la même vitesse. Si elle met 11 min pour faire 3 km, elle mettra … fois plus de temps pour faire 6 km, c'est-à-dire … × 11 min, soit … min.

5 **Résous le problème.**

Problème Sami fabrique des petits cœurs en pâte à sel. Il lui faut 35 g de pâte pour 1 cœur.

• **Calcule** combien de pâte il lui faut pour fabriquer :

a. 2 cœurs b. 4 cœurs c. 6 cœurs.

6 **Indique, parmi ces situations, celles qui sont des situations de proportionnalité**

a.

Nombre de trousses	4	8
Prix en euros	11	22

b.

Nombre de cahiers	3	6
Prix en euros	8	15

7 **Résous le problème.**

a. **Trace** une ligne brisée composée de 3 segments de 5 cm, 4 cm et 2 cm.
Calcule sa longueur totale.

b. **Quelle** sera la longueur d'une ligne brisée deux fois plus longue ?

8 **Recopie et résous le problème.**

Problème Une caissière scanne 208 produits en 15 minutes. Sa voisine de caisse en scanne deux fois plus.

• **Combien** la caissière voisine scanne-t-elle de produits en 30 minutes ?

9 **Écris OUI ou NON.**

a. Si je roule deux fois plus vite, je mets deux fois moins de temps.

b. Si je dors deux fois moins longtemps, je me réveille plus tard.

c. Deux fois moins âgé, c'est deux fois plus jeune.

10 **Résous le problème.**

Problème Lisa veut faire un gâteau pour 4 personnes. Il ne lui reste plus que 6 œufs et 500 g de farine. Elle a le choix entre la recette de Malika et celle de Sami.

• **Pour laquelle** aura-t-elle assez d'œufs et de farine ?

Je fais des maths autrement

11 Les Maths ça sert en **Arts plastiques**

En mélangeant 1 L de peinture bleue, 1 L de rouge et 5 L de blanc, on obtient 7 L de violet.

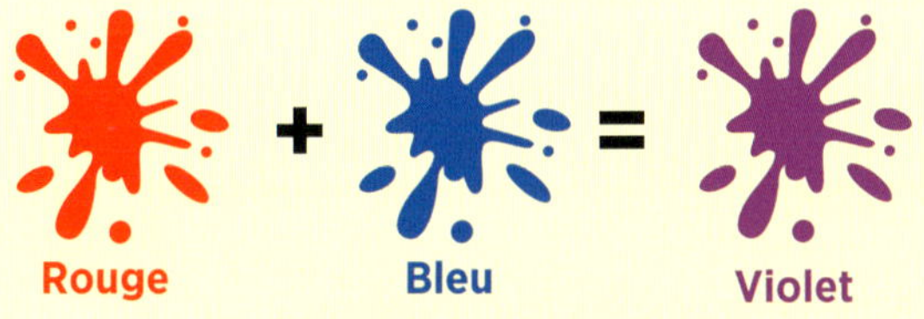

Quelles quantités de bleu, de rouge et de blanc doit-on mélanger pour obtenir 14 L de violet ?

12 La durée-mystère

Un soigneur met 1 h 30 pour laver un éléphant. Son stagiaire met deux fois plus de temps.

Combien de temps met le stagiaire ?

13 Je travaille en groupe

Chats et souris

• 6 chats attrapent 6 souris en 6 minutes.
Combien faudra-t-il de chats pour attraper 12 souris en 12 minutes ?

→ **Comparez avec le groupe voisin.**

Résoudre des problèmes à deux étapes (2)

Cherchons ensemble

Activité s'appuyant sur la situation de **manipulation** décrite dans le guide

1 Voici la carte problème que le groupe de Malika a tirée au sort.

Problème Lors de la coupe du monde de rugby 2015, au Stade Wembley, en Angleterre, le record d'affluence pour un match de rugby en coupe du monde a été battu : 89 267 spectateurs pour le match Irlande-Roumanie. Le prix moyen de la place était de 400 euros.

1. **Combien** ont gagné les organisateurs grâce à ce match ?
2. Si la location du stade coute 5 000 000 euros, **combien** les organisateurs ont-ils réellement gagné ?

- **Recopie** les informations importantes du problème.
- **Dessine** la situation.
- **Effectue** les calculs de la première étape et **écris** la phrase-réponse.
- **Effectue** les calculs de la seonde étape puis **écris** la phrase-réponse.

Retenons ensemble

Mots à retenir
deux étapes • résultat • phrase-réponse

Comment résoudre un problème à deux étapes ?

- Pour **résoudre un problème à deux étapes** :

– On **calcule le résultat de la première étape**, en utilisant la **multiplication ou la division**, puis on écrit la **phrase-réponse** correspondante.

– Ensuite, on utilise le résultat obtenu en **étape 1** pour calculer celui de **l'étape 2**.

Problème J'ai 13 enveloppes de 36 jetons chacune.

1. **Combien** ai-je de jetons en tout ?
2. Si j'en perds 72, **combien** me restera-t-il de jetons ?

1 Résolution de l'étape 1

- **Écris le calcul :** multiplication → 13 × 36 = **468**
- **Écris la réponse à la question.**

J'ai **468** jetons en tout.

2 Résolution de l'étape 2

- **Écris le calcul :** soustraction → 468 − 72 = **396**
- **Écris la réponse à la question.**

Il me restera **396** jetons.

Je sais faire

2 **Recopie et résous le problème.**

Problème J'ai 49 enveloppes de 21 jetons chacune.

1. **Combien** ai-je de jetons en tout ?
2. Si je perds 929 jetons, **combien** m'en restera-t-il ?

3 **Recopie et résous le problème.**

Problème J'avais 124 pochettes de 25 timbres dans ma collection. J'ai retrouvé 2 pochettes.

1. **Combien** avais-je de timbres au départ ?
2. **Combien** ai-je de timbres maintenant ?

Je m'entraine

4 **Associe** chaque étape à l'opération correspondante et **résous** le problème.

Problème Mes 30 Boites contiennent 650 perles chacune.

1 **Combien** ai-je de perles en tout ?

2 Si j'en perds 1562, **combien** m'en restera-t-il ?

A 19500 – 1562 B 30 × 650

5 **Associe** chaque étape à la phrase-réponse correspondante.

Problème J'ai 7 classeurs de 2047 images. J'en perds 5932.

1 **Combien** avais-je d'images au départ ?

2 **Combien** m'en reste-t-il ?

A J'avais 14329 images au départ.

B Il me reste 8397 images.

6 **Observe** le tableau et **résous** le problème.

Gain	Nombre de gains	Somme totale gagnée	Perte	Argent restant
15563 €	6	?	13500 €	?

- **Combien** ai-je gagné d'argent au départ ?
- **Quelle** somme d'argent me reste-t-il ?

7 **Résous** le problème.

Problème Un marchand de jouets a vendu trois robots de même prix pour 1 374 € et un drone-hélicoptère qui vaut la moitié du prix d'un robot.

1 **Quel** est le prix de chaque robot ?

2 **Quel** est la valeur du drone ?

8 **Résous** le problème.

Problème Un agent immobilier a vendu trois maisons de même prix pour 975300 € et un appartement qui vaut la moitié du prix d'une maison.

1 **Quelle** est la valeur de chaque maison ?

2 **Quelle** est la valeur de l'appartement ?

9 **Résous** le problème.

Problème Un informaticien a réparti équitablement 18600666 octets de données sur 3 disques durs.

1 **Combien** y a-t-il d'octets de données sur chaque disque dur ?

2 Si il répartit les données du premier disque sur 2 clés USB, **combien** y aura-t-il d'octets par clé ?

10 **Recopie** et **résous** le problème.

Problème Malika pense à un nombre. Elle le multiplie par 5 puis enlève 11 et trouve 39.

- **À quel** nombre Malika a-t-elle pensé ?

Je fais des maths autrement

11 Les Maths ça sert en **Sciences**

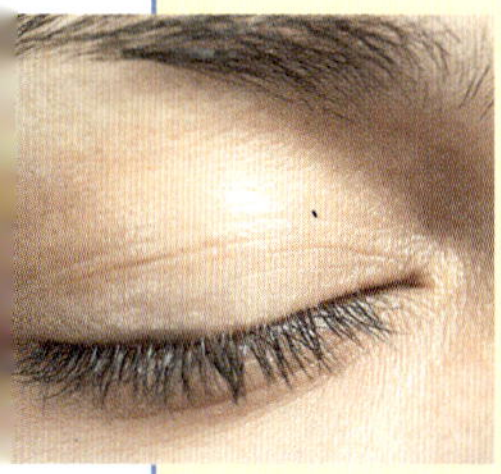

L'être humain cligne des yeux, en moyenne, 30000 fois par jour. D'après les scientifiques, cela servirait à les nettoyer mais ce mouvement permettrait aussi à notre cerveau de se reposer de brefs intants.

Calcule le nombre de clignements d'œil effectué en une semaine.

Combien effectue-t-on de clignements d'œil en un mois ?

12 L'étape-mystère

Je perds deux fois 5328 € aux courses après avoir gagné 3 fois de suite 19100 € à la loterie.

Que faut-il calculer en premier ?

13 Je travaille en groupe

La foire aux problèmes

- **Écrivez** trois problèmes comme celui de l'exercice 10.

→ **Demandez au groupe voisin de les résoudre.**

Poser une division avec un diviseur à trois chiffres

Cherchons ensemble

Activité s'appuyant sur la situation de **manipulation** décrite dans le guide

1 Voici la commande de stylos que la directrice doit partager équitablement.

Classes	Paquets de 100 stylos	Paquets de 10 stylos	Stylos seuls	Total
CE1	3	2	6	...
CP/CE2	2	9	5	...
CM1a	4	0	4	...
CM1b	3	3	0	...
CM2	2	7	0	...
Nombre total de stylos pour l'école				...

- **Observe** le tableau et **complète** les totaux.
- **Calcule** le nombre de stylos que chacun des 125 élèves de l'école va recevoir.

Retenons ensemble

Mots à retenir
produit • **reste** • **dividende**

Comment poser et calculer une division ?

	m	c	d	u			
	2	4	7	7	1	0	3
−	2	0	6	↓	2	4	
		4	1	7			
−		4	1	2			
=				5			

– Divise d'abord le **nombre de dizaines**.
En 247, il y a 2 fois 103. Effectue le **produit** 103 × **2** = 206 puis la soustraction. Il reste 41.
Écris **2** au quotient et écris le reste, 41, au **dividende**.

– Abaisse le chiffre des unités.

– Divise ensuite le **nombre d'unités**.
En 417, combien de fois 103 ?
Le résultat est 24. C'est le quotient. Il **reste** 5.

Je sais faire

2 **Recopie** et **effectue** les divisions.

	4	1	0	1	2	0
	...	...	...	...		
−		...	...			
=		...	...			

	6	4	8	2	0	5
	...	...	...	...		
−		...	...			
=		...	...			

	3	7	5	1	1	2	1
−		...	...		... ...		
			...	...			
−			...	...			
=				0			

	8	8	6	2	2	1	1
−		...	...		... ...		
		...	...	...			
−		...	...	...			
=				0			

3 **Pose** et **effectue** les divisions.

a. 1488 : 124
b. 7750 : 250
c. 6405 : 305
d. 3852 : 321

4 **Pose**, **calcule** et **entoure** le reste.

a. 2878 : 125
b. 7756 : 250
c. 3669 : 333
d. 4838 : 403
e. 2528 : 205

Je m'entraine

5 **Retrouve** les erreurs faites par Malika **et corrige-les.**

a. 5 358 : 105 = 51 reste 12
b. 1 888 : 145 = 15 reste 11
c. 6 431 : 306 = 20 reste 452
d. 6 931 : 231 = 29 reste 16

Erreurs !

6 **Complète** les divisions.

	9	…	…	9	|	1 0 6
−	…	5	4		|	… 1
		1	0	…	|	
−			…	…	|	
=				…	|	

	3	…	…	8	|	… 2 1
−	…	…	…		|	3 …
		0	3	6	…	
−			…	…	3	
=					…	

7 Problème La coopérative de l'école possède 1 780 €. Un ordinateur coute 540 €.

- **Combien** d'ordinateurs l'école peut-elle acheter avec l'argent de la coopérative ?
- **Combien** restera-t-il d'argent ?

8 **Pose** et **complète** les opérations.

a. 714 : … = 7
b. 9 000 : … = 3
c. … : 250 = 11
d. … : 105 = 21

9 **Vérifie** et **corrige** le reste si nécessaire.

a. 15 002 : 281 = 53, reste 119
b. 85 000 : 133 = 639, reste 13
c. 350 768 : 411 = 853, reste 187

10 **Écris** VRAI ou FAUX.

a. 4 516 : 127 = 34
b. 95 791 : 54 = 1 772
c. 544 002 : 71 = 7 674

11 **Calcule** les quotients.

a. 40 385 : 153
b. 19 925 : 106
c. 201 905 : 463
d. 135 002 : 185
e. 609 905 : 952
f. 932 208 : 741

12 Problème Malika et sa famille partent au Portugal en voiture. Ils vont parcourir 1 638 km. Les parents décident de faire un arrêt tous les 120 km pour changer de chauffeur.

- **Calcule** le nombre d'arrêt que la voiture devra faire.
- **Calcule** la distance parcourue par le dernier chauffeur.

Je fais des maths autrement

13 Les Maths ça sert en Géographie

La France est le pays d'Europe qui compte le plus de communes. La grande majorité se compose de petites communes rurales. Mais il y a aussi 1 970 communes de plus de 5 000 habitants. La France est découpée en 101 départements.

Calcule le nombre de communes de plus de 5 000 habitants dans chaque département français en moyenne.

14 Le nombre-mystère ???

Malika pense à un nombre. Elle le divise par 105 et elle trouve 21.

Quel est ce nombre ?

15 Je travaille en groupe

La foire aux nombres

- **Écrivez** tous les entiers possibles qui, divisés par 150, donnent un résultat compris entre 20 et 25.

→ **Comparez votre résultat avec le groupe voisin.**

Calcul

Résoudre des problèmes de proportionnalité (2)

Cherchons ensemble

Activité s'appuyant sur la situation de **manipulation** décrite dans le guide

1 Problème À la fête de fin d'année, les élèves peuvent jouer trois fois au chamboule-tout en donnant deux tickets.

- Sami aimerait jouer 6 fois. **Combien** de tickets doit-il donner ?
- Malika aimerait jouer 9 fois. **Combien** de tickets doit-elle donner ?
- Hugo a 20 tickets. **Combien** de fois peut-il jouer ?

Retenons ensemble

Mots à retenir
proportionnalité • tableau • deux fois plus

Comment résoudre un problème de proportionnalité ?

Pour résoudre un problème de **proportionnalité**, il faut observer les **relations** entre les **quantités présentes dans l'énoncé** et les **quantités présentes dans la question**.

> Problème Malika va à la fête foraine. Elle peut faire **3 tours** de manège pour **2 tickets** achetés.
>
> 1. **Combien** de tickets Malika doit-elle donner pour faire **6 tours** de manège ? **9 tours** ?
> 2. **Combien** de tours peut-elle faire avec **20 tickets** ?

On peut utiliser un **tableau** et des **flèches à bulles** pour voir plus facilement.

×10 (de 3 vers 30)

Nombre de tours	3	6	9	30
Nombre de tickets	2	4	6	20

×2 (de 2 vers 4) ; ×3 (de 2 vers 6)

1. Si Malika veut faire **2 fois plus** de tours, elle doit donner **2 fois plus** de tickets : **4 tickets**.
Pour **3 fois plus** de tours, elle donnera **3 fois plus** de tickets : **9 tickets**.
2. 20 tickets, c'est **10 fois plus** que 2, elle fera donc **10 fois plus** de tours : **30 tours**.

Je sais faire

2 **Écris VRAI ou FAUX.**

a. Lisa a mis deux buts en 15 min de match. Quand elle aura joué 45 min, elle aura marqué 6 buts.

b. Hugo a besoin de 5 œufs pour faire un flan pour 4 personnes. Pour faire un flan pour 12 personnes, il aura besoin de 15 œufs.

3 **Résous le problème.**

Problème Pour préparer un milkshake à la fraise, Malika mélange 4 cL de sirop de fraise et 10 cL de lait.

- **Calcule** combien de cL de lait elle doit ajouter à 24 cL de sirop de fraise pour obtenir un milkshake ayant le même gout.

Je m'entraine

4 **Recopie et complète** les phrases.

Les 27 pages de l'album d'Hugo sont identiques. S'il utilise 7 autocollants pour 3 pages, il aura besoin de … fois plus d'autocollants pour l'album complet, c'est-à-dire de … × … autocollants, soit … autocollants.

5 **Indique**, parmi ces situations, celles qui sont des situations de proportionnalité.

a.

Nombre de gommes	11	55
Prix en euros	2	10

b.

Nombre de cahiers	3	15
Prix en euros	8	32

6 **Résous** le problème.

Problème Lisa a 10 ans. Sa sœur a 14 ans.

• **Quand** Lisa aura 20 ans, quel âge aura sa sœur?

7 **Résous** le problème.

Problème Pour arroser 20 plantes j'ai besoin de 5 L d'eau.

• **De quelle** quantité d'eau aurai-je besoin pour arroser 60 plantes? Et pour 10 plantes?

8 **Recopie** la recette mais pour 8 personnes cette fois.

Gâteau au chocolat pour 4 personnes
Préchauffez votre four à 180 °C.
Faites fondre 150 g de beurre et 200 g de chocolat, ajoutez 4 œufs.
Mélangez avec 160 g de sucre et 100 g de farine.
Faites cuire dans un moule pendant 25 minutes.
Laissez refroidir 1 h avant de déguster.

9 **Résous** le problème.

Problème Trois poules pondent douze œufs par jour.

• **Combien** d'œufs un éleveur qui possède trente poules pourra-t-il récupérer en une journée? Et en une semaine?

10 **Résous** le problème.

Problème Sami veut acheter des tickets de bus. Deux tarifs sont proposés. 1,50 € à l'unité ou 13 € pour un carnet de 10.

a. Si Sami achète 10 tickets à l'unité, combien paiera-t-il?

b. Compare avec le prix d'un carnet.

c. Les tarifs proposés sont-ils proportionnels au nombre de trajets effectués?

d. Trouve la solution la moins chère pour Sami s'il veut faire 7 trajets, 9 trajets, 12 trajets.

Je fais des maths autrement

11 Les Maths ça sert en Sport

Lisa va à la piscine avec ses copains. Le bassin a une longueur de 25 m.

Combien de longueurs doit-elle faire pour nager 200 m?

12 Le nombre-mystère

Sami utilise 3 L d'eau pour arroser 2 arbres.
En 4 jours, il consomme 72 L.

Combien d'arbres y a-t-il dans son jardin?

13 Je travaille en groupe

La foire aux problèmes

• **Écrivez** un problème de proportionnalité avec **trois fois plus** ou **trois fois moins**.

→ **Faites-le résoudre par le groupe voisin.**

Poser une addition de deux nombres décimaux (1)

Cherchons ensemble

Activité s'appuyant sur la situation de **manipulation** décrite dans le guide

1 Voici les lancers de vortex que Malika et Hugo ont réalisés.

	Distance du premier lancer	Distance du second lancer	Distance totale
Malika	12,8 m	7,1 m	...
Hugo	11,7 m	9,2 m	...

▸ **Calcule** la distance totale, en mètres, réalisée par Malika et Hugo pour leurs deux lancers.

Retenons ensemble

Mots à retenir
partie entière • virgule • partie décimale

Comment poser une addition de deux nombres décimaux ?

○ Pour **poser une addition de deux nombres décimaux**, on dispose les **chiffres de chaque nombre** en respectant les **colonnes** : **partie entière**, **virgule**, **partie décimale**.
Les virgules se placent l'une **en dessous** de l'autre.
On **additionne d'abord les chiffres après la virgule**, puis les chiffres de la **partie entière**. Si le total d'une colonne dépasse 9, on pose une **retenue**.

Partie entière

	c	d	u	
	①1	4	①2	, 7
+	2	8	4	, 5
=	4	2	7	, 2

Le résultat est **427,2**.

Je sais faire

2 **Recopie et effectue** les additions.

	5	2	, 5
+	3	7	, 2
=	...	...	, ...

	1	7	, 4
+	6	2	, 3
=	...	...	, ...

	3	7	3	, 6
+	1	2	0	, 3
=	...	...	...	, ...

	2	2	4	, 7
+	5	7	1	, 1
=	...	...	...	, ...

3 **Pose et effectue** les additions.

a. 56,5 + 23,3
b. 27,4 + 42,5
c. 205,8 + 124,1
d. 380,3 + 105,6

4 **Recopie et complète.**

a. 135,7 + 263,5

	1	...	①5	, ...
+	...	6	...	, 5
=	...	...	...	, ...

b. 83,6 + 370,4

	①	8	①...	, ...
+	...	...	0	, ...
=	...	...	...	, ...

Je m'entraine

5 **Pose et effectue** les additions.
a. 173,5 + 256,3
b. 458,5 + 163,4
c. 45,9 + 233,7
d. 764,6 + 329,7

6 **Calcule** l'ordre de grandeur des additions et **vérifie** en posant les opérations.
Exemple : 139, 7 + 200, 1 → 140 + 200 = 340
a. 120,3 + 39,8
b. 301,9 + 208,2
c. 249,5 + 130,5
d. 510,8 + 479,1
e. 954,4 + 43,4

7 Problème Sami pèse 35,7 kg et Hugo 38,9 kg. Pour aller à l'école, Sami porte un cartable de 6,5 kg et Hugo, un sac à dos de 5,2 kg.
• **Combien** pèse chaque enfant avec ses affaires d'école ?

8 **Retrouve** les erreurs faites par Sami et **corrige-les**.

a. 201,7 + 158,3 = 350,1
b. 278,4 + 364,7 = 602,8
c. 408,6 + 787,9 = 1200,3
d. 224,6 + 989,9 = 1314,05

Erreurs !

9 **Recopie et complète** le carré magique : les sommes des nombres (lignes, colonnes) sont toutes égales.

15	4,4	...	14,1
...	11	10	3,4
...	9	8,3	13,2
5,4	...	...	3,8

10 **Suis** le programme de calcul.
Ajoute 23,9 à 45,7 puis ajoute encore 10,4.
Quel est le résultat ?

11 **La somme cible**
Je suis le résultat de l'addition de 24 312,9 et de 75 687,1
Qui suis-je ?

12 Problème Après l'incendie, la citerne des pompiers contient 272,9 L d'eau.
Ils vont la remplir avec 8 754,8 L d'eau.
• **Quelle** est la capacité totale de la citerne ?

13 **Pose et effectue** les opérations.
a. 1 430,7 + 2 779,3
b. 1 549 + 3 676,7
c. 5 993,6 + 2 499,8
d. 6 033,2 + 3 066,8

Je fais des maths autrement

14 Les Maths ça sert en Histoire

François Ier

Au temps des rois de France, on utilisait le pouce et le pied-du-roi pour mesurer des longueurs. Un pouce équivalait à 2,7 cm et un pied-du-roi à 32,4 cm.

Calcule, en centimètres, la longueur d'un livre de l'époque mesurant 1 pied-du-roi et 1 pouce de long.

15 Le nombre-mystère
Hugo pense à un nombre, il lui ajoute 147,7 et trouve 467,9.
Quel est ce nombre ?

16 Je travaille en groupe

La foire aux nombres
• **Écrivez** tous les nombres possibles qui, additionnés à 359,2 donnent un résultat compris entre 398 et 400.
→ **Comparez votre résultat avec le groupe voisin.**

Calcul

Poser une soustraction de deux nombres décimaux (1)

Cherchons ensemble

Activité s'appuyant sur la situation de **manipulation** décrite dans le guide

1 Voici les pesées que le groupe d'Hugo a réalisées.

	Hugo	Lisa	Sami	Malika
Avec le cartable sur le dos	47,7 kg	38,8 kg	44,8 kg	38,6 kg
Sans le cartable sur le dos	45,3 kg	35,6 kg	41,7 kg	36,5 kg

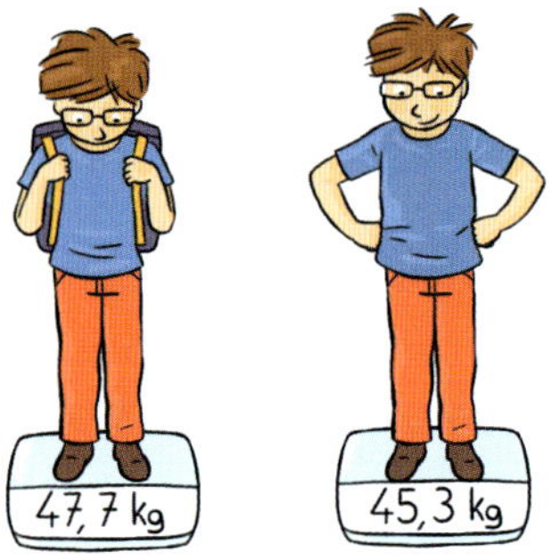

Calcule la masse, en kg, des cartables de chacun des enfants.

Retenons ensemble

Mots à retenir
soustraire • virgule • retenues

Comment poser une soustraction de deux nombres décimaux ?

Pour poser **une soustraction de deux nombres décimaux**, on dispose les **chiffres de chaque nombre** en respectant les colonnes : **partie entière**, **virgule**, **partie décimale**.

Les virgules se placent l'une **en dessous** de l'autre.

On commence par **soustraire** les chiffres **après la virgule**, puis les chiffres de la **partie entière**.
On utilise les **retenues**, comme on le fait pour les nombres **entiers**.

Partie entière

	c	d	u	
	4	①2	7	, ①1
−	①2	8	①4	, 9
=	1	4	2	, 2

Le résultat est **142,2**.

Je sais faire

2 **Recopie et effectue** les soustractions.

	5	4	, 5
−	3	3	, 2
=	…	…	, …

	6	7	, 4
−	1	2	, 3
=	…	…	, …

	3	6	3	, 8
−	1	2	0	, 3
=	…	…	…	, …

	5	7	4	, 7
−	2	7	1	, 1
=	…	…	…	, …

3 **Pose et effectue** les soustractions.

a. 76,5 − 23,3
b. 97,4 − 42,2
c. 505,8 − 204,1
d. 908,7 − 105,5

4 **Recopie et complète.**

a. 395,6 − 168,5

	3	…	①5	, …
−	…	①6	…	, 5
=	…	…	…	, …

b. 483,6 − 207,4

	…	8	①3	, …
−	2	①0	…	, 4
=	…	…	…	, …

Je m'entraine

5 **Pose** et **effectue** les soustractions.

a. 373,5 – 136,3
b. 448,5 – 163,1
c. 233,7 – 55,6

6 **Calcule** l'ordre de grandeur des soustractions et **vérifie** en posant les opérations.

Exemple : 439,7 – 300,1 → 440 – 300 = 140

a. 230,3 – 29,8
b. 509,9 – 210,2
c. 240,5 – 130,5

7 Problème Lisa pèse 41,7 kg et 43,9 kg avec son dictionnaire en mains.

• **Calcule** la masse (en kg) du dictionnaire de Lisa.

8 **Corrige** les erreurs faites par Hugo.

a. 647,3 – 104,9 = 545,1
b. 798,4 – 264,7 = 498,3
c. 858,6 – 627,9 = 230,1

Erreurs !

9 **Recopie** et **écris** la valeur de chaque lettre.

	A	1 0	,	A
–	1 B	B	,	C
=	2	8	,	4

A = …
B = …
C = …

10 **Suis** le programme de calcul.

Retranche 1002,3 à 6905,5 puis retranche encore 701,1.

Quel est le résultat ?

Retranche ensuite 400,1 pour trouver le résultat final.

11 **Suis** le programme de calcul.

Retranche 12452,3 à 47952,8 puis retranche encore 1804,9.

Quel est le résultat?

Retranche ensuite 499,2 pour trouver le résultat final.

12 Problème Une voiture avec son chauffeur pèse 2504,7 kg. Lorsque le chauffeur descend, la voiture ne pèse plus que 2420,8 kg.

• **Combien** pèse le chauffeur de la voiture ?

13 **La différence cible.**

Je suis le résultat de la soustraction de 27321,2 et de 5678,96

Qui suis-je?

14 **Pose** et **effectue** les opérations.

a. 3430,7 – 1729,3
b. 5549,6 – 3676,7
c. 5903,6 – 2809,8

Je fais des maths autrement

15 Les Maths ça sert en Langues vivantes

Au Royaume-Uni, le *mile* sert à mesurer des distances. La distance entre Birmingham et Dover (Douvres) est de 202,6 miles. Celle entre Birmingham et London (Londres) est de 126,4 miles.

Calcule, en miles, la distance entre London et Dover.

16 Le nombre-mystère

Malika pense à un nombre, elle lui retire 160,7 et trouve 327,2.

Quel est ce nombre ?

17 Je travaille en groupe

La foire aux nombres

• **Écrivez** tous les nombres possibles qui, soustraits à 859,9 donnent un résultat compris entre 400 et 401,9.

→ **Comparez votre résultat avec le groupe voisin.**

Résoudre des problèmes de proportionnalité (3)

Cherchons ensemble

Activité s'appuyant sur la situation de **manipulation** décrite dans le guide

1 Problème Sami donne, chaque jour, la même quantité de croquettes à son chat. En 5 jours, il termine un paquet de 450 g. Sami part en vacances pendant 21 jours et il a demandé à Lisa de venir nourrir son chat.

- **Calcule** la quantité de croquettes qu'il doit prévoir pour une journée.
- **Calcule** la quantité de croquettes qu'il doit laisser à Lisa.

Retenons ensemble

Mots à retenir

proportionnalité • tableau • trois fois moins

Comment résoudre un problème de proportionnalité ?

- Pour résoudre un problème de **proportionnalité**, lorsqu'on ne trouve pas de relations évidentes entre les nombres, on se **ramène à 1 en divisant** les quantités mises en jeu.

Problème Hugo donne, chaque jour, la même quantité de croquettes à son chien. En 3 jours, il termine un paquet de 2 400 g. Hugo part en vacances pendant 14 jours et il a demandé à Malika de venir nourrir son chien.

1. **Calcule** la quantité de croquettes qu'il doit prévoir pour une journée.
2. **Calcule** la quantité de croquettes qu'il doit laisser à Malika.

On peut utiliser un **tableau** et des **flèches à bulle** pour voir plus facilement.

(: 3) (× 14)

Nombre de jours	3	1	14
Quantité de croquettes (en g)	2 400	800	11 200

1. Si Sami veut nourrir son chien pendant **3 fois moins** de temps, il doit lui donner **3 fois moins** de croquettes: **800 g**.
2. Pour 14 fois plus de jours, il lui donnera 14 fois plus de croquettes: **11 200 g de croquettes**.

Je sais faire

2 **Résous** le problème.

Problème Lisa arrose toutes les semaines ses plantes avec la même quantité d'eau. Elle utilise 20 L d'eau pour 4 semaines.

- **Combien** de litres d'eau utilise-t-elle par semaine ?

3 **Recopie** et **complète** le tableau de proportionnalité.

Nombre de calculatrices	3	1	19
Prix (€)	45	...	...

Je m'entraine

4 **Écris VRAI ou FAUX.**

a. Si une pomme pèse 113 g, alors deux pommes pèsent forcément 226 g.

b. Si un yaourt pèse 90 g, deux yaourts du même pack pèsent 180 g.

5 **Indique, parmi ces situations, celles qui sont des situations de proportionnalité.**

a.

Nombre de gommes	10	1
Prix en euros	2	0,20

b.

Nombre de cahiers	1	10
Prix en euros	2	18

6 **Écris OUI ou NON. Indique les quantités ou grandeurs proportionnelles.**

a. Le poids par rapport à l'âge.

b. La quantité d'eau par rapport au nombre de plantes arrosées.

c. Le nombre de dents par rapport à l'âge.

d. Le prix par rapport à la quantité d'essence mise dans le réservoir.

7 **Recopie et complète le texte.**

Deux dindes pondent 4 œufs en 2 jours.
Un éleveur qui possède douze dindes récupèrera … œufs en deux jours. Cela fait … œufs par jour pour ses douze dindes.

8 **Résous le problème.**

Problème Voici les quantités d'ingrédients pour faire des truffes au chocolat pour 4 personnes :
– 240 g de chocolat noir
– 100 g de beurre
– 4 cuillers à café de sucre

1 **Calcule** les quantités de chaque ingrédient pour 1 personne.

2 **Calcule** les quantités de chaque ingrédient pour 7 personnes.

9 **Résous le problème.**

Problème Hugo veut agrandir le rectangle pour que la longueur du grand rectangle fasse 7 cm.

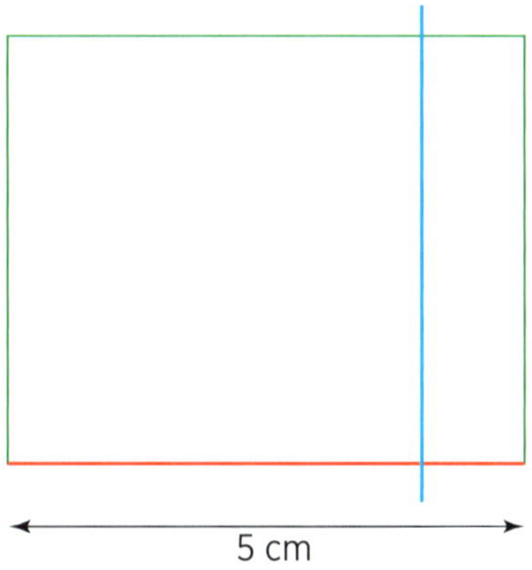

1 **Calcule** la largeur du petit rectangle sur la figure agrandie.

2 **Calcule** la largeur du grand rectangle sur la figure agrandie.

3 **Construis** la figure agrandie sur une feuille.

Je fais des maths autrement

10 Les Maths ça sert en Sport

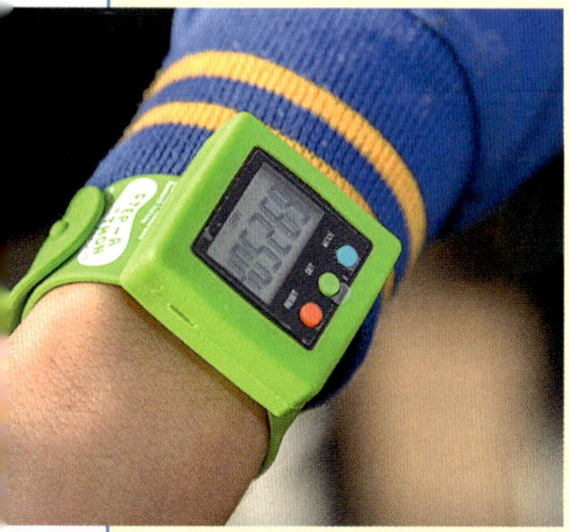

Un podomètre permet de mesurer le nombre de pas d'une personne. Après cent mètres parcourus, le podomètre de Lisa indique 20 pas.

▸ **Calcule** combien mesure un de ses pas.

11 La quantité-mystère

Il faut 22 L de lait pour fabriquer 1 kg de beurre.

▸ **Quelle** quantité de beurre peut-on fabriquer avec 1 L de lait ?

12 Je travaille en groupe

La foire aux problèmes

• **Comptez** le nombre de stylos dans chacune de vos trousses. Y a-t-il proportionnalité entre le nombre de trousses et le nombre de stylos ?

→ Comparez avec le groupe voisin.

Résoudre des problèmes à trois étapes (1)

Cherchons ensemble

Activité s'appuyant sur la situation de **manipulation** décrite dans le guide

1 Voici le problème que le groupe de Lisa a tiré au sort.

Problème Un chauffeur-livreur doit livrer des meubles chez trois propriétaires :
- un réfrigérateur de 54,5 kg chez Monsieur A.,
- une armoire de 175,1 kg chez Madame B.,
- une table en fonte de 256,3 kg chez Monsieur C.

Le camion pèse, à vide, 3500 kg et le chauffeur pèse 92 kg.

1. **Quelle est la masse du camion** roulant vers l'entrepôt avant de charger les meubles ?
2. **Quelle est la masse totale** des meubles à livrer ?
3. **Quelle masse** aura le camion, roulant vers sa troisième livraison ?

- **Recopie** les informations correspondant à chaque question du problème.
- **Dessine** la situation.
- **Effectue** les calculs étape par étape et **écris** les phrases-réponses.

Retenons ensemble

Mots à retenir
résultat • opération • phrase-réponse

Comment résoudre un problème à trois étapes ?

Pour **résoudre un problème** à **trois étapes** :

- On **calcule le résultat de la première étape**, en utilisant la bonne **opération**, puis on écrit la **phrase-réponse** correspondante.
- Ensuite, on **utilise le résultat obtenu à la première étape** pour calculer celui de **l'étape 2**.
- Enfin, pour l'étape 3, on **utilise les résultats** des **étapes précédentes**.

Je sais faire

2 **Recopie et résous** le problème.

Problème Madame L. gagne 2 726 € par mois.
Elle paye des charges :
272 € d'impôts et un crédit de 758 €.
Elle dépense aussi 400 € de courses.
Elle partage le reste avec son frère.

1. **Combien** Madame L. paye-t-elle de charges ?
2. **Quelle somme** lui reste-t-il après les courses ?
3. **Combien** donnera-t-elle à son frère ?

3 **Recopie et résous** le problème.

Problème Un taxi avec chauffeur pèse 1 284 kg.
Il prend deux passagers de 52,3 kg et 87,5 kg et leurs deux valises de 35,5 kg chacune.

1. **Combien** pèse le taxi avec ses passagers ?
2. **Quelle est la masse** des valises ?
3. **Quel est le poids** total du taxi chargé ?

Je m'entraine

4 **Associe** chaque étape à l'opération correspondante et **résous** le problème.

Problème Deux enfants de CM1 de même poids pèsent ensemble 66 kg.

1. **Combien** pèse chaque enfant ?
2. S'ils ont chacun un cartable de 6,3 kg, **quels** seront leurs poids respectifs ?
3. Si l'un deux ajoute un dictionnaire et qu'ils pèsent ensemble, avec les cartables, 82 kg, **quelle sera la masse** du dictionnaire ?

Opération A → 33 + 6,3

Opération B → 78,6 + ? = 82

Opération C → 66 : 2

5 **Complète** l'opération de chaque étape et **résous** le problème.

Problème Trois filles de CM1 de même taille mesurent ensemble 360 cm

1. **Combien** mesure chacune d'elle ?
2. Si elles ont chacune des baskets à talon de 2,4 cm, **quelles** seront leurs tailles respectives ?
3. Si l'une d'elles ajoute des semelles et qu'elles mesurent ensemble, avec les baskets, 368,7 cm, **quelle** sera la hauteur des semelles ?

Opération 1 → 360 : ?

Opération 2 → ? + 2,4

Opération 3 → 367,2 + ? = 368,7

6 **Observe** le tableau et **résous** le problème.

Prix par jouet	Nombre de jouets	Prix total	Réductions	Cout final
26,40 €	2	?	3 € par jouet puis 5 € sur le prix total	?

- **Quel** est le prix pour les deux jouets ?
- **Quel** sera le cout des jouets après les réductions ?

7 **Résous** le problème.

Problème Un concessionnaire automobile a vendu 38 voitures de même prix pour 469 756 € et 5 camionnettes valant chacune la moitié du prix d'une voiture.

1. **Quel** est le prix de vente d'une voiture ?
2. **Combien** coute une camionnette ?
3. **Combien** d'argent a gagné le concessionnaire ?

8 **Résous** le problème.

Problème Un moineau domestique pèse 32,5 g.

1. **Combien** pèsent deux moineaux ?
2. S'ils se posent sur une branche de 32 800 g, **combien** pèsera la branche chargée ?
3. Si l'un des deux moineaux s'envole, **quelle** sera la nouvelle masse de la branche ?

9 **Recopie** et **résous** le problème.

Problème Hugo pense à un nombre. Il le multiplie par 3 puis ajoute 20 000 et trouve 200 000.

- **À quel** nombre Hugo a-t-il pensé ?

Je fais des maths autrement

10 Les Maths ça sert en **Histoire**

L'hipparion est un petit cheval préhistorique qui a vécu en France il y a 8,5 millions d'années. Les squelettes retrouvés ont permis de mesurer ses os.

Si deux hipparions mâles de même taille mesurent ensemble 3,40 m, **quelle** est la longueur de 6 spécimens ? De 12 ? De 24 ?

11 L'étape-mystère

Je gagne trois fois 1,50 € au jeu de grattage après avoir acheté 2 tickets à 0,20 €.

Que faut-il calculer en premier ?

12 Je travaille en groupe

La foire aux problèmes

- **Écrivez** trois problèmes comme celui de l'exercice 9.

→ **Demandez au groupe voisin de les résoudre.**

Poser une addition de deux nombres décimaux (2)

Cherchons ensemble

Activité s'appuyant sur la situation de **manipulation** décrite dans le guide

1 Voici les achats que Lisa et Sami ont réalisés.

Oranges	Pommes	Total	Carottes	Tomates	Total
7,14 €	6,41 €	?	9,95€	8,29 €	?

- **Calcule** le montant des achats de chaque enfant.
- **Combien** Lisa et Sami ont-ils dépensé ensemble?

Retenons ensemble

Mots à retenir
centièmes • dixièmes • partie entière

Comment poser une addition de deux nombres décimaux ?

Pour **poser une addition de deux nombres décimaux**, on dispose les **chiffres de chaque nombre** en respectant les colonnes : **partie entière**, **virgule**, **partie décimale**.
Les **virgules** se placent l'une **en dessous** de l'autre.
On **additionne** d'abord les chiffres après la virgule, **centièmes puis dixièmes**, puis les chiffres de la **partie entière**. Si le total d'une colonne dépasse 9, on place une **retenue**.

Partie entière

	c	d	u		
	(1) 2	5	2	, (1) 0	7
+	2	6	4	, 5	4
=	5	1	6	, 6	1

Le résultat est **516,61**.

Je sais faire

2 **Recopie** et **effectue** les additions.

	4	2	, 6	4
+	3	6	, 2	3
=	...	...	, ...	...

	2	6	, 5	4
+	5	3	, 3	4
=	...	...	, ...	...

	2	6	0	, 6	7
+	4	2	5	, 0	2
=	...	...	...	, ...	...

	3	3	5	, 8	0
+	6	6	4	, 1	9
=	...	...	...	, ...	...

3 **Pose** et **effectue** les additions.

a. 46,52 + 13,34
b. 57,43 + 32,52
c. 304,18 + 131,80
d. 38,03 + 115,65

4 **Recopie** et **complète**.

a. 462,71 + 133,54

	4	...	(1) 2	, ...	...
+	...	3	...	, 5	...
=	...	...	...	, ...	...

b. 848,68 + 170,54

	(1) 8	...	(1) ...	, (1) ...	8
+	...	...	0	, 5	...
=	...	...	...	, ...	...

Je m'entraine

5 **Pose** et **effectue** les additions.

a. 136,54 + 256,33
b. 356,65 + 163,04
c. 43,12 + 203,37
d. 464,36 + 929,78

6 **Calcule l'ordre de grandeur des additions et vérifie en posant les opérations.**

Exemple : 248,31 + 101,85 → 248 + 102 = 350

a. 230,13 + 69,78
b. 531,94 + 208,23
c. 190,47 + 309,54
d. 710,85 + 289,11

7 Problème Le grand-père de Lisa achète, au magasin de jouets, deux personnages de la collection *Princesse des glaces*. La princesse coute 21,83 € et le bonhomme de neige coute 26,82 €.

• **Combien** le grand-père de Lisa a-t-il dépensé ?

8 **Retrouve** les erreurs faites par Malika **et corrige-les.**

a. 601,76 + 168,15 = 669,90
b. 268,44 + 366,27 = 624,56
c. 406,43 + 386,39 = 786,71
d. 2124,62 + 1989,19 = 4123,71

Erreurs !

9 **Recopie et complète le carré magique : les sommes des nombres de chacune des lignes, de chaque colonne sont toutes égales.**

...	4,42	...	...
10,12	...	...	7,4
8,01	9	8,32	13,2
...	14,1	15,21	...

10 **Suis le programme de calcul.**

Ajoute 52,91 à 65,47 puis ajoute encore 81,62.

Quel est le résultat ?

11 **La somme cible.**

Je suis le résultat de l'addition de 12 321,24 et de 87 678,76

Qui suis-je ?

12 Problème Après la journée d'école, le seau de la classe contient 2,25 L d'eau.

Le responsable le remplit avec 10,75 L d'eau.

• **Quelle** est la capacité totale du seau de la classe?

13 **Pose** et **effectue** les opérations.

a. 1 550,74 + 2 275,88
b. 4 729 + 3 676,78
c. 2 888,56 + 2 499,98
d. 4 204,05 + 2 404,52

Je fais des maths autrement

14 Les Maths ça sert en Histoire

Au Moyen Âge, en France, on utilisait la livre et l'once pour mesurer les masses. Une livre équivalait à 0,48 kg et une once à 0,03 kg. Un pot de gelée pesait une livre et une once.

Calcule, en kilogrammes, la masse totale d'un pot de gelée de l'époque.

15 Le nombre-mystère

Malika pense à un nombre, elle lui ajoute 210,35 et trouve 405,52.

Quel est ce nombre ?

16 Je travaille en groupe

La foire aux nombres

• **Écrivez** tous les nombres possibles qui, additionnés à 157, 25 donnent un résultat compris entre 343 et 343,25.

→ **Comparez votre résultat avec le groupe voisin.**

Poser une soustraction de deux nombres décimaux (2)

Cherchons ensemble

Activité s'appuyant sur la situation de **manipulation** décrite dans le guide

1 Voici les vêtements que Malika et Hugo ont achetés.

Malika		Hugo	
Jupe	Pull-over	Pantalon	Chemise
23,50 €	18,50 €	21,02 €	17,12 €

- **Calcule** le montant des achats de chaque enfant.
- **Combien** Malika a-t-elle dépensé en plus par rapport à Hugo ?

Retenons ensemble

Mots à retenir
soustraction • zéros • partie décimale

Comment poser une soustraction de deux nombres décimaux ?

- On peut **poser une soustraction de deux nombres décimaux** même si les nombres n'ont pas le même nombre de chiffres après la virgule.
Il suffit de placer des **zéros** à droite de la **partie décimale**.
On place les retenues si besoin.

Partie entière

	c	d	u		
	2	7	2 ,	6	
–		5	3 ,	2	8
=	...	...	... ,	...	...

Partie entière

	c	d	u		
	2	7	①2 ,	6	①0
–		①5	3 ,	①2	8
=	2	1	9 ,	3	2

Je sais faire

2 **Recopie et effectue** les soustractions.

	4	4 ,	5	4
–	1	3 ,	2	3
=	...	... ,	...	...

	6	7 ,	4	4
–	2	4 ,	1	
=	...	... ,	...	...

	7	6	5 ,	4	7
–	5	2	5 ,	0	2
=	...	...	... ,	...	...

	3	9	5 ,	8	6
–	1	0	4 ,	1	
=	...	...	... ,	...	...

3 **Pose et effectue** les soustractions.

a. 56,62 – 23,31
b. 77,43 – 32,3
c. 394,98 – 131,8
d. 358,23 – 115,12

4 **Recopie et complète.**

a. 425,71 – 233,54

	4	①...	5 ,	...	①...
–	①...	3	... ,	①5	...
=	...	...	... ,	...	...

b. 896,6 – 578,34

	8	...	①... ,	...	①0
–	...	①...	8 ,	①3	...
=	...	...	... ,	...	...

Je m'entraine

5 **Pose et effectue** les soustractions.

a. 538,24 – 256,13
b. 352,64 – 163,04
c. 723,62 – 58,3
d. 1464,56 – 42,42

6 **Calcule** l'ordre de grandeur des soustractions et **vérifie** en posant les opérations.

Exemple : 238, 27 – 107,9 1 → 238 – 108 = 130

a. 250,13 – 49,84
b. 609,97 – 310,12
c. 840,3 – 240,30
d. 410,85 – 209,11

7 Problème Le père de Malika a 325,30 € dans son portemonnaie. Il donne 178,18 € à la caissière du supermarché.

• **Calcule** la somme qui lui reste.

8 **Retrouve** les erreurs faites par Lisa et **corrige-les**.

a. 585,52 – 223,28 = 213,75
b. 675,73 – 195,15 = 325,82
c. 886,43 – 342,82 = 542,42
d. 4 144,15 – 1 567,29 = 2 577,96

Erreurs !

9 **Recopie** et **écris** la valeur de chaque lettre.

	D	[1]A	,	C	A
–	①	C	,	1	B
=	4	7	,	6	1

A = … B = … C = … D = …

10 **Suis** le programme de calcul.
Retranche 1 452,91 à 66 025,50 puis retranche encore 801,82.
Quel est le résultat ?
Retranche ensuite 63 770,74 pour trouver le résultat final.

11 **La différence cible.**
Je suis le résultat de la soustraction de 2 321,04 et de 678,96
Qui suis-je ?

12 **Pose** et **effectue** les opérations.

a. 559,34 – 225,88
b. 729,15 – 476,78
c. 821,2 – 265,58
d. 42 271,75 – 21 517,99

Je fais des maths autrement

13 Les Maths ça sert en Sciences

Une vache peut boire jusqu'à 120 litres d'eau par jour. L'éleveur remplit son abreuvoir qui contient 213,35 L d'eau. Sur la journée, une première vache boit 62,84 L et une seconde boit 71,75 L d'eau.

▸ **Calcule** la quantité d'eau, en litre, restant dans l'abreuvoir, à la fin de la journée.

14 Le nombre-mystère ???

Sami pense à un nombre, il lui retire 250,74 et trouve 415,24.

▸ **Quel** est ce nombre ?

15 Je travaille en groupe

La foire aux nombres

• **Écrivez** tous les nombres décimaux à deux chiffres après la virgule possibles qui soustraits à 659,98 donnent un résultat compris entre 200,96 et 201,98.

→ **Comparez votre résultat avec le groupe voisin.**

Calcul

Utiliser la calculatrice pour résoudre des problèmes

Cherchons ensemble

Activité s'appuyant sur la situation de **manipulation** décrite dans le guide

1 Voici les devinettes que le groupe de Hugo doit résoudre.

Devinette 1 Je suis le résultat de la soustraction entre le plus grand nombre entier de 9 chiffres et le plus petit nombre entier comportant 5 chiffres.
- **Qui suis-je ?**

Devinette 2 Je pense à un nombre, je lui ajoute 254 358 et je trouve 1 356 244.
- **Quel est le nombre pensé ?**

Devinette 3 Je suis le résultat de l'addition du nombre 12 245 899 répétée 4 fois.
- **Qui suis-je ?**

Effectue les opérations avec la calculatrice et **écris** le résultat.

Retenons ensemble

Mots à retenir
opérations • aide • phrase-réponse

Comment résoudre des problèmes en utilisant la calculatrice ?

- La calculatrice **permet d'effectuer rapidement des opérations** impliquant des grands **nombres entiers ou décimaux**.
- La touche [.] sert à écrire les nombres décimaux, elle représente la virgule.
Pour afficher **145,29**, on appuie sur ces touches :

[1] [4] [5] [.] [2] [9]

cent-quarante-cinq virgule **vingt-neuf**

- Pour **revenir à zéro**, on utilise la touche [C] ou [CE].
- Pour résoudre un problème, la calculatrice est une **aide** mais il ne faut pas oublier d'écrire la **phrase-réponse**.

Je sais faire

2 **Dessine, dans l'ordre, les touches pour écrire chaque nombre.**

a. 8 902
b. 55 000 475
c. 987 654 321
d. 0,4
e. 5,76
f. 67,32
g. 0,05
h. 140,19

3 **Effectue** les opérations.

a. 8 902 + 7 693 + 4 570 + 6 892
b. 555 475 – 60 723
c. 6 749 × 408
d. 6 930 924 : 154

4 **Écris la solution.**

Devinette Je suis le résultat de la multiplication du nombre 480 149 par 12.
- **Qui suis-je ?**

Je m'entraine

5 **Retrouve** les erreurs faites par Malika et **corrige-les.**

a. 789 325 652 + 989 589 = 790 215 341
b. 996 000 751 – 19 092 = 995 981 649
c. 33 638 254 × 9 = 302 744 376
d. 999 999 999 : 999 = 111 111 111

Erreurs !

6 **Effectue les opérations.**
a. 38,4 + 0,99 + 147,05 + 1 275,36
b. 69 325,34 – 18 999,78
c. 0,3 + 0,33 + 1,03 + 3,01 + 33,1
d. 105 997,03 + 12,25 + 900,32
e. 0,1 + 0,01 + 0,2 + 0,02 + 0,03 + 0,3

Dessine, dans l'ordre, les touches pour saisir le plus petit résultat.

7 Problème Malika, Lisa, Sami et Hugo veulent se partager équitablement, la somme de 148 236 872 € gagnée à la loterie.
- **Combien** chaque enfant aura-t-il d'argent ?

8 **Écris la solution.**
Devinette Je suis le résultat de l'addition :
4,5 + 4,5 + 4,5 + 4,5 + 4,5 + 4,5 + 4,5 + 4,5 + 4,5.
- **Qui suis-je ?**

9 **Écris la solution.**
Devinette Je pense à un nombre, je le divise par 175 et je trouve 2 525.
- **Quel** est ce nombre ?

10 **Recopie et complète.**
a. 564 : 5 = ... , reste ...
b. 9 979 : 9 = ... , reste ...
c. 100 101 : 5 = ... , reste ...
d. 880 809 : 8 = ... , reste ...
e. 777 775 : 7 = ... , reste ...

11 **Suis le programme de calcul.**

Programme de calcul
1 Affiche 12 547 802.
2 Retranche 547 901.
3 Retranche 901 puis encore 11 999 000.

Quel résultat obtiens-tu ?

12 Problème Malika possède, au 15 septembre, 156,28 € dans sa tirelire.
- **Combien** lui restera-t-il d'argent le 15 juin si tous les mois elle achète un roman de la même collection à 3,29 € ?

Je fais des maths autrement

13 Les Maths ça sert en Histoire

La première calculatrice, la Pascaline, a été inventée en 1642 par Blaise Pascal.
Cette machine à calculer permettait, à l'intendant du roi, d'additionner et de soustraire deux nombres et de faire des multiplications et des divisions par répétitions.

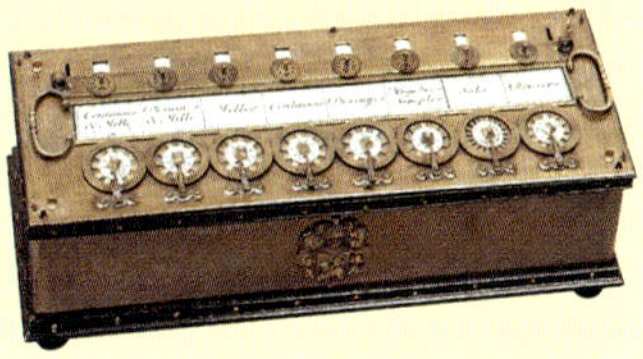

Effectue la multiplication répétée.
12 × 13 × 14 × 15 × 16.

14 Les touches-mystère

Je tape l'addition 548 269 + 171.

Quelles touches chiffres de la calculatrice n'ai-je pas utilisé ?

15 Je travaille en groupe

Devinette
- **Écrivez** un problème sous forme de devinette à résoudre avec la calculatrice.

→ **Faites écrire la solution par le groupe voisin.**

Résoudre des problèmes de proportionnalité (4)

Cherchons ensemble

Activité s'appuyant sur la situation de **manipulation** décrite dans le guide

1 Problème Pour préparer de la colle à papier peint, Lisa mélange 20 g de colle en paillettes avec 50 cL d'eau.

Calcule la quantité d'eau à ajouter à 370 g de colle.

Retenons ensemble

Mots à retenir

proportionnalité • se ramener à 1 • colonne du 1

Comment résoudre un problème de proportionnalité ?

Pour résoudre un problème de **proportionnalité**, lorsqu'on ne trouve pas de relations évidentes entre les nombres, on peut **se ramener à 1**, même lorsque ce n'est pas demandé dans l'énoncé.

Problème Pour préparer du plâtre, Hugo mélange 4 kg de poudre avec 300 cL d'eau.

• **Calcule** la quantité d'eau à ajouter à 7 kg de poudre.

On peut utiliser un **tableau** et des **flèches à bulle** pour voir plus facilement.
On ajoute la **colonne du 1**, dans le tableau.

(: 4 de 4 à 1 ; × 7 de 1 à 7)

Masse de poudre (en kg)	4	1	7
Quantité d'eau (en cL)	300	75	525

• On commence par chercher la quantité d'eau à ajouter à 1 kg de poudre : si Hugo veut utiliser **4 fois moins** de poudre, il doit utiliser **4 fois moins** d'eau, soit **75 cL**.

• Ensuite, on multiplie pour obtenir la quantité cherchée. : pour **7 fois plus** de poudre, il utilisera **7 fois plus** d'eau : **525 cL**.

Je sais faire

2 **Résous le problème.**

Problème Sur un paquet de bonbons, Malika lit :
100 g de bonbons : 400 kcal

• **Calcule** combien de kcal avalera Malika en mangeant 35 g de bonbons.

3 **Recopie et complète le tableau de proportionnalité.**

Nombre de tablettes	3	1	8
Prix (€)	345	...	...

Je m'entraine

4 **Indique, parmis ces situations, celles qui sont des situations de proportionnalité.**

a.

Nombre de stylos	10	7
Prix en euros	2	1,40

b.

Nombre d'entrées	6	10
Prix en euros	24	38

5 **Recopie et complète chaque texte.**

a. Sept paquets de chewing-gum coutent 21 €. Lisa veut en offrir un à chaque élève de sa classe qui compte 21 élèves.
Lisa va dépenser … € pour cet achat.

b. Neuf ramettes de papier pour l'imprimante pèsent 18 kg. Le livreur décharge 15 ramettes dans le bureau de la directrice de l'école.
La masse de la totalité des feuilles déchargée par le livreur est … kg.

6 Problème Voici une recette de pâtes au saumon pour 4 personnes :
– 4 tranches de saumon fumé
– 300 g de tagliatelles
– 200 g de crème fraîche.

• **Calcule** les quantités de chaque ingrédient pour 7 personnes.

7 Problème Lisa veut agrandir le triangle rectangle pour que la longueur du grand côté de l'angle droit fasse 7 cm.

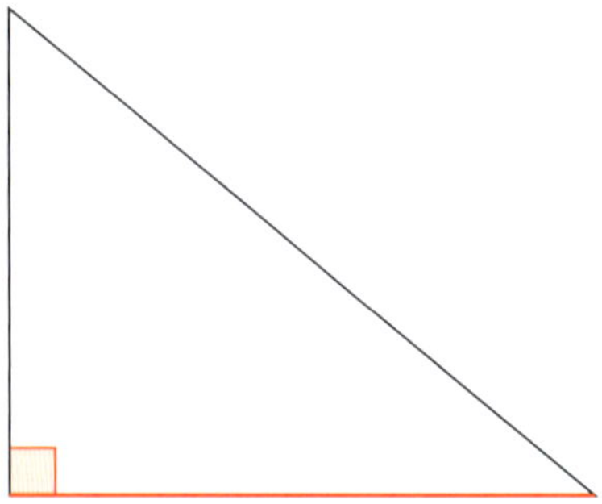

1 **Calcule** la longueur du petit côté de l'angle droit sur le triangle agrandi.

2 **Construis** le triangle agrandi sur une feuille et **vérifie** qu'il a la même forme que celui du livre.

8 Problème Deux tarifs sont proposés pour la piscine : 2,50 € à l'unité ou 22 € pour un carnet de 10.

1 Si Lisa achète un carnet de 10 tickets, **à combien** lui revient une entrée ?

2 **Trouve** la solution la moins chère pour Lisa si elle veut aller à la piscine 7 fois, 9 fois, 12 fois.

Je fais des maths autrement

9 Les Maths ça sert en Sciences

Le panda géant est un animal végétarien. En une semaine, il mange 140 kg de bambou.

Calcule la quantité de bambou nécessaire pour nourrir le panda durant 30 jours.

10 La quantité-mystère ???

Pour le spectacle de fin d'année, on a utilisé 15 m de tissus pour fabriquer 10 costumes.

Quelle longueur de tissu faut-il pour fabriquer 7 autres costumes ?

11 Je travaille en groupe

La foire aux problèmes

• **Écrivez** un problème mettant en jeu de la proportionnalité.

→ **Demandez au groupe voisin de le résoudre.**

Résoudre des problèmes à trois étapes (2)

Cherchons ensemble

Activité s'appuyant sur la situation de **manipulation** décrite dans le guide

1 Voici le problème que le groupe de Sami a tiré au sort.

Problème Durant une randonnée en montagne, un âne transporte : une tente de 18,53 kg, deux couvertures pesant chacune 1,50 kg et un réchaud à gaz de 6,35 kg. L'âne, non chargé, pèse 175,32 kg.

1. **Quelle** est la masse totale du chargement ?
2. Si les randonneurs prennent les couvertures dans leurs sacs à dos, **quelle** sera la masse de l'âne ?
3. Les deux sacs à dos des randonneurs sont de même masse et pèsent ensemble 25 kg avec les couvertures. **Quel** était le poids d'un sac à dos avant d'y mettre la couverture ?

- **Recopie** les informations correspondant à chaque question du problème.
- **Dessine** la situation.
- **Effectue** les calculs étape par étape et **écris** les phrases-réponses.

Retenons ensemble

Mots à retenir

résultat • phrases-réponses • opérations

Comment résoudre un problème à plusieurs étapes ?

- Pour **résoudre un problème** à **plusieurs étapes** :

– On **calcule le résultat de chaque étape** puis on écrit les **phrases-réponses**. On peut utiliser les quatre **opérations**.

Le résultat de chaque étape sert pour résoudre le problème.

Je sais faire

2 **Recopie et résous** le problème.

Problème Malika gagne 2 521, 32 € à la roulette. Elle perd ensuite 235,26 € au Black Jack et 953,74 € au poker. Elle partage le reste avec sa meilleure amie.

1. **Combien** Malika a-t-elle perdu d'argent ?
2. **Quelle** somme lui reste-t-il avant le partage ?
3. **Combien** donnera-t-elle à son amie ?

3 **Recopie et résous** le problème.

Problème Un minibus avec chauffeur pèse 3 264 kg. Il prend 2 passagers de 68,27 kg et 77,73 kg et leurs deux valises de 45,55 kg chacune.

1. **Combien** pèse le minibus avec ses passagers ?
2. **Quel** est le poids des deux valises ?
3. **Quel** est la masse totale du véhicule chargé ?

Je m'entraine

4 **Associe** chaque étape à l'opération correspondante et **résous** le problème.

Problème Deux caniches de même poids pèsent ensemble 14 kg.

❶ **Combien** pèse chaque chien ?

❷ S'ils ont chacun 0, 32 kg de poils, **quels** seront leurs poids respectifs après être passés à la tondeuse ?

❸ Si l'un deux grossit de 1,72 kg, **combien** pèsera-t-il ?

Opération A → 7 − 0,32

Opération B → 6,68 + 1,72 = ?

Opération C → 14 : 2

5 **Complète** l'opération de chaque étape et **résous** le problème.

Problème Une grenouille peut faire des bonds de 74 cm.

❶ **Quelle** distance parcourt-elle en 3 bonds ?

❷ Si elle parcourt 666 cm, **combien** aura-t-elle fait de bonds ?

❸ Si elle fait 6 bonds et au septième elle saute 0,32 m, **quelle** distance aura-t-elle franchie ?

Opération ❶ → 3 × ?

Opération ❷ → 666 : ?

Opération ❸ → ? × 74 + 32

6 **Observe** le tableau et **résous** le problème.

Prix par vêtement	Nombre de vêtements	Prix total	Réductions	Cout final
35,10 €	2	?	3, 25 € par article puis 1, 64 € sur le prix total	?

- **Quel** est le prix pour les deux vêtements ?
- **Quel** sera le cout des articles après les réductions ?

7 **Résous** le problème.

Problème Pour faire un gâteau, le papa de Lisa utilise 151,25 g de farine, 1 œuf de 50 g et 35, 41 g de sucre.

❶ **Quel** est le poids de tous les ingrédients ?

❷ Si il les mélange tous en ne gardant que les jaunes d'œufs (18, 21 g par jaune environ) **quelle** masse indiquera la balance ?

❸ **Effectue** les calculs si il double toutes les quantités.

8 **Résous** le problème.

Problème Un perroquet consomme 0,04 L d'eau par jour.

❶ **Exprime** cette quantité en mL.

❷ Si, en été, il a très soif, il peut boire le double. **Quelle** quantité d'eau boit-il, alors ?

❸ Si le réservoir de sa cage contient 0,8 L, **en combien** de jours sera-t-il vide ?

Je fais des maths autrement

9 Les Maths ça sert en Français

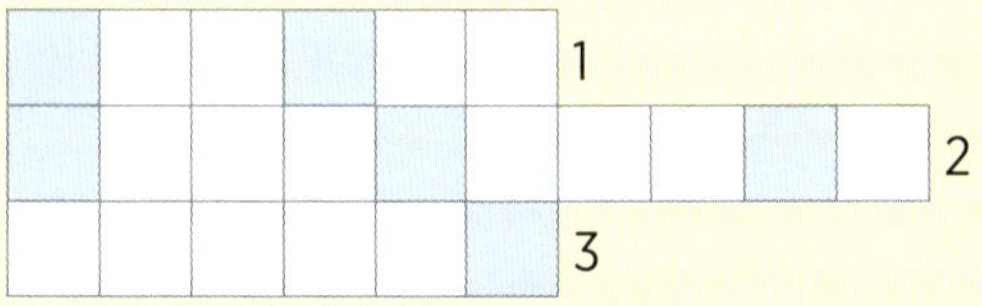

1. Elles se suivent dans un problème.
2. Action de résoudre un problème.
3. Texte à lire avant de résoudre un problème.

▸ **Recopie** et **complète** la grille de mots.

▸ **Trouve** le mot caché à l'aide des cases bleues.

			B			M	

10 L'étape-mystère

Je gagne 10,59 € au tiercé après avoir acheté deux tickets à 5,20 €.

▸ **Que** faut-il calculer en premier ?

11 Je travaille en groupe

La foire aux problèmes

- **Écrivez** trois problèmes comme celui de l'exercice 10.

→ **Demandez au groupe voisin de les résoudre.**

Je fais le Bilan

Les nombres décimaux

Poser une addition de deux nombres décimaux (1) et (2)

1 **Recopie** et **effectue** les additions.

	5	1	,	3
+	3	7	,	2
=	…	…	,	…

	2	5	,	4
+	6	2	,	3
=	…	…	,	…

	8	6	4	,	6
+	1	2	0	,	3
=	…	…	…	,	…

	2	2	5	,	7
+	5	7	1	,	2
=	…	…	…	,	…

2 **Recopie** et **effectue** les additions.

	5	2	,	6	4
+	3	6	,	2	3
=	…	…	,	…	…

	1	6	,	5	4
+	5	3	,	3	4
=	…	…	,	…	…

	2	6	0	,	6	7
+	4	2	5	,	0	2
=	…	…	…	,	…	…

	3	3	5	,	8	0
+	6	6	4	,	1	9
=	…	…	…	,	…	…

3 **Pose et effectue** les additions.

a. 185,5 + 256,3
b. 478,5 + 173,4
c. 15,9 + 233,7
d. 146,54 + 256,33
e. 396,65 + 163,04
f. 53,12 + 203,37

Poser une soustraction de deux nombres décimaux (1) et (2)

4 **Recopie** et **effectue** les soustractions.

	7	4	,	5
−	3	3	,	2
=	…	…	,	…

	9	7	,	4
−	1	2	,	3
=	…	…	,	…

	9	6	3	,	8
−	1	2	0	,	3
=	…	…	…	,	…

	8	7	4	,	7
−	2	7	1	,	1
=	…	…	…	,	…

5 **Recopie** et **effectue** les soustractions.

	6	4	,	5	4
−	1	3	,	2	3
=	…	…	,	…	…

	6	6	,	4	4
−	2	4	,	1	
=	…	…	,	…	…

	7	6	5	,	4	7
−	5	2	5	,	0	2
=	…	…	…	,	…	…

	3	9	5	,	8	6
−	1	0	4	,	1	
=	…	…	…	,	…	…

6 **Pose et effectue** les soustractions.

a. 373,5 – 136,3
b. 448,5 – 163,1
c. 528,24 – 256,13
d. 452,64 – 163,04

Utiliser la calculatrice pour résoudre des problèmes

7 **Écris** la solution.

Devinette Je suis le résultat de l'addition
4,9 + 4,8 + 4,7 + 4,6 + 4,5 + 4,4 + 4,3 + 4,2 + 4,1.

• **Qui suis-je ?**

8 **Écris** la solution.

Devinette Je pense à un nombre, je le divise par 175 et je trouve 32.

• **Quel** est ce nombre ?

9 **Suis** le programme de calcul.

Programme de calcul
1 Affiche 22 547 802.
2 Retranche 647 901.
3 Retranche 801 puis encore 11 999 000.

• Quel résultat obtiens-tu ?

Problèmes

Résoudre des problèmes de proportionnalité (3)

10 Résous le problème.

Problème Lisa achète 7 bracelets pour 63 euros.

- **Quel** est le prix d'un bracelet ?
- **Combien** paiera-t-elle pour :

a. 3 bracelets b. 6 bracelets c. 9 bracelets

11 Recopie et complète le tableau de proportionnalité.

Nombre de cahiers	9	7	15	...
Prix en euros	27	...	...	33

12 Résous le problème.

Problème Un carnet de 20 tickets de cinéma coute 220 €.

- **Quel** est le prix d'un ticket ? De 10 tickets ?
- Si je paie 55 €, **combien** aurai-je de tickets ?

Résoudre des problèmes à trois étapes (1)

13 Résous le problème.

Problème Madame Masselotte gagne 2 726 € par mois. Elle paye des charges : 222 € d'impôts et un crédit de 258 €. Elle dépense aussi 300 € de courses. Elle partage le reste avec son frère.

1. **Combien** Madame Lamourette paye-t-elle de charges ?
2. **Quelle** somme lui reste-t-il après les courses ?

14 Résous le problème.

Problème Un canari pèse 42,5 g.

1. **Combien** pèsent deux canaris ?
2. S'ils se posent sur une branche de 32 800 g, **combien** pèsera la branche chargée ?
3. Si l'un des deux canaris s'envole, **quelle** sera la nouvelle masse de la branche ?

15 Résous le problème.

Problème Je gagne trois fois 1,55 € au jeu de grattage après avoir acheté 2 tickets à 0,25 €.

- **Ai-je** gagné ou perdu de l'argent ? **Combien** ?

Résoudre des problèmes de proportionnalité (4)

16 Résous le problème.

Problème Il faut 47 seaux pour remplir une cuve de 235 L d'eau.

1. Quelle est la contenance de 5 seaux ?
2. Combien de seaux faudra-t-il pour remplir une cuve de 200 L d'eau ?

17 Résous le problème.

Problème Un troupeau de 7 éléphants, pesant tous le même poids, a une masse de 21 tonnes et 700 kilogrammes.

1. Quelle est la masse de trois éléphants ?
2. Combien d'éléphants y aura-t-il dans un troupeau ayant une masse totale de 31 tonnes ?

18 Résous le problème.

Problème Pour faire trois allers-retours Paris New-York, un homme d'affaires parcourt 35 016 km en avion.

1. Quelle distance devra-t-il parcourir pour faire 5 allers-retours ?
2. Quelle est la distance qui sépare les deux villes ?

Résoudre des problèmes à trois étapes (2)

19 Résous le problème.

Problème Une perruche consomme 0,05 L d'eau par jour.

1. **Exprime** cette quantité en mL.
2. Si, en été, elle a très soif, elle peut boire le double. **Quelle** quantité d'eau boit-elle, alors ?
3. Si le réservoir de sa cage contient 0,8 L, **en combien** de jours sera-t-il vide ?

20 Observe le tableau et résous le problème.

Problème Un minibus avec chauffeur pèse 4 264 kg. Il prend 2 passagers de 68,27 kg et 77,73 kg et leurs deux valises de 45,55 kg chacune.

1. **Combien** pèse le minibus avec ses passagers ?
2. **Quel** est le poids des deux valises ?
3. **Quelle** est la masse totale du véhicule chargé ?

Problèmes interdisciplinaires

Les maths et l'Histoire — Poser une multiplication par un nombre à deux chiffres

Multiplier comme au Moyen Âge

L'arithmétique, ou l'art de compter, est une science très ancienne.

Au Moyen Âge, on posait une multiplication avec la technique dite par jalousie. Cette technique se pratique encore aujourd'hui en Turquie.

1 **Observe** la multiplication de 638 par 47 [Doc 1]. Pour obtenir 32 dans la case en haut à droite, on a multiplié 4 par 8 ; pour obtenir 12 on a multiplié 4 par 3, etc.

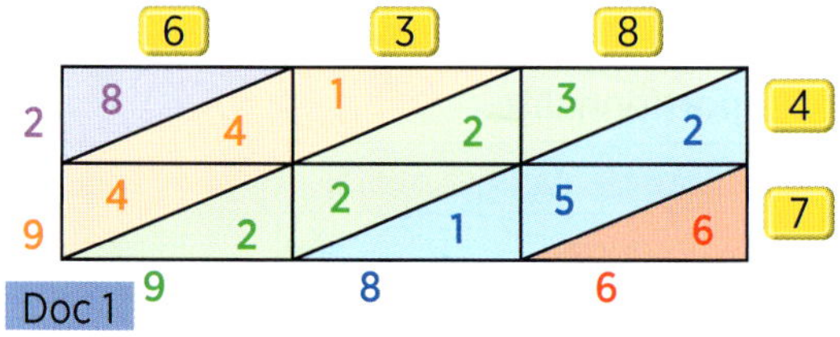

Doc 1

• **Quelle opération** a t-on fait pour obtenir 42 dans la case en bas à gauche ?

2 **Quelle opération a t-on fait pour obtenir le 8 bleu ?**

3 a. **Pose** la multiplication 638 × 47.
b. **Où retrouves-tu le résultat dans le** Doc 1 **?**

4 **Utilise** la technique du Doc 1 pour calculer 639 × 72.

Les maths et les Sciences — Résoudre un problème à deux étapes

Un gouter équilibré

Le gouter est un vrai repas qui permet d'éviter le grignotage jusqu'au diner. Chaque aliment va fournir à ton corps l'énergie qu'il lui faut pour fonctionner : on parle alors d'apport calorique que l'on exprime en kilocalories (kcal). L'apport calorique recommandé au gouter pour un enfant de 9 ans est d'environ 300 kcal.

Doc 1	Aliment	Apport calorique
	30 g de céréales nature	110 kcal
	1 bol de lait de 20 cL	92 kcal
	1 pomme	75 kcal
	1 pain au chocolat	292 kcal

1 **Observe le tableau des gouters pris par Lisa et Sami** [Doc 1].
a. **Calcule** l'apport calorique du gouter de Lisa.
b. **Respecte**-t-il les recommandations ? Et celui de Sami ?

2 **Sami a encore faim et grignote quelques chips (250 kcal). Cela lui donne soif et il engloutit une canette de soda (140 kcal).**
a. **Calcule** l'apport calorique de Sami (gouter et grignotage). Qu'en penses-tu ?
b. **Quel** comportement alimentaire te parait le plus sain ? Pourquoi ?

Les maths et le Sport — Lire un graphique

Le tir à l'arc

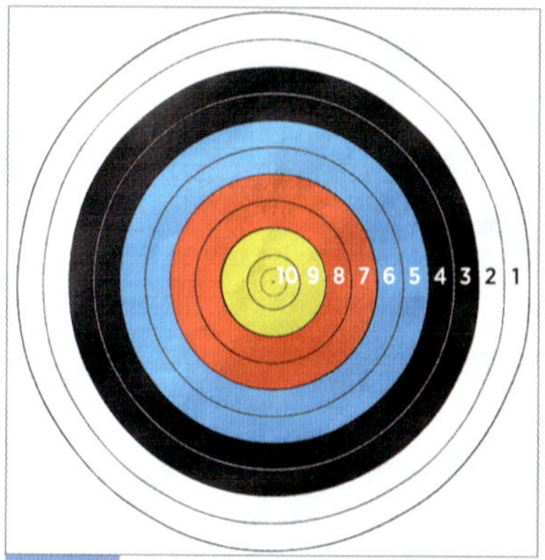

Doc 1

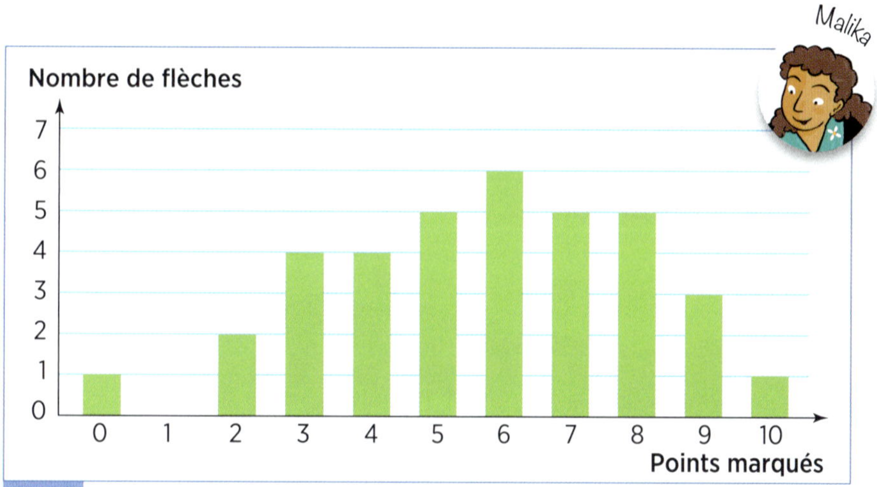

Doc 2

1 **Observe** la cible de tir à l'arc [Doc 1].
Plus on se rapproche du centre, plus on marque de points. **Combien** de points marque-t-on si on atteint le centre de la cible ?

2 **Le graphique [Doc 2] donne le nombre de points marqués par Malika lors d'une manche.**

a. **Combien** de fois a-t-elle atteint le centre de la cible ?

b. **Combien** de fois a-t-elle raté la cible ?

c. **Combien** de flèches a-t-elle tirées en tout ?

d. **Combien** de points a-t-elle marqués ?

Les maths et la Géographie — Résoudre des problèmes de proportionnalité

Une conduite éco-responsable pour se déplacer

Plus une voiture roule vite, plus elle consomme de carburant. Cela n'est ni bon pour la planète ni bon pour le portemonnaie !
En roulant à 130 km/h*, une voiture consomme 8,4 L d'essence pour parcourir 100 km.
En roulant à 110 km/h, la même voiture consomme seulement 6,4 L toujours pour 100 km.

1 **Calcule la consommation de la voiture si elle roule, sur un trajet de 250 km, à 130 km/h. Et si elle roule à 110 km/h.**

• **Combien** de litres d'essence économise-t-on en roulant à 110 au lieu de 130 km/h ?

2 **Un litre d'essence coute 1,23 euros.**

a. **Exprime** ce prix en centimes d'euros.

b. Sur le trajet de 250 km, **combien d'argent** économisera un conducteur roulant à 110 km/h au lieu de 130 km/h ?

* **km/h** se lit « kilomètres par heure », c'est le nombre de kilomètres parcourus en une heure.

Problèmes interdisciplinaires

Les maths et la Géographie

Effectuer une multiplication par un nombre à deux chiffres

Les porte-conteneurs

Pour gagner du temps dans le transport de marchandises, on utilise des conteneurs, sorte de grandes caisses métalliques qui se placent directement sur les remorques de camions. Pour les transporter en mer, on utilise de gigantesques bateaux : les porte-conteneurs.

1 **Le plus grand porte-conteneurs actuel transporte 23 rangées de 18 000 containers.**
Calcule le nombre de conteneurs qu'il transporte.

2 **Chaque conteneur contient environ 14 tonnes de marchandises.**
Calcule le nombre de tonnes de marchandises que le porte-conteneurs transporte.

3 **Chaque année, la France importe environ 350 millions de tonnes de marchandises.**
Est-il exact que cela représente plus de 60 porte-conteneurs ?

Les maths et l'EMC

Poser une division avec un diviseur à deux chiffres

Partage du butin chez les pirates

Savais-tu que les pirates signaient des contrats avant de s'engager sur un bateau ? Un contrat est un accord écrit signé entre deux personnes qui doivent respecter leur engagement. Chaque pirate s'engageait alors pour tenir un rôle précis sur le bateau et, en retour, il obtenait une part du butin.

Voici comment le butin pouvait être partagé en fonction du rôle de chaque pirate sur le bateau.

Doc 1

Rôle du pirate	Nombre de pirates	Nombre de parts de butin par pirate
Capitaine	1	4
Second	1	4
Canonnier ou chirurgien*	2	6
Pirate ayant perdu un membre lors du combat	1	8
Mousse	1	2

* Exemple : il y a deux pirates qui ont chacun 6 parts de butin.

1 **Calcule en combien de parts le butin doit être partagé** [Doc 1].

2 **Le butin s'élève à 2 646 pièces d'or.**
a. **Calcule** le montant d'une part.
b. **Calcule** à combien s'élève la part du capitaine.
c. **Calcule** à combien s'élève la part de chaque autre pirate.

20 Trouve les résultats de la table de 4.

4 × 4 • 4 × 6 • 4 × 9 • 4 × 0
4 × 8 • 4 × 3 • 4 × 5 • 4 × 7

21 Trouve les résultats de la table de 5.

5 × 8 • 5 × 7 • 5 × 3 • 5 × 5
5 × 4 • 5 × 6 • 5 × 0 • 5 × 9

22 Trouve la multiplication correspondant aux résultats de la table de 2.

14 • 4 • 16 • 20 • 8 • 2 • 18 • 6 • 12

23 Trouve la multiplication correspondant aux résultats de la table de 3.

18 • 3 • 12 • 30 • 9 • 15 • 21 • 6 • 27

24 Trouve la multiplication correspondant aux résultats de la table de 4.

28 • 8 • 40 • 12 • 16 • 4 • 20 • 24 • 32

25 Trouve la multiplication correspondant aux résultats de la table de 5.

25 • 10 • 50 • 15 • 35 • 5 • 20 • 45 • 40

26 Corrige les erreurs.

5 × 0 = 5 • 3 × 7 = 28 • 4 × 3 = 15

27 Lisa a ramassé 9 coquillages.
Combien de coquillages aura-t-elle :

- si elle en ramasse 3 fois plus ?
- si elle en ramasse 5 fois plus ?

Connaitre les tables de multiplication par 6, 7, 8 et 9

➜ Activités de découverte : *La bataille des dés* et *Les tables de Pythagore*

28 Trouve les résultats de la table de 6.

6 × 8 • 6 × 3 • 6 × 5 • 6 × 7
6 × 4 • 6 × 6 • 6 × 9 • 6 × 0

29 Trouve les résultats de la table de 7.

7 × 8 • 7 × 3 • 7 × 5 • 7 × 7
7 × 4 • 7 × 6 • 7 × 9 • 7 × 0

30 Trouve les résultats de la table de 8.

8 × 8 • 8 × 7 • 8 × 3 • 8 × 5
8 × 4 • 8 × 6 • 8 × 0 • 8 × 9

31 Trouve les résultats de la table de 9.

9 × 8 • 9 × 7 • 9 × 3 • 9 × 5
9 × 4 • 9 × 6 • 9 × 0 • 9 × 9

32 Trouve la multiplication correspondant aux résultats de la table de 9.

18 • 9 • 27 • 90 • 63 • 45 • 54 • 0 • 36

33 L'ascenseur indique 7.
Trouve ce qu'il indiquera s'il monte :

- 7 fois plus haut.
- 9 fois plus haut.

Multiplier un entier par 10, 100 ou 1 000

➜ Activités de découverte : *Les dés magiciens* et *Les deux font la paire*

34 Multiplie chaque nombre par 10.

8 • 27 • 170 • 1 263 • 45 000 • 94 036

35 Multiplie chaque nombre par 100.

7 • 79 • 271 • 900 • 6 300 • 9 999

36 Multiplie chaque nombre par 1 000.

6 • 10 • 41 • 160 • 105 • 850 • 909

37 Quel nombre doit-on multiplier par 10 pour obtenir ?

280 • 800 • 4 000 • 12 000 • 57 020 • 400 040

38 Quel nombre doit-on multiplier par 100 pour obtenir ?

8 700 • 200 • 40 000 • 120 000 • 980 900

39 Quel nombre doit-on multiplier par 1 000 pour obtenir ?

76 000 • 8 000 • 400 000 • 121 000

40 **Corrige les erreurs.**

2 × 1000 = 200 • 4 × 100 = 800

12 × 1000 = 1200 • 450 × 10 = 45 000

41 Malika a gagné 930 € à la loterie.
Combien aura-t-elle d'argent :

- si elle en gagne 100 fois plus ?
- si elle en gagne 1000 fois plus ?

42 **Calcule.**

4 × 100 × 1000 • 3 × 10 × 100

Calculer le double, le triple, le quadruple d'un entier

➜ Activités de découverte : *Les cartes recto-verso* et *Les dominos*

43 **Calcule le double de chaque nombre.**

6 • 23 • 412 • 1200 • 10 500 • 250 000

44 **Calcule le triple de chaque nombre.**

7 • 80 • 600 • 9 000 • 15 000 • 300 003

45 **Calcule le quadruple de chaque nombre.**

9 • 12 • 150 • 6 000 • 40 000 • 220 000

46 **Trouve le nombre qu'on a doublé pour obtenir :**

88 • 480 • 3 000 • 16 000 • 50 000 • 900 000

47 **Trouve le nombre qu'on a triplé pour obtenir :**

99 • 600 • 45 000 • 120 000 • 900 900

48 **Trouve le nombre qu'on a quadruplé pour obtenir :**

800 • 2 000 • 40 000 • 120 000 • 444 444

49 Sami a cueilli 35 champignons.
Combien de champignons aura-t-il :

- si il en cueille le double ?
- si il en cueille le triple ?
- si il en cueille le quadruple ?

Multiplier un entier par 10 000 et 100 000

➜ Activités de découverte : *Les dés magiciens* et *Les deux font la paire*

50 **Multiplie chaque nombre par 10 000.**

5 • 2 • 7 • 6 • 8 • 9 • 4 • 3

51 **Multiplie chaque nombre par 10 000.**

20 • 39 • 573 • 9 000 • 16 000 • 80 000

52 **Multiplie chaque nombre par 100 000.**

6 • 10 • 105 • 150 • 560 • 808 • 999

53 **Quel nombre doit-on multiplier par 10 000 pour obtenir ?**

70 000 • 80 000 • 40 000 • 10 000

54 **Quel nombre doit-on multiplier par 10 000 pour obtenir ?**

800 000 • 22 000 000 • 440 000 000

55 **Quel nombre doit-on multiplier par 100 000 pour obtenir ?**

400 000 • 46 000 000 • 900 000 000

56 **Corrige les erreurs.**

4 × 10 000 = 4 000

5 × 100 000 = 50 000

120 × 100 000 = 120 000 000

57 **Calcule.**

10 × 100 × 10 000 • 500 × 10 000

58 Hugo a gagné 630 € à la loterie.
Combien aura-t-il d'argent :

- si il en gagne 10 000 fois plus ?
- si il en gagne 100 000 fois plus ?

Diviser par 2, 3, 4, 5

➜ Activités de découverte : *La bataille des dés* et *Les tables de Pythagore*

59 **Trouve les résultats de la table de division par 2.**

12 : 2 • 20 : 2 • 18 : 2 • 6 : 2
14 : 2 • 8 : 2 • 10 : 2 • 16 : 2

60 **Trouve les résultats de la table de division par 3.**

12 : 3 • 21 : 3 • 18 : 3 • 24 : 3
15 : 3 • 27 : 3 • 30 : 3 • 9 : 3

61 **Trouve les résultats de la table de division par 4.**

12 : 4 • 20 : 4 • 24 : 4 • 36 : 4
28 : 4 • 16 : 4 • 40 : 4 • 8 : 4

62 **Trouve les résultats de la table de division par 5.**

10 : 5 • 20 : 5 • 25 : 5 • 35 : 5
45 : 5 • 40 : 5 • 15 : 5 • 5 : 5

63 **Trouve la division correspondant aux résultats de la table de division par 4.**

Exemple. 5 ➜ 20 : 4

4 • 10 • 6 • 8 • 9 • 2 • 3 • 1

64 **Trouve la division correspondant aux résultats de la table de division par 5.**

Exemple. 5 ➜ 25 : 5

2 • 8 • 6 • 10 • 3 • 1 • 4 • 7

65 Lisa répartit ses 45 billes équitablement dans 5 sachets. Combien y aura-t-il de billes par sachet ?

66 Un escalier compte 32 marches regroupées par paliers. Chaque palier comporte 4 marches. Combien y a-t-il de paliers ?

Diviser par 6, 7, 8, 9

➜ Activités de découverte : *La bataille des dés* et *Les tables de Pythagore*

67 **Trouve les résultats de la table de division par 6.**

12 : 6 • 24 : 6 • 18 : 6 • 36 : 6
48 : 6 • 42 : 6 • 60 : 6 • 54 : 6

68 **Trouve les résultats de la table de division par 7.**

28 : 7 • 21 : 7 • 14 : 7 • 35 : 7
56 : 7 • 42 : 7 • 70 : 7 • 63 : 7

69 **Trouve les résultats de la table de division par 8.**

16 : 8 • 24 : 8 • 32 : 8 • 64 : 8
56 : 8 • 72 : 8 • 80 : 8 • 48 : 8

70 **Trouve les résultats de la table de division par 9.**

18 : 9 • 27 : 9 • 81 : 9 • 36 : 9
45 : 9 • 90 : 9 • 72 : 9 • 63 : 9

71 **Trouve la division correspondant aux résultats de la table de division par 8.**

Exemple. 5 ➜ 40 : 8

4 • 10 • 6 • 9 • 2 • 3 • 1 • 8

72 **Trouve la division correspondant aux résultats de la table de division par 9.**

Exemple. 5 ➜ 40 : 9

2 • 8 • 6 • 10 • 3 • 1 • 4 • 7

73 Hugo répartit ses 72 billes équitablement dans 8 sachets. Combien y aura-t-il de billes par sachet ?

74 Un escalier compte 42 marches regroupées par paliers. Chaque palier comporte 6 marches. Combien y a-t-il de paliers ?

Calculer le demi, le tiers, le quart d'un entier

➜ Activités de découverte : *Les cartes recto-verso* et *Les dominos*

75 **Calcule le demi de chaque nombre.**

6 • 24 • 412 • 2 200 • 10 500 • 90 888
250 000 • 6 600 600 • 840 000 000

76 **Calcule le tiers de chaque nombre.**

9 • 27 • 330 • 6 600 • 12 000 • 93 000
270 000 • 9 000 000 • 300 000 000

77 **Calcule le quart de chaque nombre.**

16 • 24 • 400 • 8 000 • 16 400 • 80 444
840 000 • 16 000 000 • 600 000 000

78 **Calcule.**

- Le tiers de 345
- Le quart de 1616
- Le tiers de 16 500
- Le demi de 590
- Le demi de 8 670
- Le quart de 10 000 000

79 Lisa a une collection de 336 timbres.
Combien de timbres aura-t-elle :
- s'il ne lui en reste que le tiers ?
- s'il ne lui en reste que le quart ?

80 Une entreprise de 15 000 salariés a dû licencier 3 000 personnes dont un demi étaient des ouvriers. Combien d'ouvriers ont-ils été licenciés ?

81 Une termitière géante compte 20 000 000 d'individus environ. Une inondation en emporte le quart. Combien de termites ont-ils été emportés ?

Estimer un ordre de grandeur d'une addition/soustraction

→ Activité de découverte : *Les mariages*

82 **Recopie le nombre le plus proche.**

285 → 200 ou 300
30 500 → 30 000 ou 40 000
860 000 → 800 000 ou 900 000
7 200 000 → 7 000 000 ou 8 000 000

83 **Recopie le résultat le plus proche.**

280 + 140 → 400 ou 500
3 080 + 1 005 → 4 000 ou 4 500
58 000 + 14 000 → 50 000 ou 60 000
5 300 000 + 2 100 000 → 7 000 000 ou 7 500 000

84 **Recopie le résultat le plus proche.**

580 – 140 → 600 ou 500
3 700 – 1 005 → 2 000 ou 3 000
78 000 – 15 000 → 50 000 ou 60 000
9 900 000 – 5 100 000 → 4 000 000 ou 5 000 000

85 **Écris un ordre de grandeur pour chaque addition.**

- 905 + 7 000
- 7 800 + 20 000
- 91 008 + 9 000
- 328 000 + 600 000
- 100 000 005 + 700 000 019

86 **Écris un ordre de grandeur pour chaque soustraction.**

- 9 005 – 7 000
- 27 800 – 20 000
- 99 908 – 9 000
- 308 009 – 150 000
- 300 000 005 – 10 000 019

87 **Estime l'ordre de grandeur de chaque résultat.**

2 800 + 2 900 + 4 813 • 12 000 358 + 17 000 640

88 Une commune comptait 7 906 habitants, il y a 5 ans. Depuis, la population a augmenté de 1 997 personnes. À combien, à peu près, la population s'élève-t-elle aujourd'hui ?

89 Un promoteur immobilier avait un capital de 300 000 €. Il a acheté un appartement valant 268 000 €. Il peut s'offrir une voiture entre 35 000 et 45 000 € ou entre 25 000 et 30 000 € ?

Calculer le double, le quadruple d'un nombre décimal

→ Activités de découverte : *Les cartes recto-verso* et *Les dominos*

90 **Écris double ou quadruple.**

4,2 → 8,4 • 5,1 → 20,4 • 15,3 → 30,6
14,4 → 28,8 • 500,1 → 2 000,4

91 **Écris Vrai ou Faux**

- 6,4 est le double de 2,7
- 2,30 est le double de 1,12
- 12,4 est le quadruple de 3,2
- 4,80 est le quadruple de 1,10

92 **Calcule le double de chaque nombre.**

7,3 • 8,15 • 3,5 • 41,5 • 15,25 • 350,4

93 **Calcule le quadruple de chaque nombre.**

2,2 • 8,1 • 10,1 • 50,12 • 5,5 • 10 000,2

94 **Trouve le nombre qu'on a doublé pour obtenir :**

5 • 4,2 • 2,48 • 1 • 3 000, 6 • 400 000,44

95 **Trouve le nombre qu'on a quadruplé pour obtenir :**

10 • 4,4 • 8,48 • 1 • 4 000,44 • 800 000,16

96 Sami a économisé 42,20 €.
Combien d'argent aura-t-il :
- s'il en réunit le double ?
- s'il en réunit le quadruple ?

Calculer la moitié, le quart d'un décimal

➜ Activités de découverte : *Les cartes recto-verso* et *Les dominos*

97 **Écris moitié ou quart.**

4,2 ➜ 2,1 • 20,4 ➜ 5,1 • 30,8 ➜ 15,4
48,8 ➜ 24,4 • 2 000,8 ➜ 500,2

98 **Écris Vrai ou Faux**
- 6,4 est la moitié de 12,7
- 2,12 est le quart de 4,48
- 100,4 est la moitié de 200,2
- 4,40 est le quart de 1,10

99 **Calcule la moitié de chaque nombre.**

1 • 3 • 7 • 9 • 11 • 28,28 • 42,6 • 420,30

100 **Calcule le quart de chaque nombre.**

10 • 4,4 • 8,4 • 8,80 • 400,40 • 4 800,8

101 **Calcule.**
- Le quart de 4 000,4
- Le quart de 16,4
- La moitié de 8 600,2
- La moitié de 1 600,60
- La moitié de 500,42
- Le quart de 10 000,40

102 Lisa a économisé 420,20 €.
Combien d'argent lui restera-t-il :
- si elle en dépense la moitié ?
- si elle en dépense le quart ?

103 Malika a 9 ans et mesure 1,40 m. Son petit frère d'un an mesure la moitié de sa taille.
Calcule la taille du petit frère de Malika.

104 Une baleine bleue femelle qui pèse 160 800,80 kg perd la moitié de son poids lorsqu'elle élève son baleineau.
Combien pèsera-t-elle alors?

Ajouter un nombre décimal à un nombre entier

➜ Activité de découverte : *La bataille des dés*

105 **Ajoute 1,5 à chaque nombre.**

5 • 99 • 981 • 3 524 • 950 359 • 9 001 001

106 **Ajoute 2,03 à chaque nombre.**

650 • 3 781 • 39 524 • 600 359 475

107 **Ajoute 5,12 à chaque nombre.**

420 • 1 999 • 38 525 • 700 350 325

108 **Écris Vrai ou Faux.**
- 6,4 + 25 = 31,5
- 450 + 25,3 = 475,5
- 1,42 + 25 006 = 26 006,42
- 390 129 + 1,74 = 390 130,74

109 **Calcule.**

99 + 5,2 • 9,8 + 250 • 1,99 + 229

110 **Calcule.**

109 + 1,5 + 100 • 1,3 + 15 + 150
157 000 + 0,5 + 3 000

111 Au restaurant, le menu du jour est à 17 € pour l'entrée et le plat. Combien Sami paiera-t-il :
- s'il commande un dessert à 5,75 € ?
- s'il ne prend pas de dessert mais un soda à 2,29 € ?

112 Les parents de Hugo paient 3 984 € d'impôts par an. Combien paieront-ils s'ils subissent une augmentation de 26,89 € ?

Ajouter deux nombres décimaux

→ Activité de découverte : *La bataille des dés*

113 **Ajoute 2,5 à chaque nombre.**
2,5 • 9,3 • 98,1 • 352,4 • 3 002,49 • 2,32

114 **Ajoute 5,02 à chaque nombre.**
6,50 • 37,81 • 395,24 • 6 475,03

115 **Ajoute 4,17 à chaque nombre.**
4,20 • 1 999,01 • 38 525,03 • 700 350,17

116 **Écris Vrai ou Faux.**
- 6,4 + 2,5 = 8,8
- 4,50 + 25,5 = 30
- 1,32 + 25,6 = 26,92
- 3 900,29 + 100,01 = 4 030

117 **Calcule.**
9,9 + 5,1 • 15,5 + 2,50 • 1,99 + 2,99

118 **Calcule.**
1,09 + 1,09 + 1,09 • 1,3 + 1,4 +1,5
157 000,02 + 0,5 + 3 000,03

119 À la pâtisserie, la boîte de petits fours du jour est à 15 €. Combien Hugo paiera-t-il s'il achète, en plus :
- un Paris-Brest à 3,75 € ?
- un baba au rhum à 1,25 € en plus du Paris-Brest ?

120 La maman de Lisa gagne 2 104,14 € par mois. Combien gagnera-t-elle avec une prime de 50,10 € ?

Retrancher un nombre décimal d'un nombre entier

→ Activité de découverte : *Les boîtes*

121 **Retranche 1,5 de chaque nombre.**
5 • 9 • 98 • 352 • 9 503 • 10 001

122 **Retranche 2,99 de chaque nombre.**
6 • 37 • 395 • 60 500 • 4 500 200

123 **Retranche 4,25 de chaque nombre.**
8 • 199 • 3 855 • 70 350 • 8 700 050

124 **Écris Vrai ou Faux.**
- 6 – 5,5 = 0,6
- 450 – 25,1 = 425
- 142 – 22,06 = 120,94
- 390 000 – 0,74 = 389 999,74

125 **Calcule.**
10 – 3,9 • 10 – 3,99 • 100 – 0,99
10 – 1,1 • 10 + 1,01 • 100 – 1,01

126 L'entrée de la patinoire coute 8,45 € avec la location de patins. Sami donne un billet de 10 € à la caissière. Combien lui rendra-t-elle d'argent?

127 Le papa de Lisa paye 4 900 € d'impôts par an. Combien paiera-t-il s'il bénéficie d'une réduction de 70,50 €?

Retrancher deux nombres décimaux

→ Activité de découverte : *Les boîtes*

128 **Retranche 1,5 de chaque nombre.**
5,5 • 9,9 • 98,7 • 352,5 • 9 503,59 • 10 001,5

129 **Retranche 3,01 de chaque nombre.**
6,50 • 37,81 • 395,24 • 60 500,75

130 **Retranche 4,12 de chaque nombre.**

4,20 • 199,2 • 3 852,52 • 70 350,32

131 **Écris Vrai ou Faux.**

- 6,4 – 5,5 = 0,9
- 142 – 1,42 = 141,42
- 450 – 25,3 = 475,3
- 395,29 – 5,29 = 390

132 **Calcule.**

10,5 – 4,9 • 10,99 – 3,99 • 100,99 – 0,98
10,1 – 1,1 • 10,10 – 1,01 • 100,10 – 1,01

133 L'entrée au musée d'histoire naturelle coute 5,25 €. Malika donne 10,50 € à la caissière. Combien lui rendra-t-elle d'argent?

134 La tante de Hugo va acheter un écran plat à 1 290,90 €. Combien paiera-t-elle sa TV si le vendeur lui fait bénéficier d'une remise de 100,90 € ?

Multiplier un nombre décimal par 0,5 ; 10 ; 100 ou 1000

→ Activité de découverte : *La bataille des dés*

135 **Multiplie chaque nombre par 0,5.**

4,2 • 6,06 • 40,8 • 600,60 • 1 000,32

136 **Multiplie chaque nombre par 10.**

0,6 • 10,1 • 105,5 • 56,02 • 808,87 • 0,54

137 **Multiplie chaque nombre par 100.**

0,58 • 10,12 • 105,55 • 808,07 • 0,04

138 **Multiplie chaque nombre par 1 000.**

12,20 • 10,15 • 36,54 • 508,62 • 0,35

139 **Corrige les erreurs.**

4,2 × 10 = 4,02 • 55,05 × 100 = 5 555
0,6 × 10 = 60 • 71,7 × 1 000 = 717 000

140 **Calcule.**

100 000, 50 × 0,5 • 500 000, 41 × 10
1, 5 × 1000 • 100,05 × 100

Estimer un ordre de grandeur d'une multiplication/division

→ Activité de découverte : *Les mariages*

141 **Recopie le résultat le plus proche.**

21 × 11 → 200 ou 300
32 × 190 → 600 ou 6 000
4 × 12 100 → 48 000 ou 58 000
71 × 1 050 → 60 000 ou 70 000

142 **Écris un ordre de grandeur pour chaque multiplication.**

- 9 × 79
- 19 × 21
- 2 001 × 11
- 99 × 1 990
- 20 002 × 998
- 4 000 001 × 9

143 **Recopie le résultat le plus proche.**

850 : 9 → 100 ou 200
3 100 : 1 005 → 2 ou 3
60 000 : 15 300 → 4 ou 8
9 000 000 : 1 000 005 → 9 ou 10

144 **Écris un ordre de grandeur pour chaque division.**

- 9 000 : 7 000
- 998 : 11
- 640 : 80
- 72 000 : 35 000
- 91 000 000 : 30 000 000

145 Je pense un nombre qui est l'ordre de grandeur du produit de 99 par 39. Quel est le nombre pensé ?

146 Une commune comptait 2 996 habitants il y a 30 ans. Depuis, elle en compte 5 fois plus. À combien, à peu près, la population de cette commune s'élève-t-elle aujourd'hui ?

147 11 gagnants de la loterie doivent se répartir la somme de 49 900 €. Combien d'argent, environ, chaque gagnant récoltera-t-il?

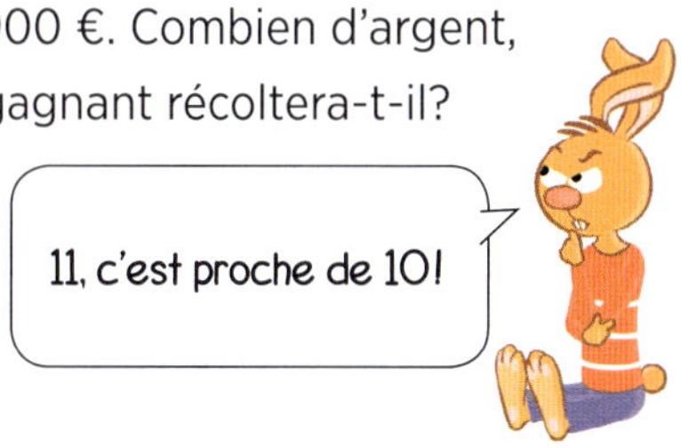

Repérer un objet sur un quadrillage

Cherchons ensemble

Activité s'appuyant sur la situation de **manipulation** décrite dans le guide

1 Voici le plan de la ville où habite Hugo.

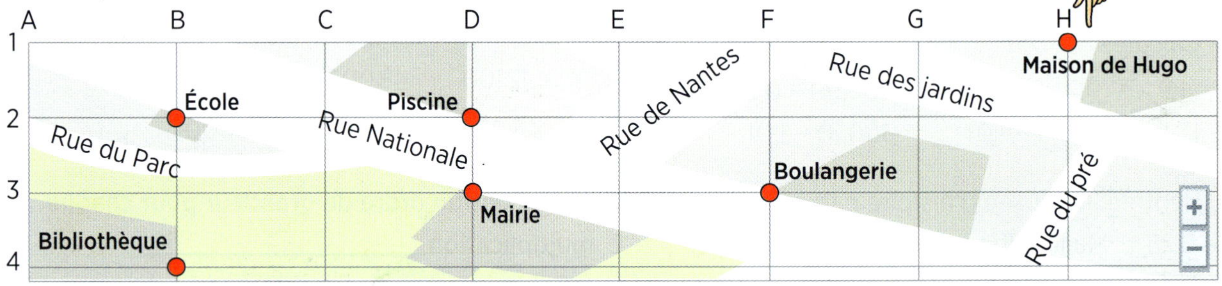

La maison de Hugo est en H1. **Recopie** et **complète** le tableau.

École	Mairie	Piscine	Bibliothèque	Boulangerie
(B; 2)	(…; …)	(…; …)	(…; …)	(…; …)

Retenons ensemble

Mots à retenir
quadrillage • coordonnées • intersection

Comment repérer un objet sur un quadrillage ?

- On **repère un objet** sur un **quadrillage** à l'aide de ses **coordonnées**.

Chaque **coordonnée** correspond à l'**intersection** d'une **colonne** et d'une **ligne**.

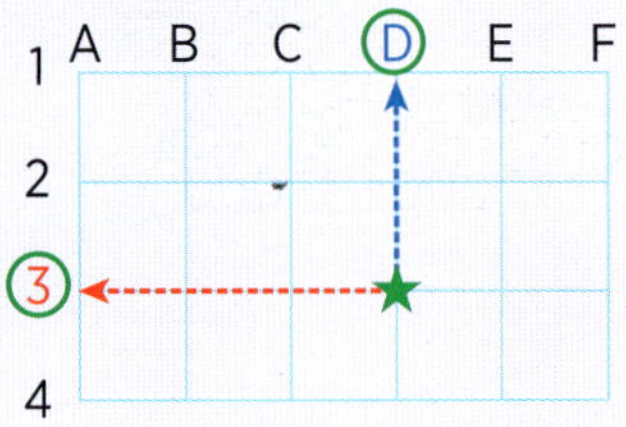

Coordonnées de ★
Nom de la colonne **en premier**
(D ; 3)
Nom de la ligne **en second**

Je sais faire

2 **Observe** le quadrillage. **Recopie** et **complète** le tableau.

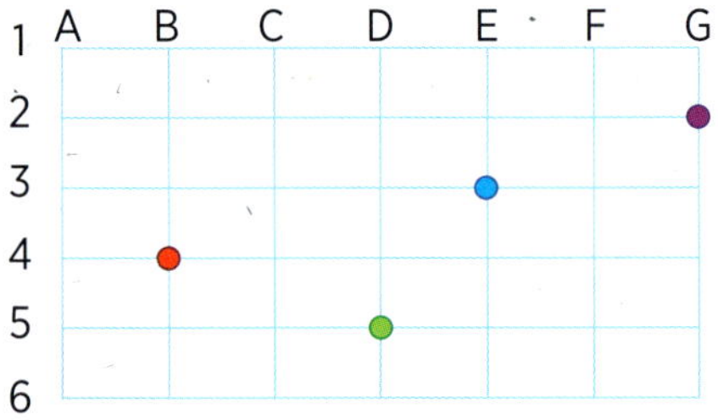

🔴	🟢	🔵	🟣
(…; …)	(…; …)	(…; …)	(…; …)

3 **Recopie et complète les définitions.**

a. Sur un quadrillage, un objet est repéré à l'intersection d'une … et d'une colonne.

b. Les … servent à repérer un point sur un quadrillage.

c. On note le nom de la … en premier.

4 **Écris VRAI ou FAUX.**

a. Le second nombre d'une coordonnée indique sa colonne.

b. (A ; 5) sont des coordonnées.

c. Les coordonnées d'un point s'écrivent entre parenthèses.

Je m'entraine

5 **Corrige** les erreurs faites par Sami.

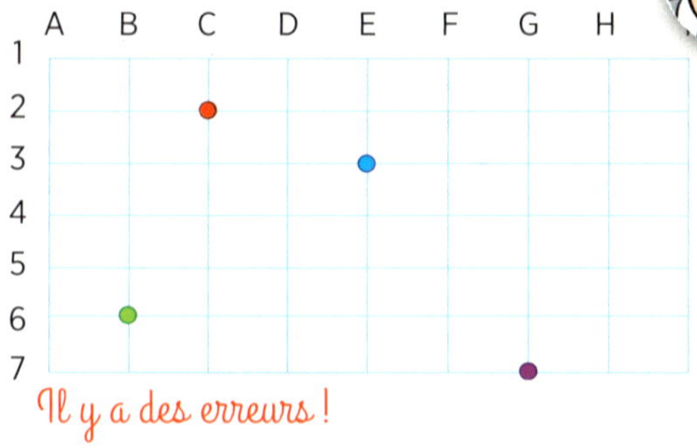

●	●	●	●
(B ; 6)	(2 ; C)	(F ; 7)	(E ; 4)

6 **Écris** les coordonnées des 3 trésors cachés par les élèves de l'école maternelle. ★ : trésor

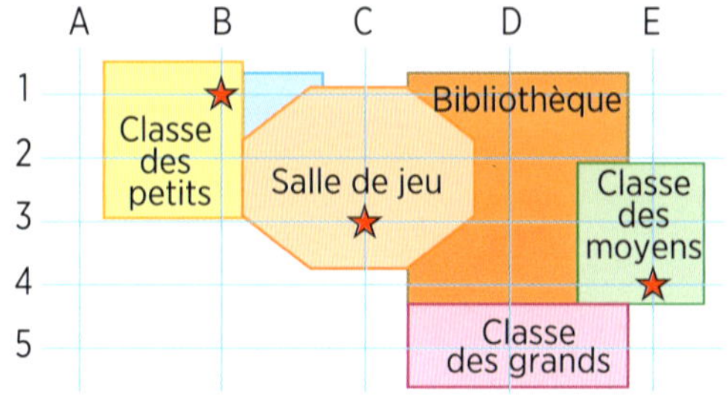

7 **Reproduis** le quadrillage de l'exercice 5. **Place** les points et **relie-les**.

●	●	●	●
(B ; 2)	(F ; 2)	(F ; 5)	(B ; 5)

8 **Construis** un quadrillage de 6 lignes (nommées 1 à 6) et de 6 colonnes (nommées A à F). **Place** les points et **relie-les**.

R (D ; 1), **S** (F ; 4), **T** (E ; 4), **U** (E ; 6), **V** (C ; 6), **W** (C ; 4), **X** (B ; 4).

9 **Reproduis** la figure.

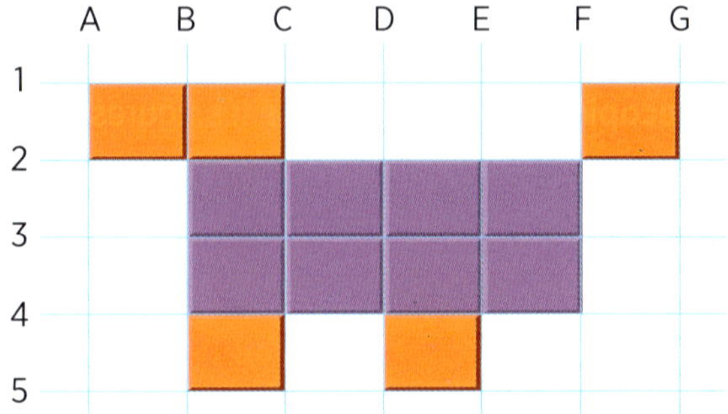

10 **Reproduis** la figure et **écris** les coordonnées de chaque point dans l'ordre du tracé.

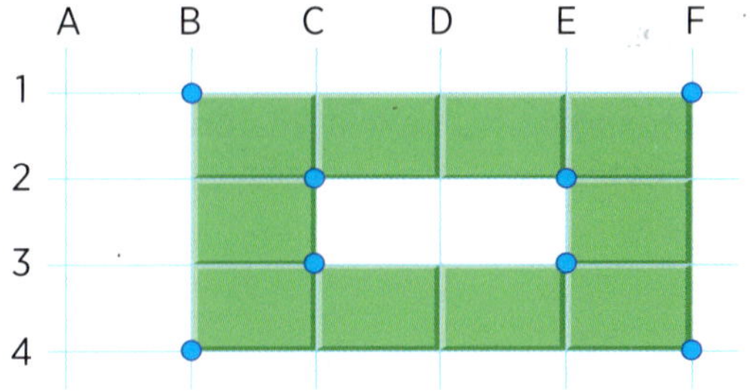

Je fais des maths autrement

11 Les Maths ça sert en EMC

La ville de Paris abrite des lieux qui représentent la République : le Palais de l'Elysée (résidence du Président) et l'Assemblée nationale (lieu où les lois sont votées par les députés).

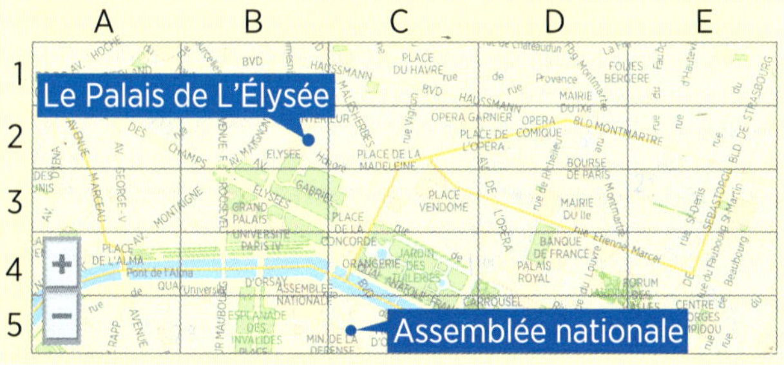

Écris les coordonnées des deux lieux.

12 Le point-mystère

Écris les coordonnées du point manquant pour former la lettre C.

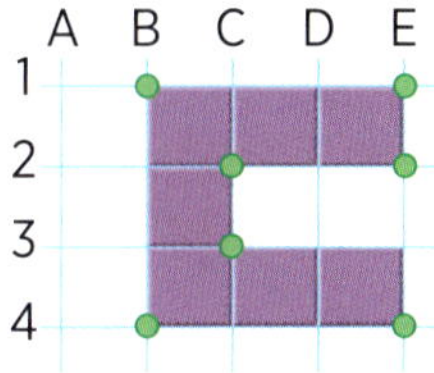

13 Je travaille en groupe

L'octogone

- **Tracez** un quadrillage de 4 lignes (nommées 1 à 4) et 6 colonnes (nommées A à F).
- **Reliez** les points (A ; 2) et (B ; 1), (B ; 1) et (E ; 4), (E ;4) et (F ; 2), (F ; 2) et (F ; 3), (F ;3) et (E ; 4), (E ; 4) et (B ; 4), (B ; 4) et (A ; 3), (A ; 3) et (A ; 2).

→ **Comparez votre dessin avec le groupe voisin.**

Espace et géométrie

Identifier et décrire un polygone

Cherchons ensemble

Activité s'appuyant sur la situation de **manipulation** décrite dans le guide

1 Voici les figures que le groupe de Sami doit classer.

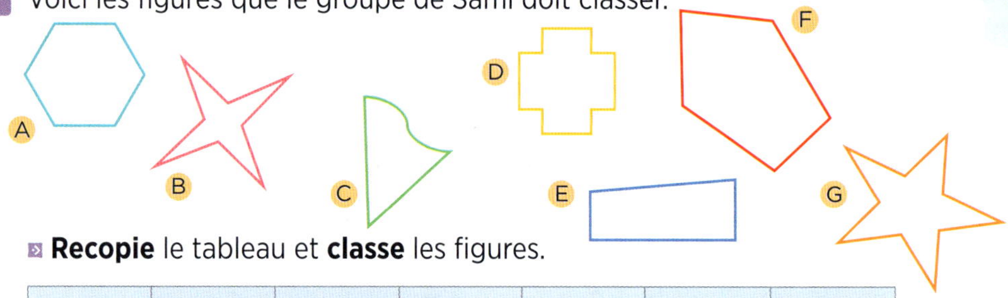

▸ **Recopie** le tableau et **classe** les figures.

4 côtés	5 côtés	6 côtés	8 côtés	10 côtés	12 côtés	autres
...	...	...	...	...	...	...

Retenons ensemble

Mots à retenir

polygone • **sommets** • **côtés** • **équilatéral**

Comment reconnaitre et décrire un polygone ?

- Un **polygone** est une **figure** formée de **segments fermés**.
Il a autant de **sommets** que de **côtés**.

- Les polygones ont des **noms différents** suivant leur **nombre de côtés**.

Le triangle 3 côtés	Le quadrilatère 4 côtés	Le pentagone 5 côtés	L'hexagone 6 côtés	L'octogone 8 côtés

- Un polygone **équilatéral** a tous ses **côtés de même longueur**.

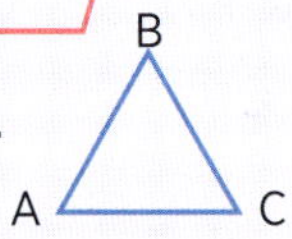

Triangle équilatéral
AB = BC

Je sais faire

2 **Recopie** et **complète** le tableau.

Polygone	...	...	...	...
Nombre de côtés	...	...	...	...
Nom	...	...	...	...

3 **Recopie** et **complète** les définitions.

a. Un ... est une figure fermée.
b. Un polygone ... a tous ses côtés égaux.
c. Un ... est un polygone à 5 côtés.

4 **Écris VRAI ou FAUX.**

a. Un sommet est à l'intersection de deux côtés.
b. Tous les côtés d'un polygone ne sont pas rectilignes.
c. Un octogone possède 10 côtés.
d. Le polygone ABC peut être un hexagone.

Je m'entraine

5 **Corrige** les erreurs faites par Hugo.

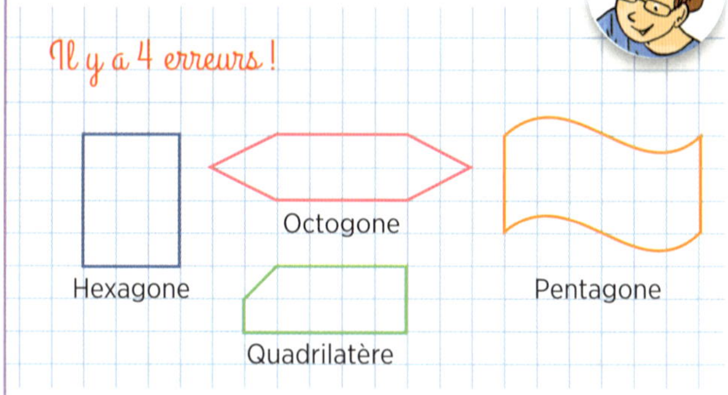

6 **Donne** un nom aux sommets de chaque polygone. Quels sont les polygones équilatéraux ?

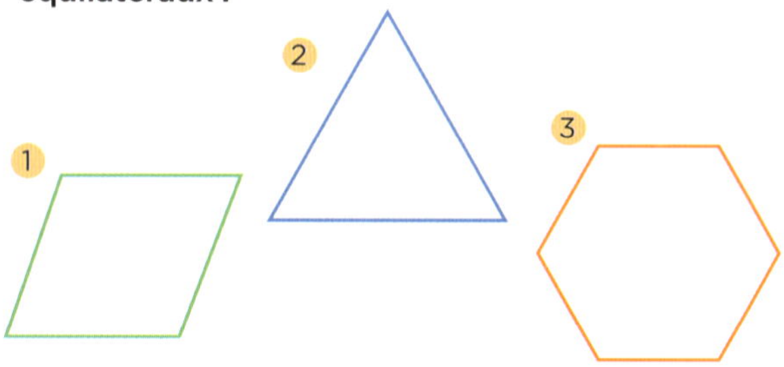

7 **Observe** les panneaux de signalisation routière. Quel est le nom de chaque polygone rouge ?

8 **Observe** le polygone. Combien a-t-il de côtés ? **Note** les côtés égaux.

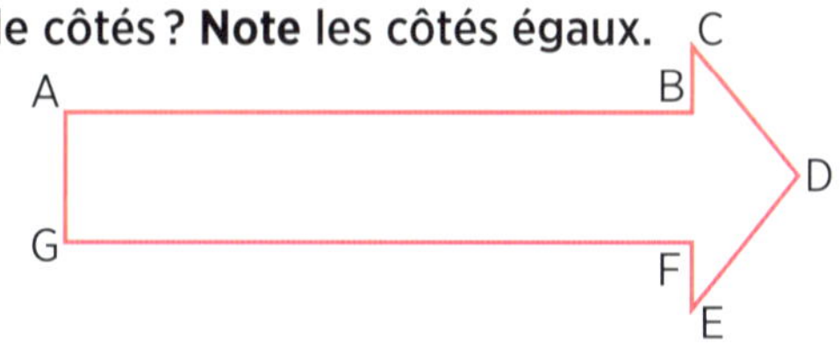

9 **Retrouve** le nom des polygones décrits.

a. 5 côtés et 5 sommets.

b. 6 côtés de même longueur.

c. 4 côtés de longueurs différentes.

10 **Corrige** la description de ce polygone.

11 **Écris** la description de ce polygone. **Nomme-le.**

12 **Trace** les polygones.

a. Un pentagone ABCDE.

b. Un quadrilatère équilatéral.

c. Un hexagone ABCDEF.

Je fais des maths autrement

13 Les Maths ça sert en **Sciences**

Dans leur ruche, les abeilles construisent des alvéoles en cire pour y déposer leurs larves. Ces alvéoles ont une forme polygonale.

Observe le contour des alvéoles d'abeille et **trace-le** sur du papier-calque.

Quel est le nom du polygone représenté ?

14 Le polygone-mystère ???

Mes sommets sont ABCDEFGH.

J'ai 8 côtés égaux.

Qui suis-je ?

15 Je travaille en groupe

Le jeu du portrait

- **Choisissez** trois polygones dans cette page.
- **Écrivez** leur portrait sur une feuille.

→ **Faites retrouver ces polygones par le groupe voisin.**

Identifier, décrire et compléter un triangle

Cherchons ensemble

Activité s'appuyant sur la situation de **manipulation** décrite dans le guide

1 Voici la frise que le groupe de Lisa a reçue.

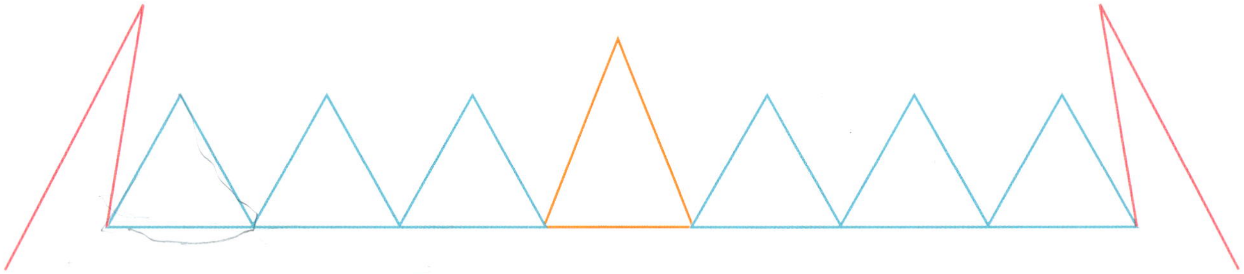

- **Décalque** la frise et **termine** le tracé des triangles rouges.
- **Mesure** les côtés de chaque triangle et **classe-les** suivant le nombre de côtés égaux.

Retenons ensemble

Mots à retenir

quelconque • isocèle • équilatéral

Comment reconnaitre et décrire un triangle ?

- Un polygone qui possède **3 côtés** et **3 sommets** est un **triangle**.

Le triangle quelconque
Il n'a pas de côtés égaux.

Le triangle isocèle
Il a **2 côtés égaux**.

Un triangle équilatéral
Il a **3 côtés égaux**.

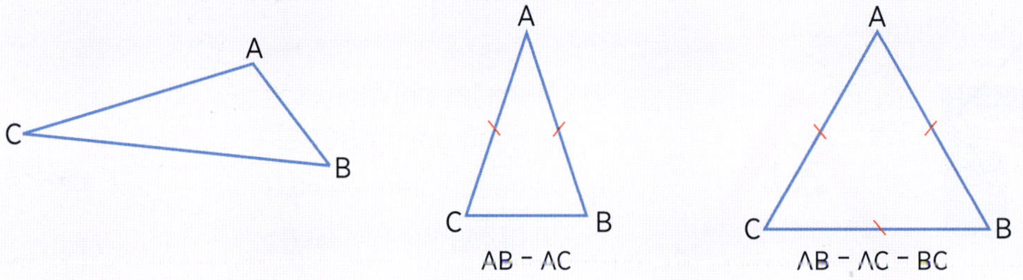

Je sais faire

2 **Observe** les triangles. **Recopie** et **complète** le tableau.

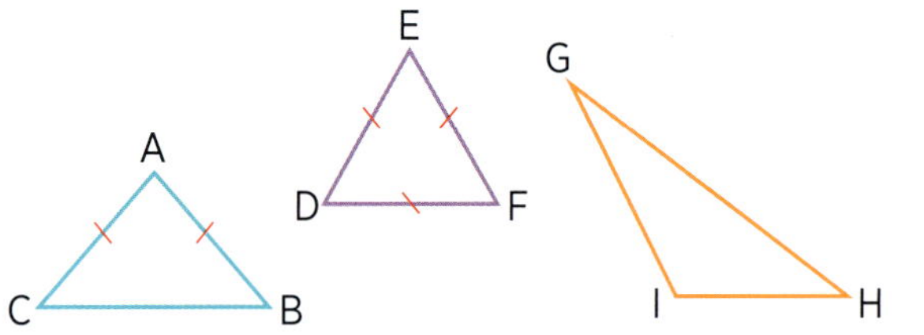

Triangle	ABC	DEF	GHI
Nombre de côtés égaux	...	...	...
Nature du triangle	...	...	...

3 **Recopie** et **complète** les définitions.

a. Un ... est un polygone à 3 côtés et à 3 ... .

b. Si les trois côtés d'un triangle sont de longueurs différentes, il est ... .

c. Si les trois côtés d'un triangle sont égaux, il est ... .

d. Un triangle isocèle possède ... côtés ... .

4 **Écris VRAI ou FAUX.**

a. Tous les côtés d'un triangle peuvent être égaux.

b. Un triangle quelconque a deux côtés égaux.

c. Le polygone ABCD est un triangle.

Je m'entraine

5 **Corrige** les erreurs faites par Malika.

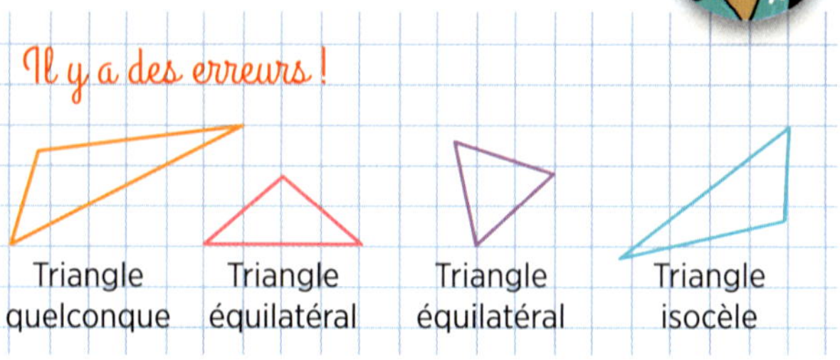

6 **Donne** un nom aux sommets de chaque triangle. Quels sont les triangles isocèles ?

7 **Observe** le poisson. Combien comporte-t-il de triangles ? De triangles quelconques ?

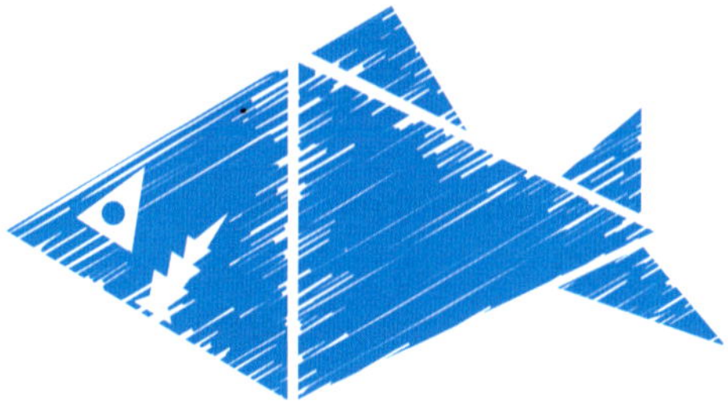

8 **Observe** la figure. Quelle est la nature des triangles qui la composent ?

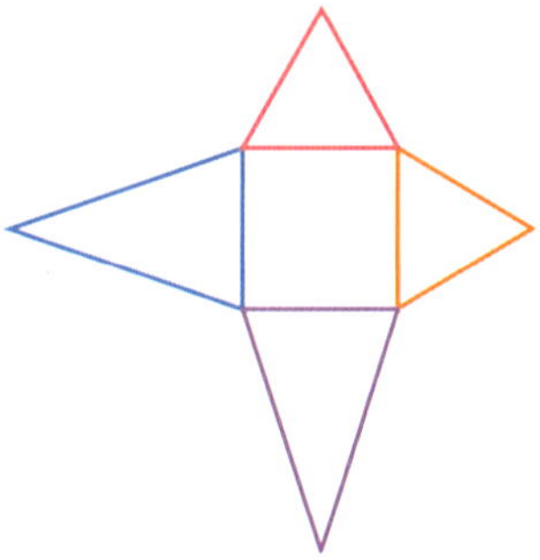

9 **Retrouve** le nom des polygones décrits.

a. 2 côtés égaux sur 3.

b. 3 côtés de même longueur.

c. 3 côtés de longueurs différentes.

10 **Nomme** les sommets de ce polygone et **écris** sa description.

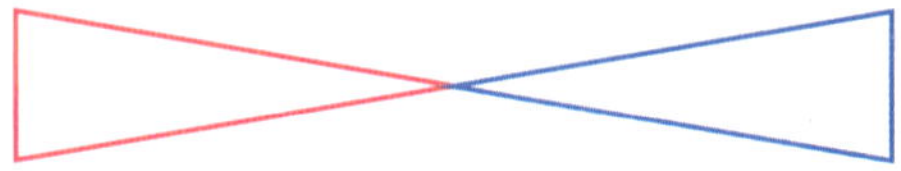

11 **Reproduis** et **complète** chaque triangle.

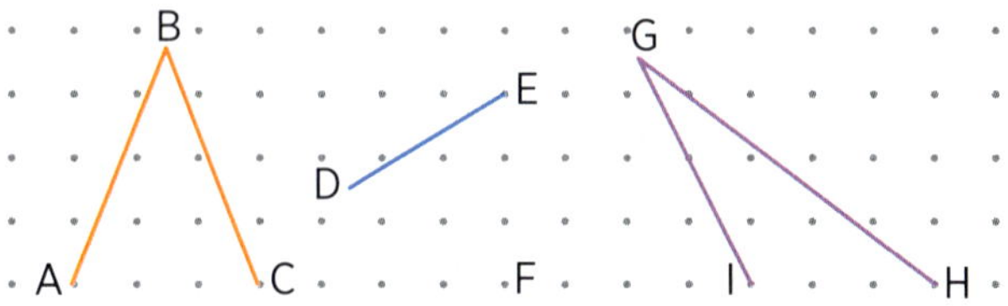

Je fais des maths autrement

12 Les Maths ça sert en Français

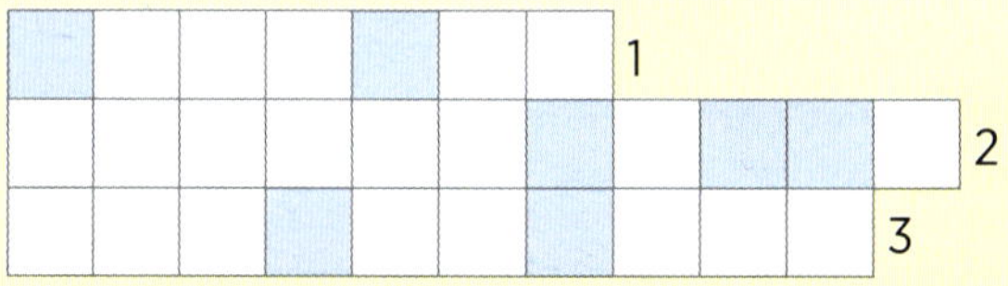

1. Triangle avec 2 côtés égaux.
2. Triangle avec 3 côtés égaux.
3. Triangle sans angle droit ni côtés égaux.

- **Recopie** et **complète** la grille de mots.
- **Trouve** le mot caché à l'aide des cases bleues.

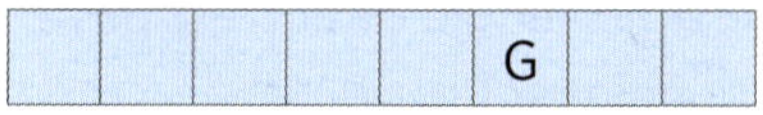

13 Le triangle-mystère

Mes sommets sont RST.

RS = RT

- **Qui suis-je ?**

14 Je travaille en groupe

Le jeu du portrait

- **Choisissez** trois triangles sur cette page.
- **Écrivez** leur portrait sur une feuille.

→ Faites retrouver les triangles par le groupe voisin.

Décrire, reproduire et construire un triangle rectangle

Cherchons ensemble

Activité s'appuyant sur la situation de **manipulation** décrite dans le guide

1 Voici la frise que le groupe de Malika a reçue.

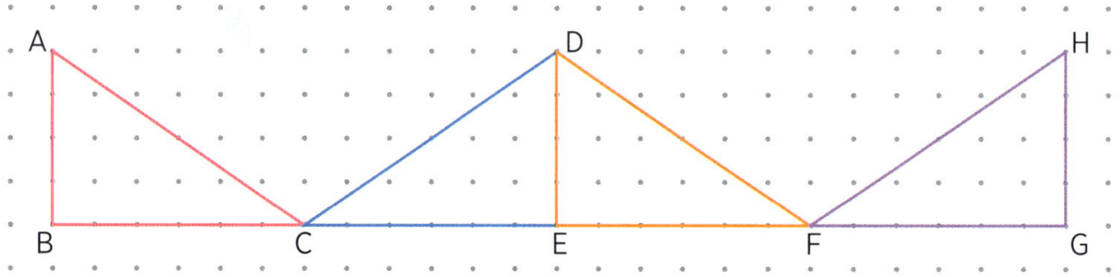

- **Reproduis** la frise. **Nomme** chaque figure à l'aide de ses sommets.
- **Marque** les angles droits en rouge.
- **Recopie et complète**.

La frise se compose de 4 … . Chaque triangle possède un … … .

Retenons ensemble

Mots à retenir

angle droit • programme de construction

Comment décrire, reproduire et construire un triangle rectangle ?

- Un **triangle** qui possède un **angle droit** est un **triangle rectangle**.
- Pour **reproduire et construire un triangle rectangle**, il faut respecter un **programme de construction**.

Exemple : construire un triangle FEG, rectangle en G, tel que GE = 2 cm et GF = 3 cm.

Programme de construction

1. Placer un point G et tracer l'angle droit en G. Marquer l'angle droit.
2. Prolonger un côté en mesurant 2 cm, placer le point E.
3. Prolonger l'autre côté en mesurant 3 cm, placer le point F.
4. Joindre les points E et F pour obtenir le triangle FEG, rectangle en G.

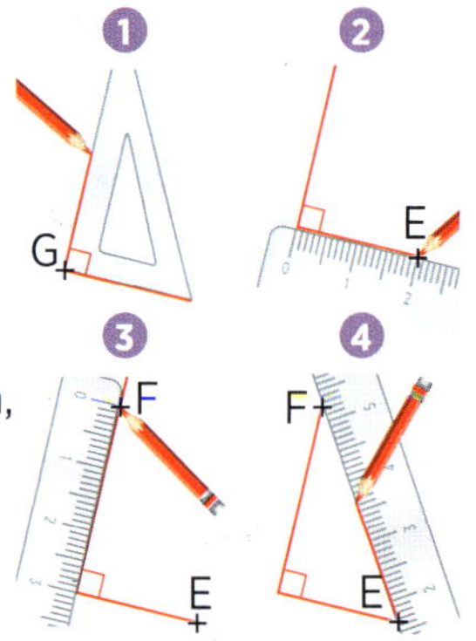

Je sais faire

2 **Observe** la figure. **Recopie et complète** **sa description.**

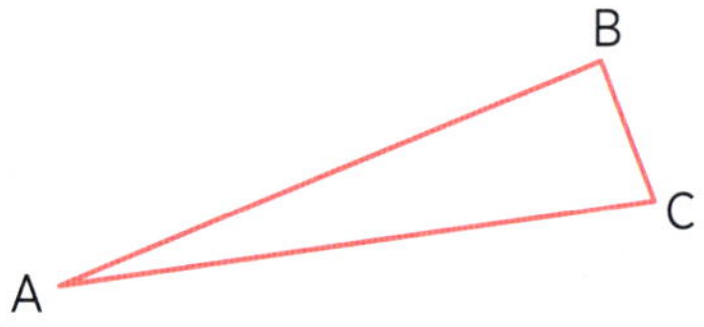

Le triangle … est rectangle en … .

BA = … cm et BC = … cm

3 **Recopie et complète les définitions.**

a. Un … … possède 3 côtés et 1 … … .

b. Si le triangle IJK est rectangle en J alors l'… … se situe au niveau du sommet J.

4 **Écris VRAI ou FAUX.**

a. Dans un triangle rectangle, il peut y avoir deux angles droits.

b. Le point où se situe l'angle droit n'est pas un sommet du triangle rectangle.

Je m'entraine

5 Corrige l'erreur dans la description.

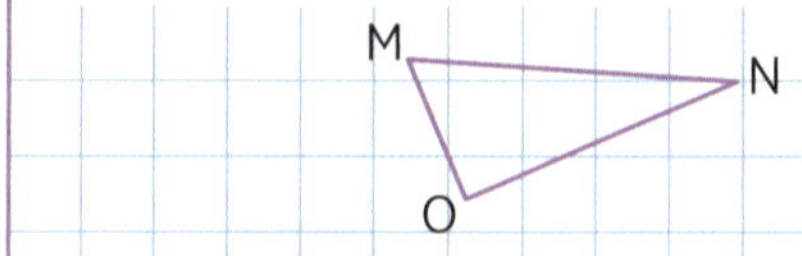

Le triangle LMN est rectangle en M.

6 **Écris** la description de chaque figure.

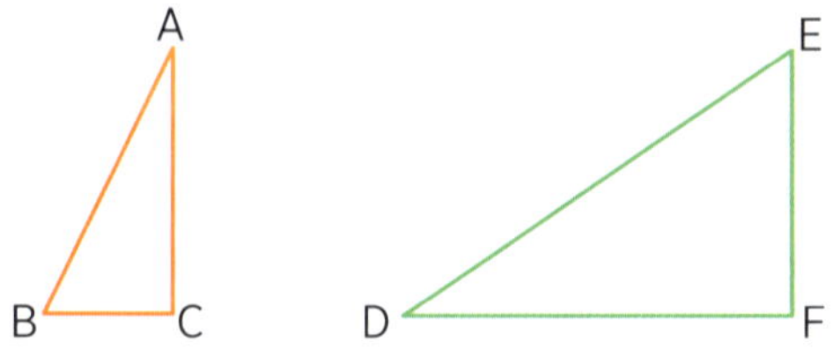

7 **Reproduis** ces triangles rectangles en t'aidant des carreaux.

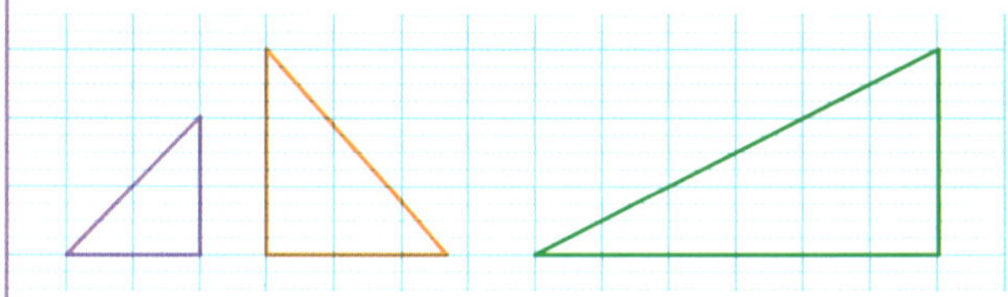

8 **Reproduis** ces triangles rectangles sur une feuille blanche.

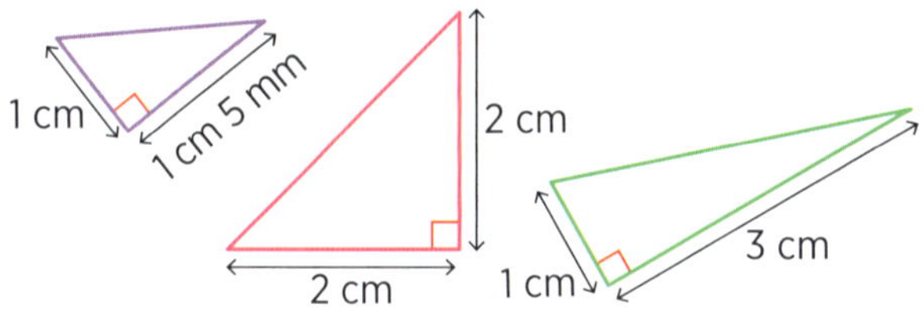

9 **Observe** cet animal.

- Combien comporte-t-il de triangles ?
- Quelle est la nature de ces triangles ?

10 **Construis** la figure.

Programme de construction

1 Placer un point O et tracer l'angle droit en O. Marquer l'angle droit.

2 Prolonger un côté en mesurant 5 cm, placer le point P.

3 Prolonger l'autre côté en mesurant 4 cm, placer le point Q.

4 Joindre les points P et Q pour obtenir le triangle OPQ, rectangle en O.

11 **Écris** le programme de construction de la figure.

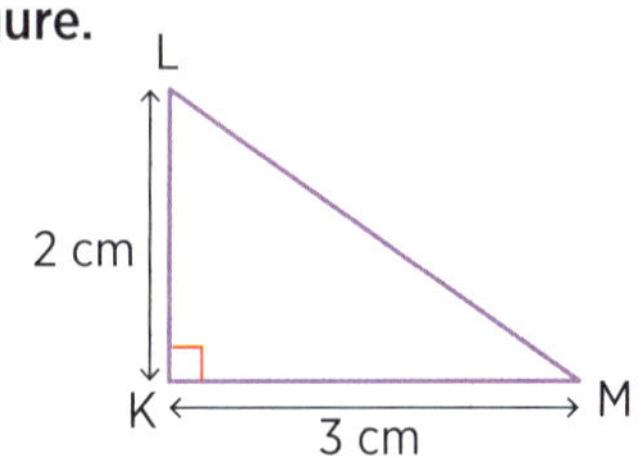

Je fais des maths autrement

12 Les Maths ça sert en **Histoire des arts**

Vassili Kandinski est un peintre russe, fondateur de l'art abstrait où les formes géométriques sont très présentes. Il réalise le tableau *Weiches Hart* en 1927 (détail ci-contre).

- **Observe** le détail du tableau de Kandinski.
- **Combien** y a-t-il de triangles rectangles ?

13 Le triangle-mystère

Mes sommets sont LMN. Mon angle droit est en M.

- **Qui suis-je ?**

14 Je travaille en groupe

Le jeu du portrait

- **Choisissez** deux triangles rectangles sur cette page.
- **Écrivez** leur portrait sur une feuille.

→ **Faites retrouver les triangles par le groupe voisin.**

Espace et géométrie

Construire un carré, un losange, un rectangle

Cherchons ensemble

Activité s'appuyant sur la situation de **manipulation** décrite dans le guide

1 Voici les quadrilatères que le groupe de Hugo doit décrire.

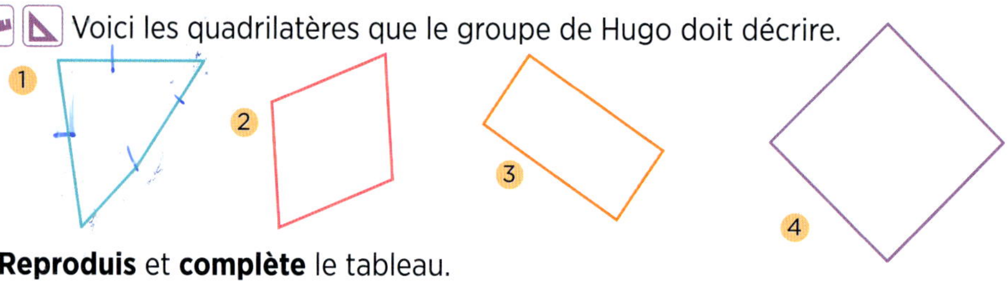

Reproduis et **complète** le tableau.

Figure	Nombre de côtés	Nombre d'angles droits	Nombre de côtés égaux	Nombre de côtés opposés égaux	Nom du polygone
1	...	...	...	...	...

Retenons ensemble

Mots à retenir
quadrilatères • propriétés

Comment construire un carré, un losange ou un rectangle ?

- Le **carré**, le **losange** et le **rectangle** sont des **quadrilatères** particuliers.

Le losange
Il a 4 côtés égaux.

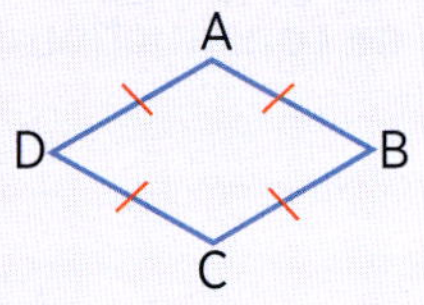

Le carré
Il a 4 côtés égaux.
Il a 4 angles droits.

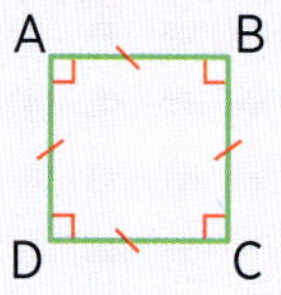

Le rectangle
Ses côtés opposés sont égaux.
Il a 4 angles droits.

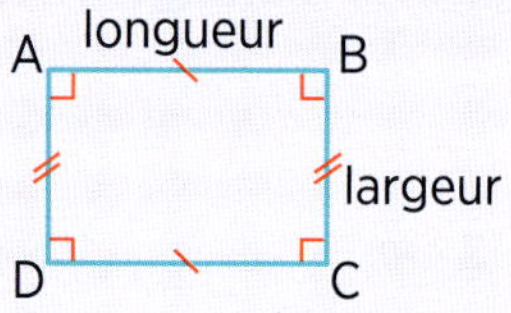

- On peut les **construire** en utilisant les **propriétés** de leurs **angles** ou de leurs **côtés**.

Exemple : construire un carré de 3 cm de côté.

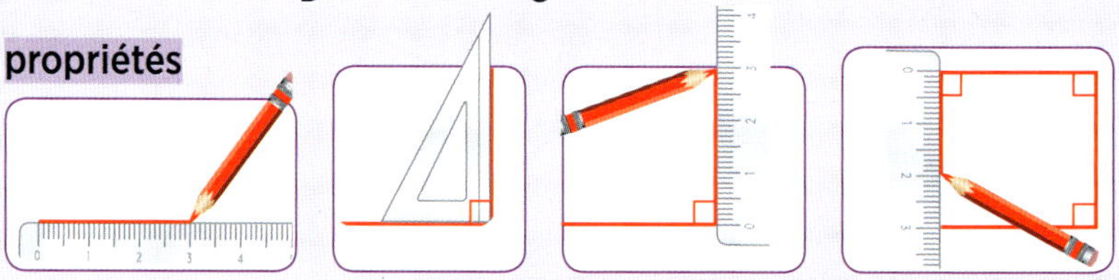

Je sais faire

2 **Observe** les figures.

a. **Recopie** et **complète** le tableau avec **Oui** ou **Non**.

b. **Nomme** chaque figure.

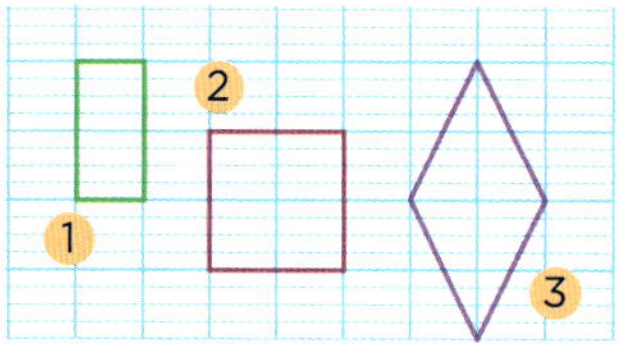

	1	2	3
4 côtés égaux	...	...	...
Côtés opposés égaux	...	...	...
4 angles droits	...	...	...

3 **Construis les quadrilatères.**

a. Un carré de 4 carreaux de côtés.

b. Un rectangle de 5 carreaux de longueur et de 2 carreaux de largeur.

4 **Écris VRAI ou FAUX.**

a. Dans un losange, tous les côtés ne sont pas égaux.

b. Il y a trois côtés dans un losange.

Je m'entraine

5 **Vérifie** la nature des figures avec la règle et l'équerre puis **écris** leur nom.

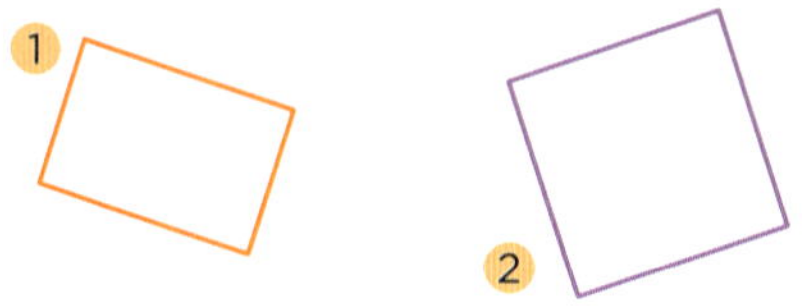

6 **Trace** les figures.

a. Un carré dont les côtés mesurent 6 cm.

b. Un rectangle de 5 cm de longueur et de 3 cm de largeur.

7 On a tracé deux côtés du losange ANGE. **Reproduis** la figure et **termine** la construction du losange.

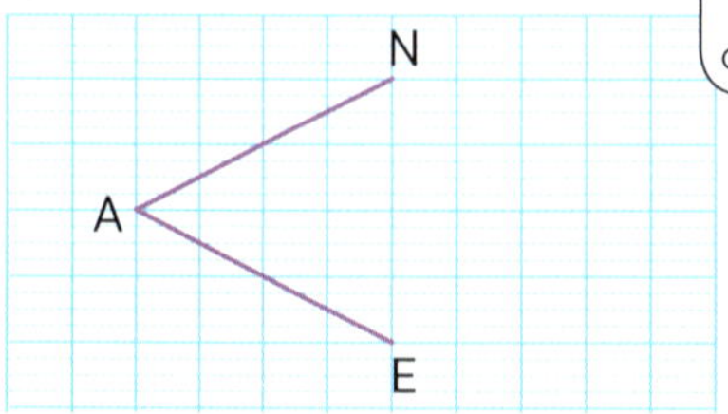

8 **Reproduis** cet assemblage de rectangles sur une feuille à carreaux.

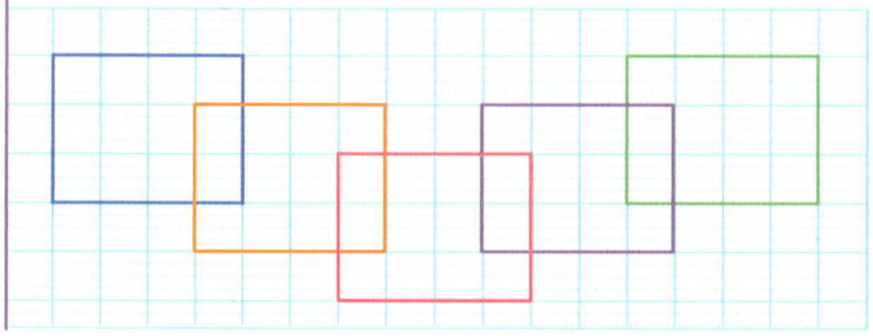

9 **Reproduis** la figure en tenant compte des mesures indiquées.
Marque tous les angles droits.
Comment appelle-t-on les quadrilatères bleu et vert ?

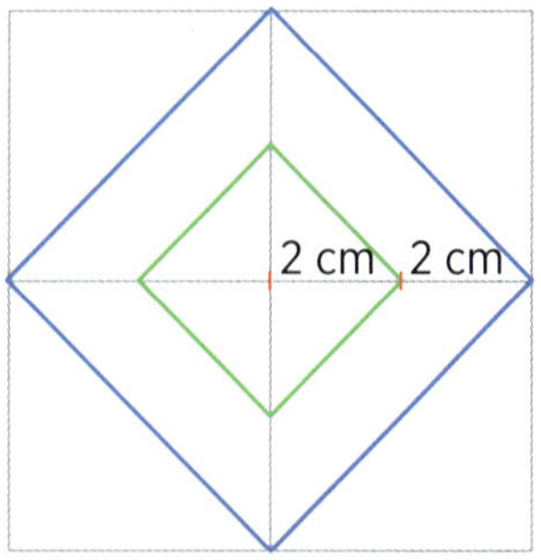

10 **Construis** la figure.

Programme de construction

1 Trace un segment AB de 10 cm.
2 Marque son milieu I.
3 Trace un segment CD qui passe par I et qui coupe le segment AB à angle droit. IC = ID= 5 cm.
4 Joins les points CADB.

Nomme la figure obtenue.

11 **Mesure** et **écris** le programme de construction de la figure.

Je fais des maths autrement

12 Les Maths ça sert en Sciences

L'énergie solaire est une énergie renouvelable non polluante. La lumière produite par le Soleil est captée par les cellules photovoltaïques des panneaux solaires qui la transforment en électricité.

▸ **Observe** ce panneau solaire. **Quelles** figures peut-on voir ?

13 Le quadrilatère-mystère

Mes sommets sont RSTU.
J'ai 4 angles droits.
J'ai deux longueurs et deux largeurs.

▸ **Qui suis-je ?**

14 Je travaille en groupe

Le jeu du portrait

- **Choisissez** deux quadrilatères sur cette page.
- **Écrivez** leur portrait sur une feuille.

→ **Faites retrouver les figures par le groupe voisin.**

Décrire et reproduire un assemblage de figures (1)

Cherchons ensemble

Activité s'appuyant sur la situation de **manipulation** décrite dans le guide

1 Voici le crayon que le groupe de Lisa doit décrire.

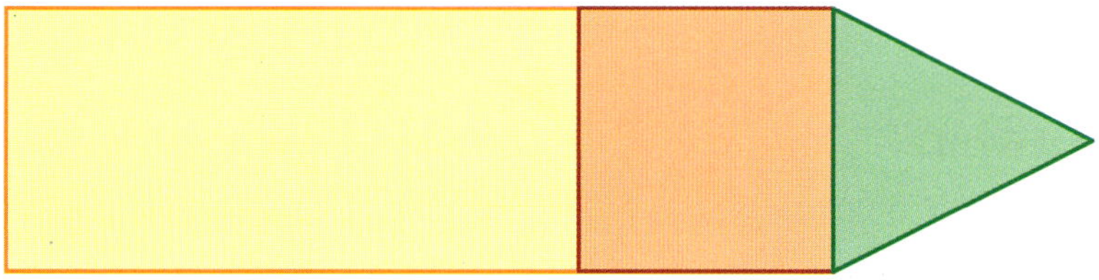

- **Compte** le nombre de côtés de chaque pièce du crayon.
- **Mesure** les côtés et **indique** les longueurs égales. **Repère** les angles droits.
- **Nomme** les polygones qui composent le crayon.

Retenons ensemble

Mots à retenir

côtés • angles droits • longueurs

Comment décrire, reproduire un assemblage de polygones ?

Pour décrire ou reproduire un **assemblage de polygones** il faut :
- repérer le **nombre de côtés** de chaque polygone ;
- chercher les **angles droits** ;
- mesurer les côtés et indiquer les **égalités de longueurs**.
- **nommer** et **dénombrer** les polygones qui composent l'assemblage.

Cet assemblage de figures compte **4 polygones** :
- 1 **rectangle** de 2 cm de longueur et 1 cm de largeur ;
- 1 **carré** de 2 cm de côté ;
- 2 **triangles isocèles** identiques.

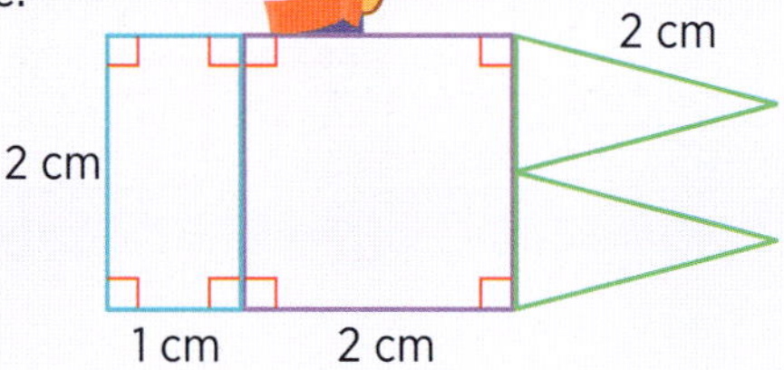

Je sais faire

2 **Observe** l'assemblage de figures.

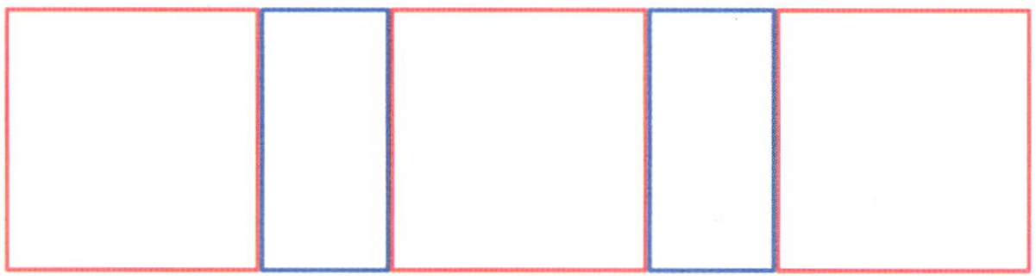

Recopie et **complète** sa description.
Il se compose de 5 polygones :
- 3 ... de 2 cm de côté.
- ... rectangles de ... cm de largeur et ... cm de longueur.

3 **Recopie et complète les définitions.**

a. Le nombre de ... d'un polygone permet de le décrire.

b. Un ensemble de figures juxtaposées est un ... de polygones.

4 **Écris VRAI ou FAUX.**

a. Dans un assemblage de polygones, il peut y avoir un cube.

b. Les polygones d'un assemblage doivent avoir des côtés communs.

Je m'entraine

5 **Corrige** les erreurs dans la description de Sami.

L'étoile se compose de 4 polygones :
- 1 carré de 1 cm de côté ;
- 4 triangles équilatéraux de 3 cm de côté.

Il y a des erreurs !

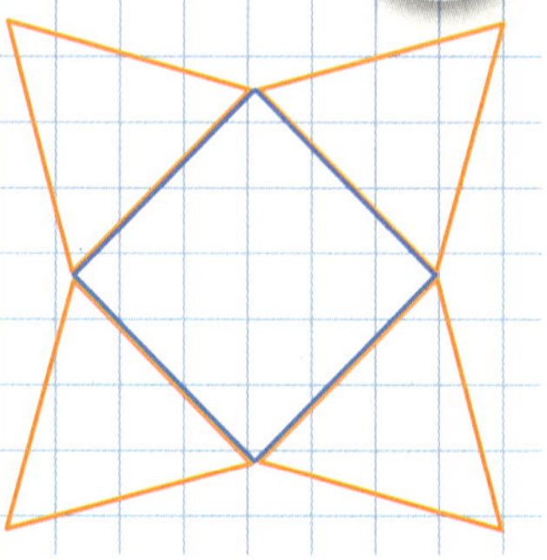

6 **Écris** la description de cet assemblage de polygones.

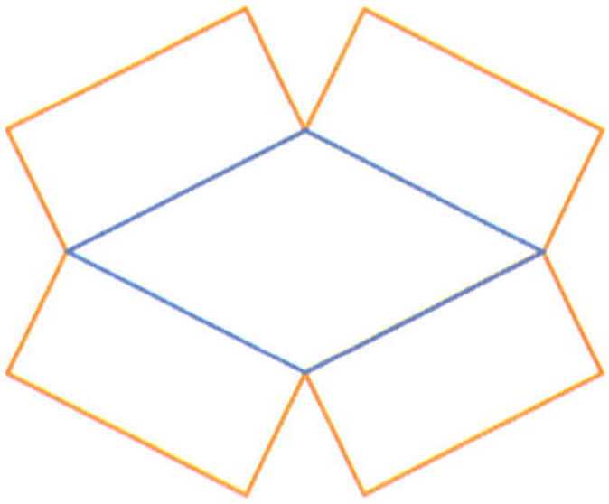

7 **Reproduis** cet assemblage.

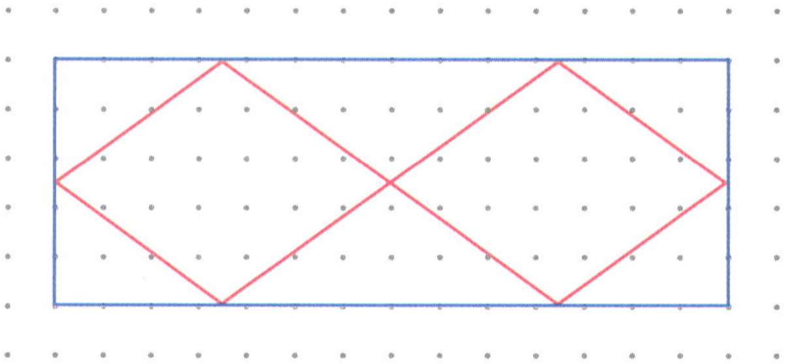

8 **Reproduis** cet assemblage en t'aidant des carreaux.

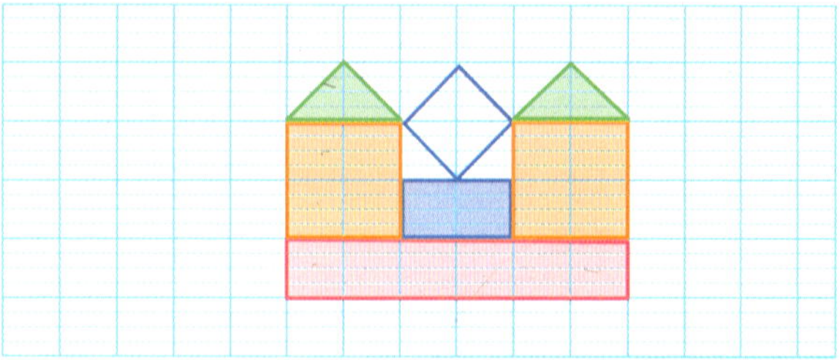

9 **Reproduis** cet assemblage sur une feuille blanche en t'aidant des mesures indiquées.
- Combien comporte-t-il de quadrilatères ?
- Quelle est leur nature?

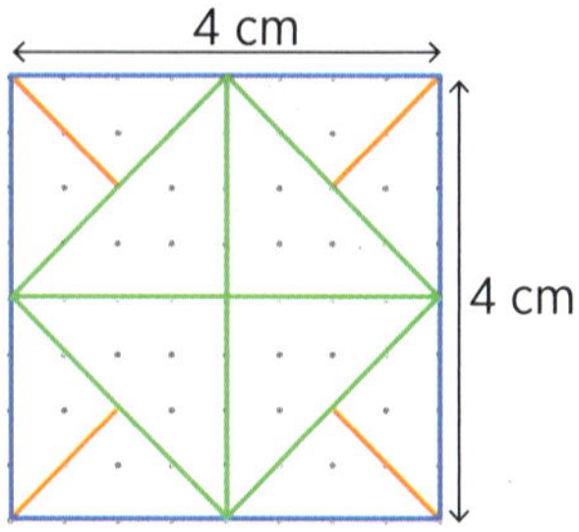

10 **Décris** cet assemblage puis **reproduis-le** sur feuille blanche.

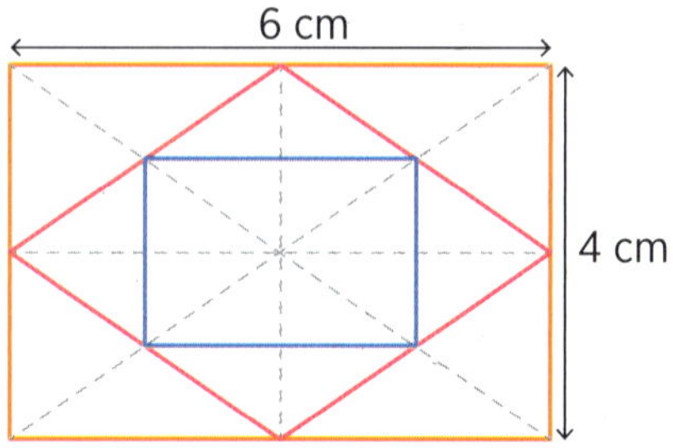

Aide-toi des lignes en pointillés.

Je fais des maths autrement

11 Les Maths ça sert en Histoire

Le château de La Palice fut la résidence du célèbre Maréchal de France La Palice (1470-1525). Le plafond de son salon doré est composé de quadrilatères de bois parfaitement symétriques.

- **Observe** le plafond.
- **Décris** l'assemblage de polygones.

12 L'assemblage-mystère

Je possède un carré en mon centre. Chacun des 4 côtés du carré est la base d'un triangle isocèle.

- **De combien** de polygones suis-je constitué ?

13 Je travaille en groupe

Portrait de frise
- **Construisez** une frise de 5 éléments d'au moins 2 polygones différents.
- **Écrivez** son portrait.

→ **Faites construire la frise par le groupe voisin. Comparez avec la frise que vous avez construite.**

Je fais le Bilan

Espace et polygones

➜ Décrire un déplacement repérer des objets

1 **Recopie** et **complète** le tableau.

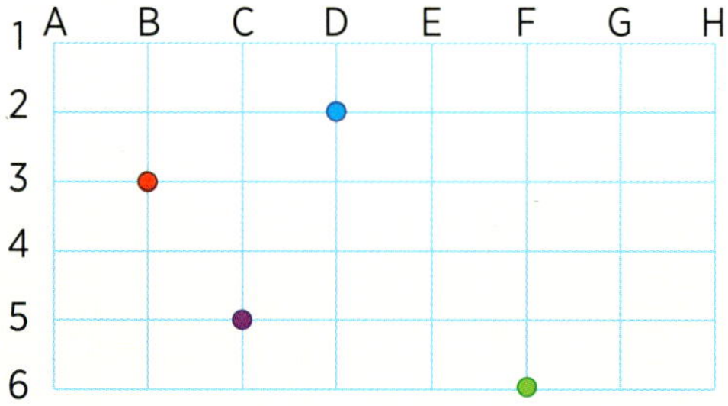

●	●	●	●
(... ; ...)	(... ; ...)	(... ; ...)	(... ; ...)

2 **Écris** les coordonnées de chaque point dans l'ordre du tracé.

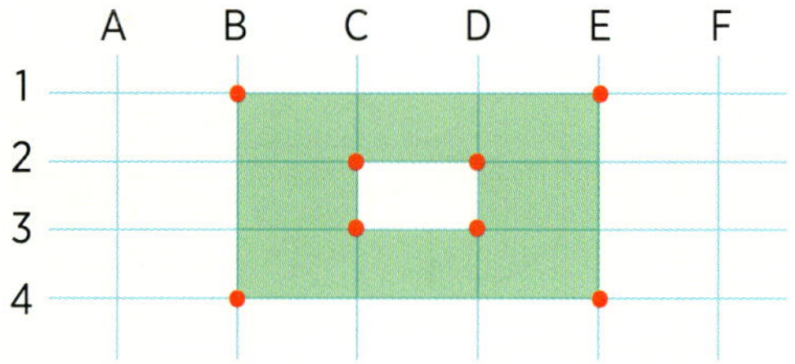

➜ Identifier, décrire un polygone

3 **Recopie** et **complète** le tableau.

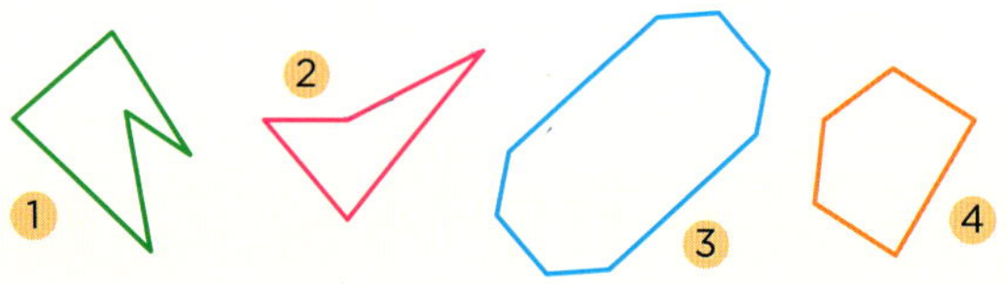

Polygone	...	...	...	...
Nom	...	...	...	...
Nombre de côtés	...	...	...	...

4 **Retrouve** le nom des polygones.

a. 6 côtés de même longueur.

b. 4 côtés de longueurs différentes.

c. 5 côtés et 5 sommets.

5 **Écris** la description du polygone. **Nomme-le.**

➜ Identifier, décrire et compléter un triangle

6 **Observe** cette figure. Quelle est la nature des polygones qui la composent ?

7 **Retrouve** le nom des polygones décrits.

a. 3 côtés de même longueur.

b. 3 côtés de longueurs différentes.

c. 2 côtés égaux sur 3.

8 **Nomme** les sommets du polygone et **écris** sa description.

9 **Décalque** et **complète** chaque triangle.

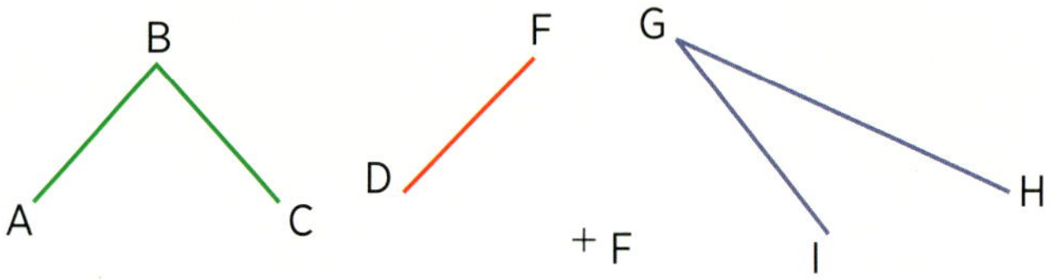

➜ Décrire, reproduire et construire un triangle rectangle

10 **Observe** la figure. **Recopie** et **complète** sa description.

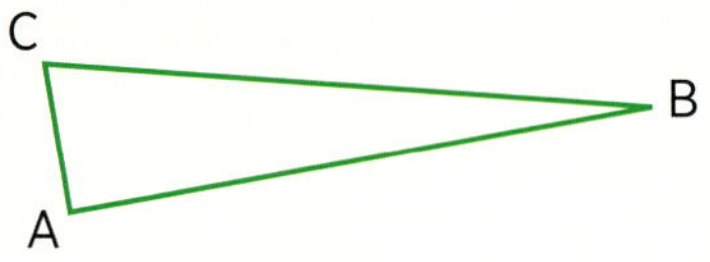

Le triangle ... est rectangle en ... .

BA= ... cm et AC = ... cm

11 **Reproduis** ces triangles rectangles en t'aidant des carreaux.

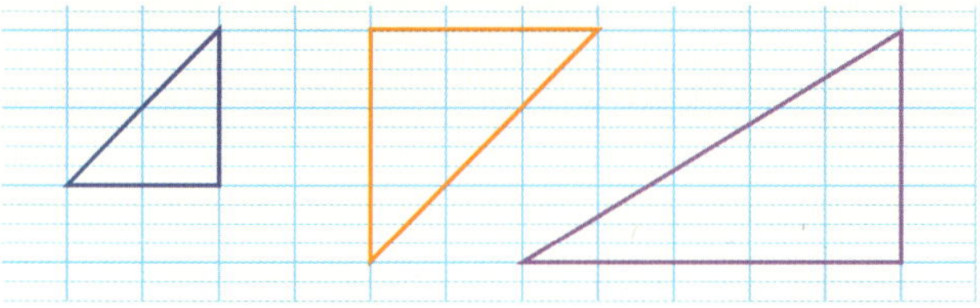

Polygones

➜ Construire un carré, un losange, un rectangle

12 **Recopie** et **complète** le tableau avec OUI ou NON.

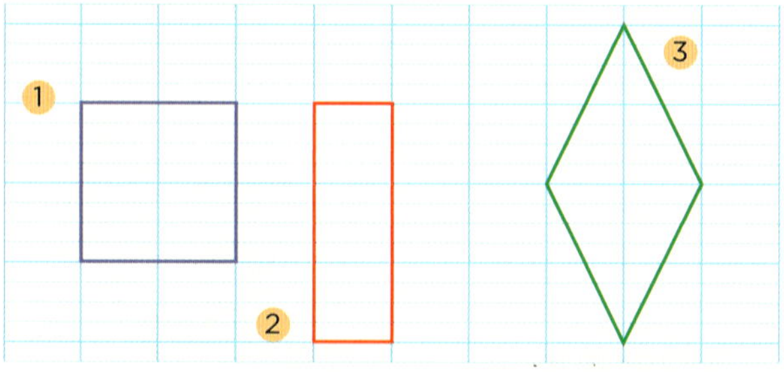

	1	2	3
4 côtés égaux	...	...	...
Côtés opposés égaux	...	...	...
4 angles droits	...	...	...

13 **Trace les figures sur une feuille blanche.**

a. Un carré dont les côtés mesurent 5 cm.

b. Un rectangle de 6 cm de longueur et de 2 cm de largeur.

14 **Construis la figure en suivant le programme de construction.**

Programme de construction

1 Trace un segment EF de 10 cm.

2 Marque son milieu I.

3 Trace un segment GH qui passe par I et qui coupe le segment EF à angle droit. IG = IH = 5 cm.

4 Joins les points GEHF.

Nomme la figure obtenue.

15 **Mesure et écris le programme de construction de la figure.**

➜ Décrire, reproduire un assemblage de figures (1)

16 **Observe** l'assemblage de figures.

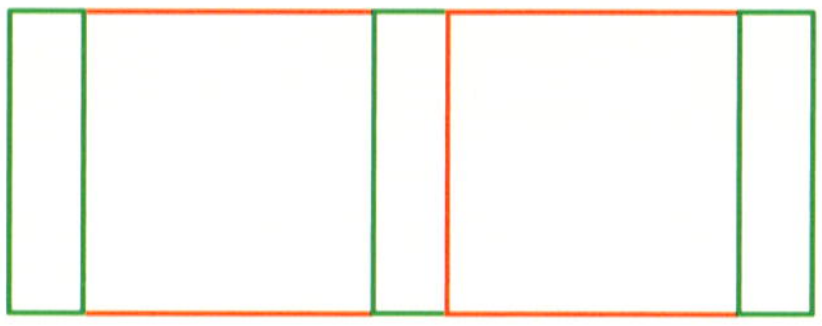

Recopie et **complète** sa description.

Il se compose de 5 polygones :

– 2 ... de 2 cm de côté.

– ... rectangles de ... cm ... mm de large, et ... cm de long.

17 **Écris la description de cet assemblage de polygones.**

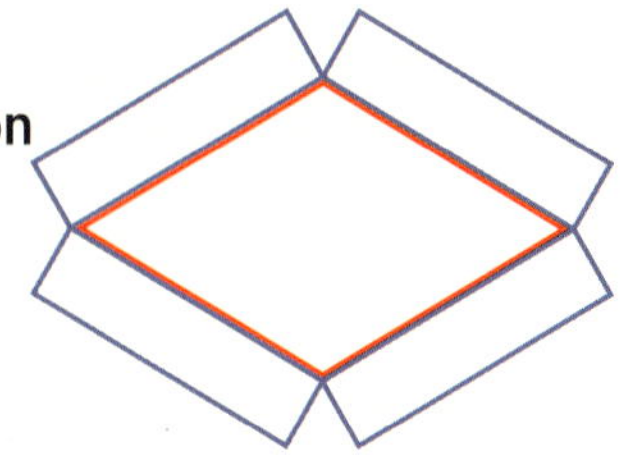

18 **Reproduis cet assemblage en t'aidant des carreaux.**

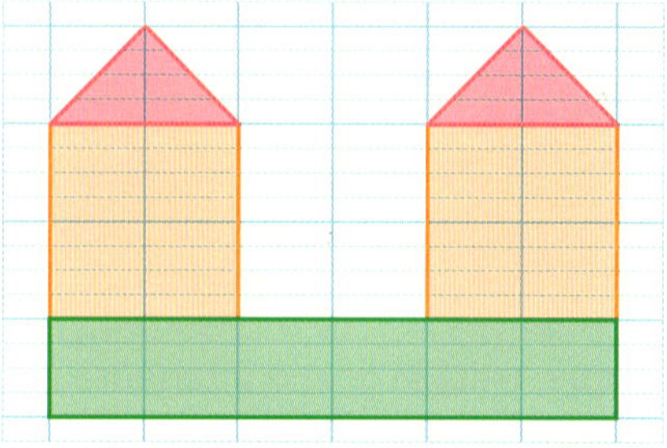

19 **Reproduis cet assemblage sur feuille blanche.**

Combien comporte-t-il de quadrilatères ?

Quelle est leur nature?

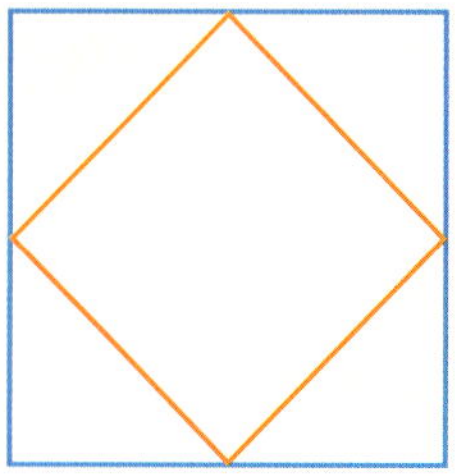

20 **Décris cet assemblage puis reproduis-le sur feuille blanche.**

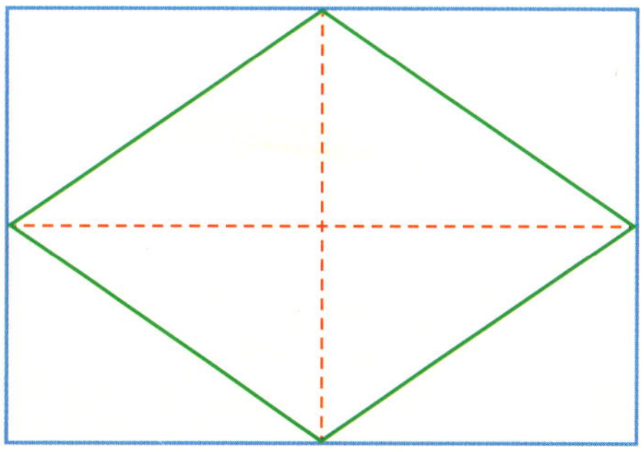

Aide-toi des lignes rouges.

Identifier et construire un cercle ou un disque

Cherchons ensemble

Activité s'appuyant sur la situation de **manipulation** décrite dans le guide

1 Voici le programme de construction de la cible que le groupe de Sami a reçu.

Programme de construction

1 **Place** un point O.

2 **Place**, avec la règle graduée, les points E, F, G, H, I, J tous situés à 6 cm du point O.

3 **Place**, les points K, L, M, N, P tous situés à 4 cm du point O, puis les points Q, R, S, T, U, V tous situés à 2 cm du point O.

4 **Trace** les trois figures géométriques formées par ces points.

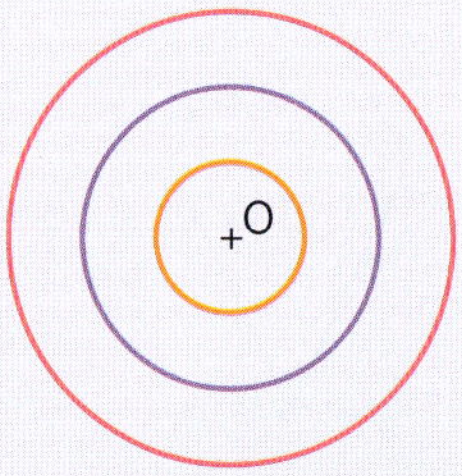

- **Observe** la cible et **suis** le programme de construction.
- **Nomme** les figures géométriques qui constituent la cible.

Avec quel instrument peux-tu les tracer rapidement ?

Retenons ensemble

Mots à retenir

centre • rayon • diamètre

Comment identifier, construire un cercle ou un disque ?

- Un **cercle** $\mathscr{C}$ de **centre** O est l'**ensemble de tous les points** situés à la **même distance** du point O. Cette **distance** est appelée le **rayon** du cercle. Le **diamètre** mesure le double du **rayon**.
- Le **disque**, c'est la partie intérieure au cercle.

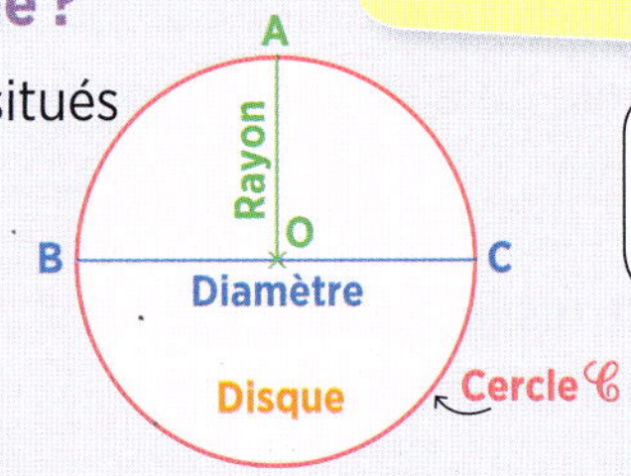

- **Construction d'un cercle** de centre O et de 2 cm de rayon :

1 Je place un point O.

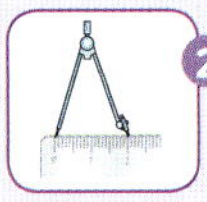

2 J'écarte les branches du compas de la longueur du rayon, 2 cm.

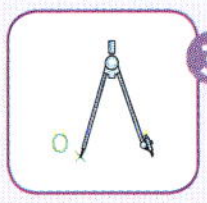

3 Je pointe le compas sur le point O.

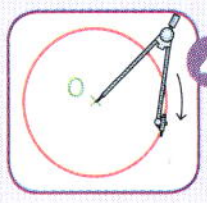

4 Je fais tourner la mine du compas d'un tour complet autour du point O.

Je sais faire

2 **Recopie et complète la description de la figure.**

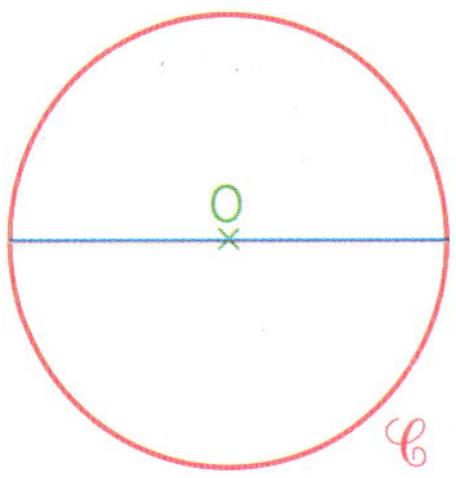

- Le … $\mathscr{C}$ a pour centre le point … .
- Son … mesure 3 cm.

3 **Recopie et complète les définitions.**

a. Un … est un ensemble de points à la même distance du … .

b. Le rayon du … correspond à l'écartement du … .

4 **Écris VRAI ou FAUX.**

a. Un disque est la partie extérieure au cercle.

b. La distance du centre à un point du cercle s'appelle le diamètre.

Je m'entraine

5 **Corrige** les erreurs de la description faite par Malika.

- Le cercle $\mathscr{C}$ a pour centre le point O.
- Son diamètre mesure 1 cm.

Il y a 3 erreurs !

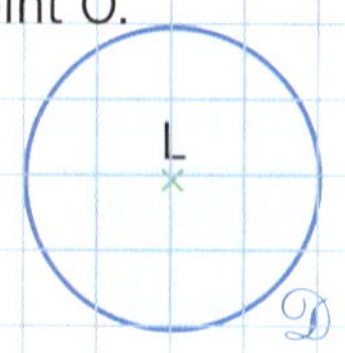

6 **Écris** la description de chaque figure dessinée en vraie grandeur.

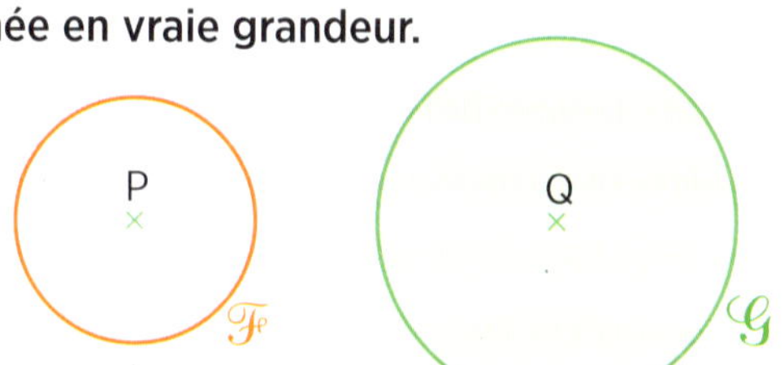

7 **Reproduis** ces disques en t'aidant des carreaux.

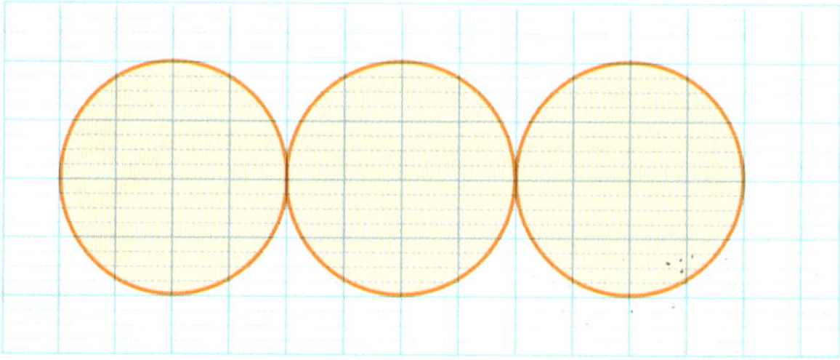

8 **Trace** les cercles.

a. Un cercle de centre O et de rayon 4 cm.

b. Un cercle de centre M et de diamètre 8 cm.

9 **Reproduis** cette figure dessinée en vraie grandeur.

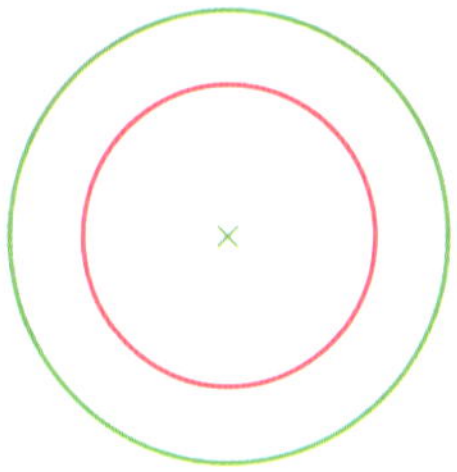

10 **Reproduis** cette rosace. Le cercle rouge a un diamètre de 6 cm.

- Combien de fois as-tu pointé le compas ?
- Combien as-tu tracé de portions de cercles ?

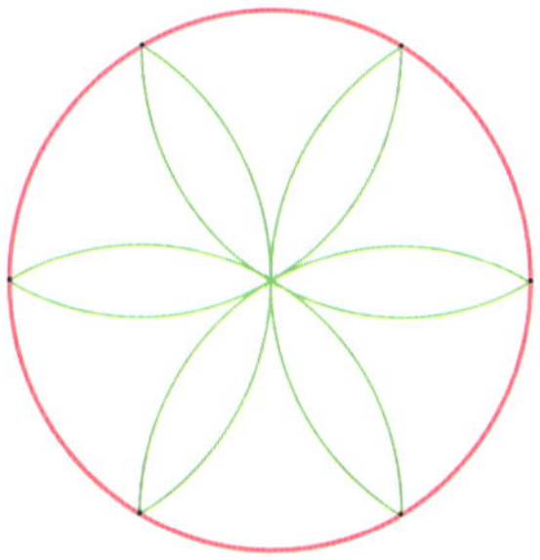

11 **Construis** la figure.

Programme de construction

1 Place un point O et trace le cercle $\mathscr{C}$ de centre O et de rayon 5 cm.

2 Trace un diamètre AB.

3 Trace un second diamètre CD qui coupe AB à angle droit.

4 Joins les points ADBC.

Nomme la figure obtenue.

12 **Écris** le programme de construction de la figure.

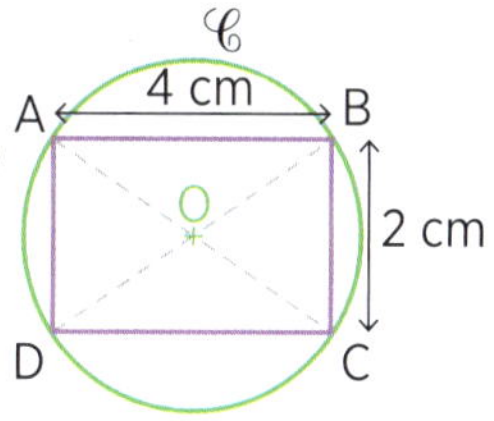

Je fais des maths autrement

13 Les Maths ça sert en Sport

Le drapeau olympique a été créé en 1913 par Pierre de Coubertin. Il comporte cinq anneaux de couleurs différentes représentant les cinq continents unis autour du sport.

- **Observe** le drapeau olympique.
- **Décris-le** avec le vocabulaire de la géométrie.

14 Le diamètre-mystère ???

Mon centre est O. Mon rayon mesure 3 cm.
Ma surface est pleine.

- **Qui suis-je ? Calcule** la mesure de mon diamètre.

15 Je travaille en groupe

Le jeu du portrait

- **Construisez** un cercle et un disque.
- **Écrivez** leur portrait sur une feuille.

→ Faites-les construire par le groupe voisin et comparez avec les figures que vous avez construites.

Identifier et tracer des droites et des segments

Cherchons ensemble

Activité s'appuyant sur la situation de **manipulation** décrite dans le guide

1 Voici les lignes que le groupe de Malika a reçues.

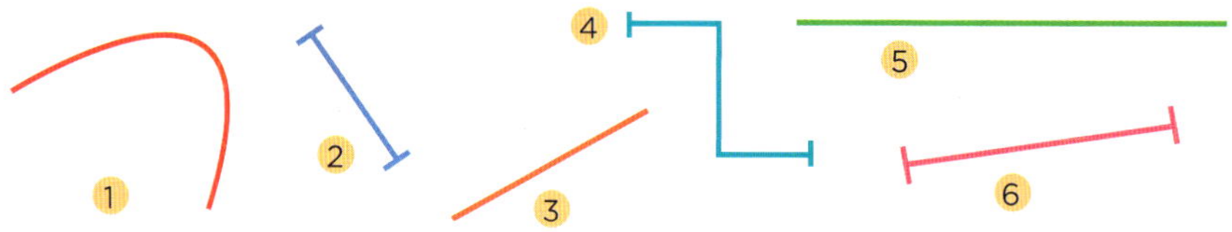

Recopie le tableau et **classe** les lignes.

courbe	droite	segment	ligne brisée
...	...	...	...

Retenons ensemble

Mots à retenir
courbe • droite • segment • ligne brisée

Comment tracer et reconnaitre des droites et des segments ?

- Une ligne **courbe** n'est pas rectiligne, on ne peut pas la tracer à la règle.
- Une **droite** est une **infinité de points alignés**. Elle n'est pas limitée.

La droite *d*

- Un **segment** est une **portion de droite limitée par deux points**.

Le segment AB est limité par les points A et B.

Le segment AB

- Une **ligne brisée** est une **suite de segments**.

Je sais faire

2 **Observe** les lignes. **Recopie** et **complète** le tableau.

courbe	droite	segment	ligne brisée
...	...	...	...

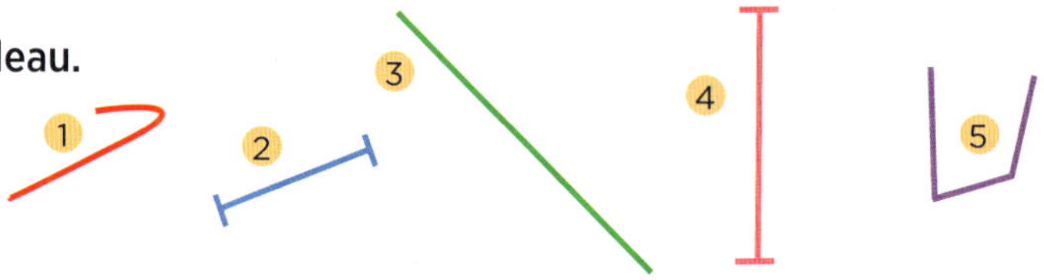

3 **Recopie** et **complète** les définitions.

a. Une ... est une suite de segments.

b. Une ligne ... ne peut pas se tracer à la règle.

c. Un ... est une ... de droite délimitée par des points.

d. Une ... est composée d'une infinité de ... .

4 **Écris VRAI ou FAUX.**

a. Un point peut se trouver sur un segment.

b. Une droite n'a pas d'extrémités.

c. Avec la règle, je peux tracer une courbe.

d. Une ligne brisée est une suite de droites.

Je m'entraine

5 **Reconstitue** les paires, comme dans l'exemple.

Exemple : C courbe, 1  → (C, 1)

- A segment
- B droite
- C courbe
- D ligne brisée

1, 2, 3, 4

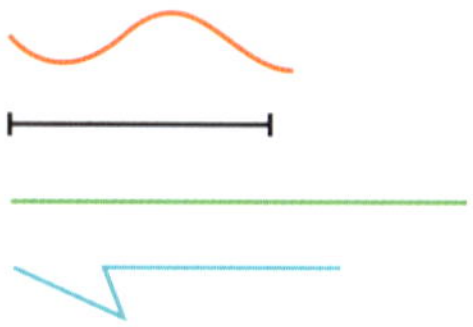

6 **Associe les mots à leur définition.**

courbe | ligne brisée | segment | droite

- Trait droit limité par des points
- Ligne arrondie
- Infinité de points alignés
- Segments mis bout à bout

7 **Observe** ces panneaux de signalisation routière. Combien y a-t-il de segments dans la figure au milieu de chaque panneau ?

8 **Observe cette figure. Combien y a-t-il de droites ?**

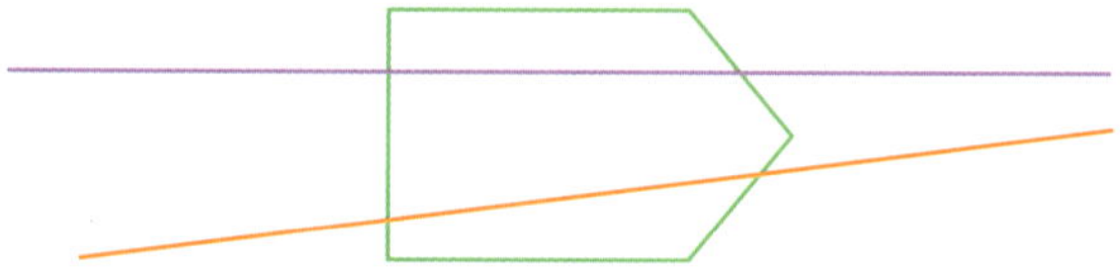

9 **Nomme** tous les segments se trouvant sur la droite *d*.

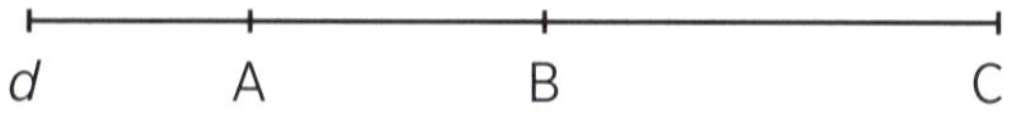

10 **Trace les figures sur une feuille à carreaux.**

a. Un segment MN de 3 carreaux de longueur.

b. Une ligne brisée de 5 segments.

c. Un segment OP de 5 carreaux sur une droite *d*.

11 **Trace les figures sur une feuille blanche.**

a. Un segment GH de 6 cm de longueur.

b. Une ligne brisée de 7 segments.

c. Un segment IJ de 8 cm sur une droite *d*.

12 **Reproduis et continue chaque figure sur une feuille à carreaux.**

a. un segment EF de 7 carreaux.

b. une ligne brisée de 3 segments.

Je fais des maths autrement

13 Les Maths ça sert en Histoire

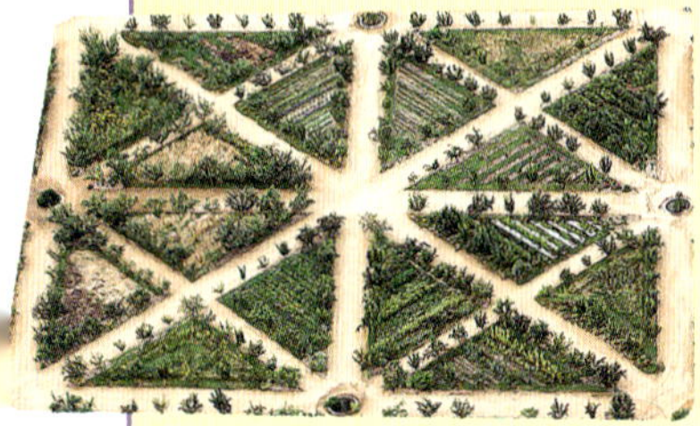

Un jardin à la française est un jardin à l'esthétique géométrique. Le potager du château de la Roche-Guyon, non loin de Paris, créé en 1741 sous le règne de Louis XV en est un bel exemple.

- **Observe** le potager.
- **Écris** le nom du polygone le plus représenté. **Compte-les.**
- **Combien** cela fait-il de segments ?

14 Le segment-mystère

- **Place** un point H sur la droite *d* pour que le segment GH soit plus petit que le segment FG.

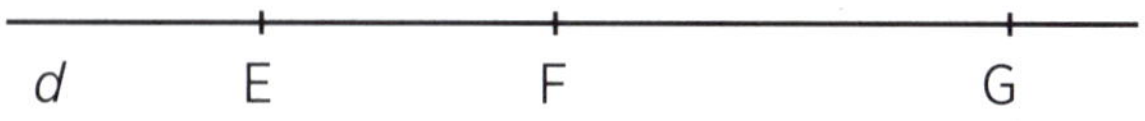

- **Nomme** tous les segments se trouvant sur la droite *d*. Quel est le plus long segment ?

15 Je travaille en groupe

Les majuscules géométriques

- **Reproduisez** ce mot sur une feuille à carreaux. Combien contient-il de segments ?

G E O M E T R I E

→ **Comparez votre résultat avec le groupe voisin.**

Identifier, vérifier et tracer des droites perpendiculaires

Cherchons ensemble

Activité s'appuyant sur la situation de **manipulation** décrite dans le guide

1 Voici les pailles que le groupe de Lisa a reçues.

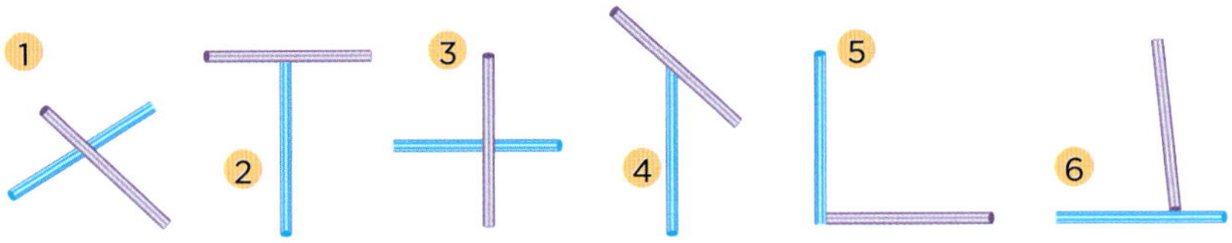

- **Écris** les pailles qui se coupent en formant un angle droit.
- **Recopie** le tableau et **classe** les pailles.

Perpendiculaires	Non perpendiculaires
...	...

Retenons ensemble

Mots à retenir
angle droit • perpendiculaires • équerre

Comment reconnaitre, vérifier et tracer des droites perpendiculaires ?

- Deux **droites qui se coupent en formant un angle droit** sont **perpendiculaires**.

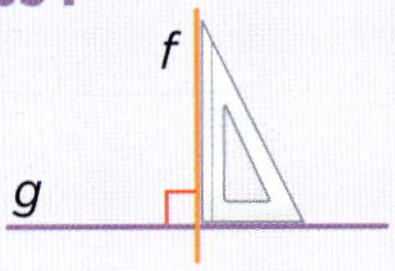

Les droites *f* et *g* sont perpendiculaires. On écrit $f \perp g$.

- Pour **vérifier ou tracer deux droites perpendiculaires**, j'utilise l'**équerre** :

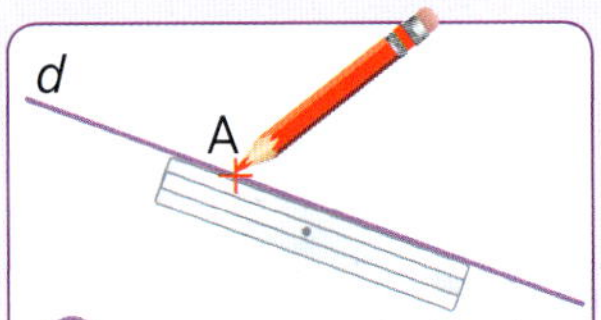

1 Je trace une droite *d*. Je place un point A sur la droite.

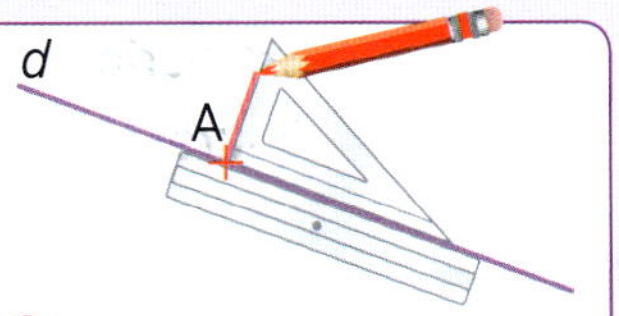

2 Je positionne l'angle droit de l'équerre sur la droite *d* et je trace l'angle droit.

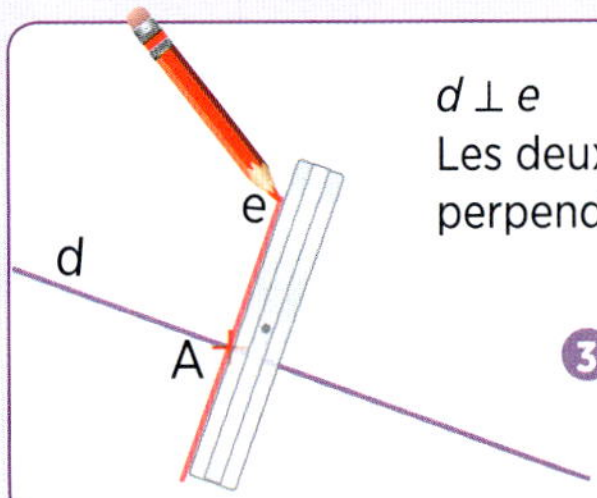

$d \perp e$
Les deux droites sont perpendiculaires en A.

3 Je prolonge pour obtenir la droite *e*.

Je sais faire

2 **Observe** les droites. **Recopie et complète le tableau.**

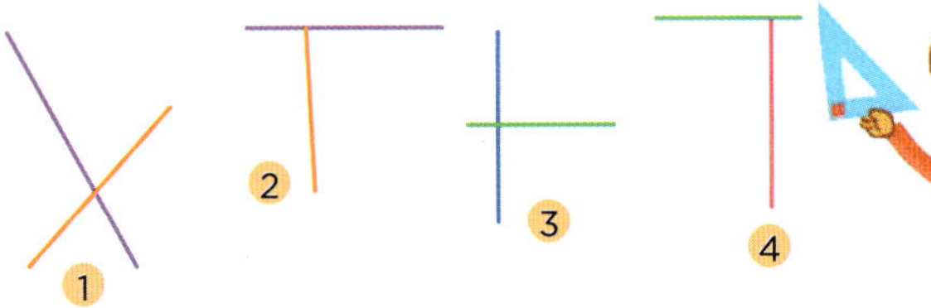

Perpendiculaires	Non perpendiculaires
...	...

3 **Recopie et complète les phrases.**

a. L' ... peut servir à ... ou à tracer des angles droits.

b. Deux droites se coupant à angle droit sont ... .

4 **Écris VRAI ou FAUX.**

a. Dans le cas de deux droites perpendiculaires, il y a parallélisme.

b. Si deux droites sont perpendiculaires, on peut utiliser le symbole //.

Je m'entraine

5 **Nomme** les droites qui sont perpendiculaires.

Exemple : $c \perp e$

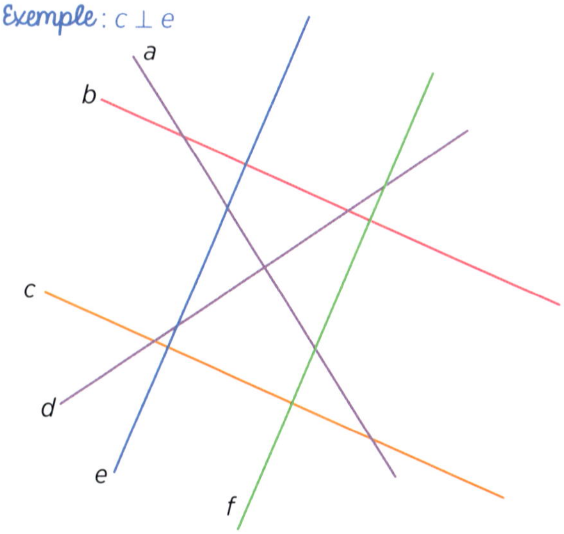

6 **Recopie et complète** avec le mot qui convient :

perpendiculaire | perpendicularité

a. Lorsque deux droites se coupent à angle droit c'est une situation de … .

b. Le signe ⊥ indique qu'une droite est … à une autre.

7 **Repère** les angles droits dans la partie blanche du panneau de signalisation routière. Combien y a-t-il de côtés perpendiculaires ?

8 **Reproduis** la figure.

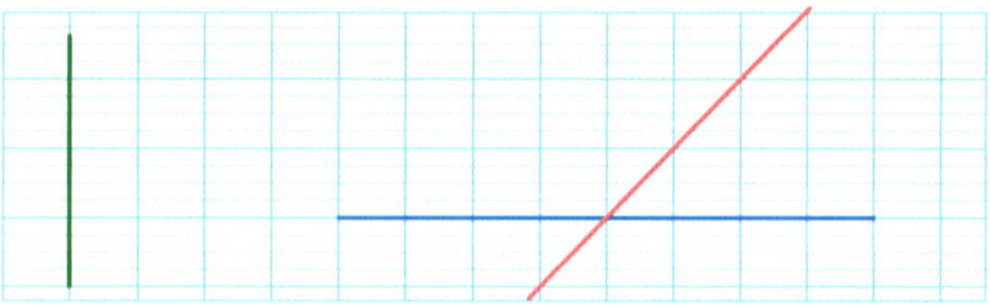

a. **Trace** une perpendiculaire à la droite bleue.

b. **Trace** une perpendiculaire à la droite verte.

c. **Trace** une perpendiculaire à la droite rouge.

9 **Construis** les figures sur une feuille blanche.

a. Deux droites perpendiculaires en un point O.

b. Deux droites *a* et *b* perpendiculaires. Une troisième droite *c*, perpendiculaire à la droite *b*.

10 **Suis** le programme de construction.

Programme de construction

1 **Trace** une droite d_1.

2 **Place** un point B sur la droite d_1.

3 **Trace** une droite d_2 perpendiculaire à la droite d_1 et passant par le point B.

11 **Écris** le programme de construction de la figure.

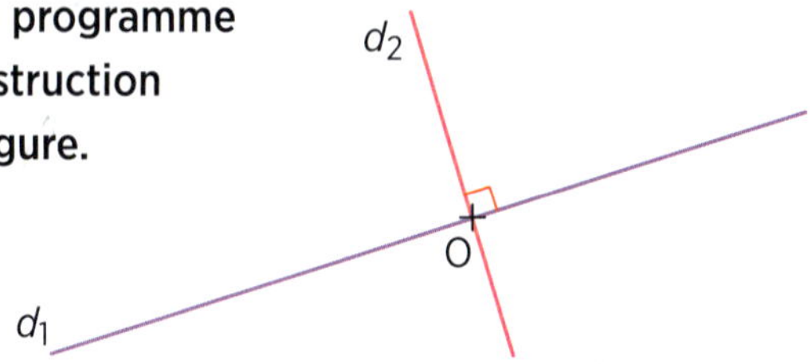

Je fais des maths autrement

12 Les Maths ça sert en **Histoire des arts**

Piet Mondrian (1872-1944) est un peintre hollandais considéré comme un des pionniers de l'art abstrait. Dans sa *Composition C*, réalisée en 1935, il utilise des lignes droites.

Observe le tableau de Mondrian. **Combien** compte-t-il de droites perpendiculaires ?

13 Le couple-mystère

Quel est le couple de droites non perpendiculaires ?

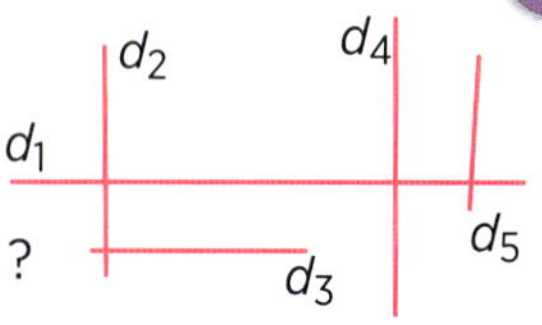

14 Je travaille en groupe

Les majuscules géométriques

- **Reproduisez** ce mot sur une feuille à carreaux.
- **Combien** contient-il de segments perpendiculaires ?

PERPENDICULAIRE

→ Comparez votre résultat avec le groupe voisin.

Espace et géométrie

Identifier des droites parallèles

Cherchons ensemble

Activité s'appuyant sur la situation de **manipulation** décrite dans le guide

1 Voici les pailles que le groupe de Hugo a reçues.

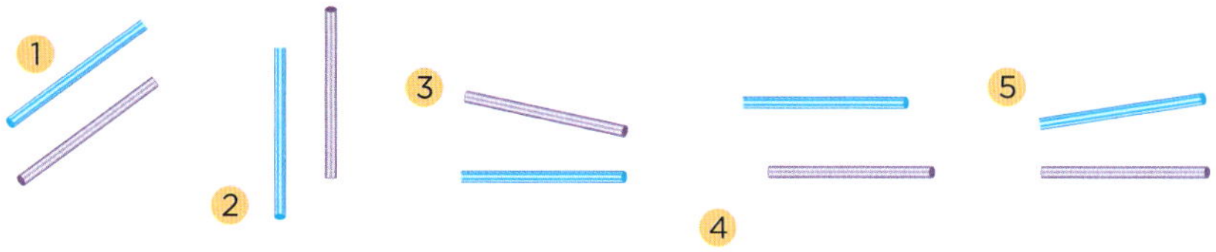

- **Mesure** l'écartement entre les pailles.
- **Recopie** le tableau et **complète-le** avec oui ou non.

	Écartement inchangé	Parallèles	Pas parallèles
Pailles 1	…	…	…

Retenons ensemble

Mots à retenir
parallèles • écartement

Comment reconnaitre des droites parallèles ?

- Deux droites qui **ne se coupent jamais**, même si on les prolonge, sont **parallèles**. L'**écartement** entre les deux droites est toujours le même.

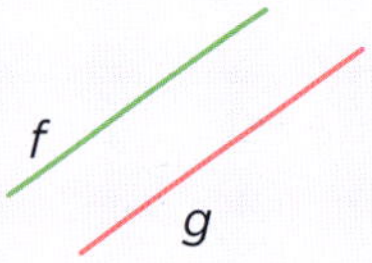

Les droites *f* et *g* sont parallèles.
On écrit *f* // *g*.

- Pour **vérifier que deux droites sont parallèles**, j'utilise l'équerre et la règle graduée.

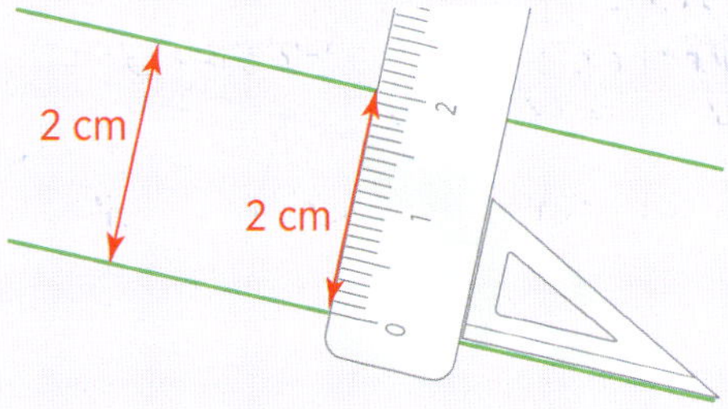

Je place la règle et l'équerre perpendiculairement à l'une des droites. Je vérifie que l'écartement est toujours le même.

Je sais faire

2 **Observe** les droites. **Recopie et complète** le tableau.

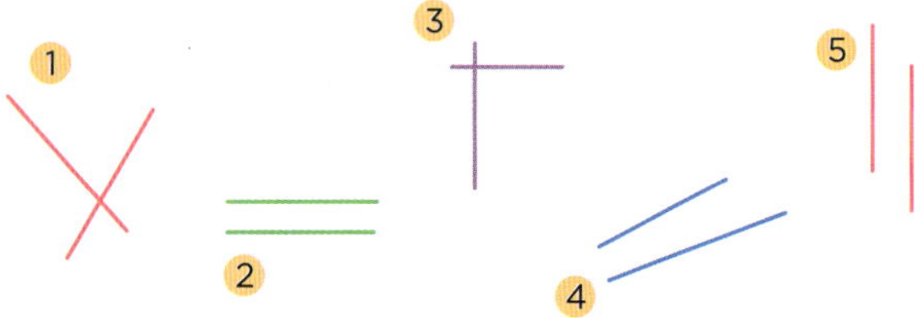

Non parallèles	Parallèles
…	…

3 **Recopie et complète** les phrases.

a. Deux droites qui ne se coupent jamais sont … .

b. L' … entre deux droites parallèles est toujours le même.

4 **Écris VRAI ou FAUX.**

a. Deux droites parallèles sont toujours de la même longueur.

b. Si deux droites sont parallèles, on peut utiliser le symbole ⊥.

Je m'entraine

5 **Note** les droites parallèles.

Exemple : c // b

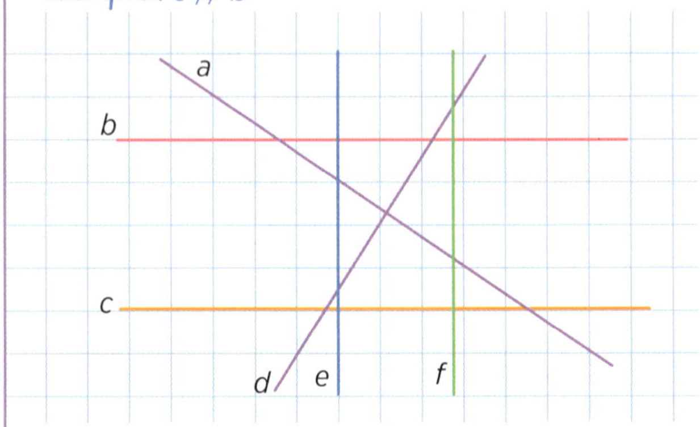

6 **Recopie et complète** avec le mot qui convient :

distance | parallélisme

a. Lorsque deux droites ne se coupent jamais, c'est une situation de … .

b. L'écartement entre deux droites parallèles, c'est aussi la … qui les sépare.

7 Le drapeau de la Grèce est composé de neuf bandes horizontales bleues et blanches. Ces bandes sont-elles parallèles ?

Justifie ta réponse.

8 **Note** les droites parallèles.

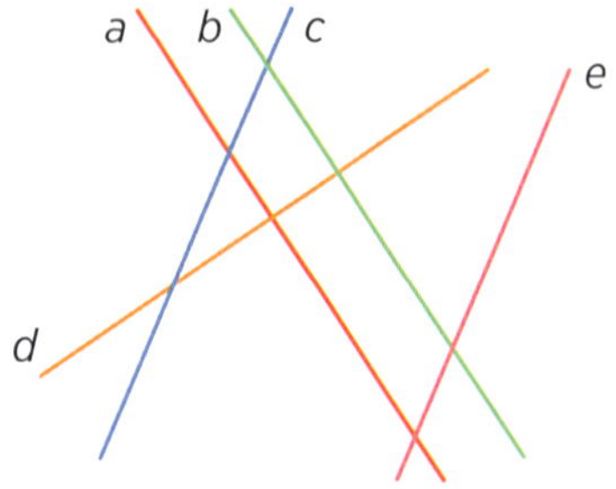

9 **Observe** cet assemblage de figures.

Écris la liste des côtés parallèles entre eux.

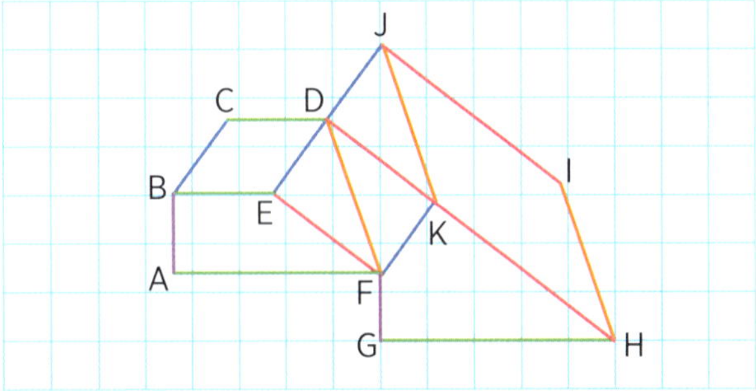

10 **Suis le programme de construction.**

1 **Trace** une droite d_1.

2 **Place** un point B à 1,5 cm de la droite d_1.

3 **Trace** une droite d_2, parallèle à la droite d_1 passant par le point B.

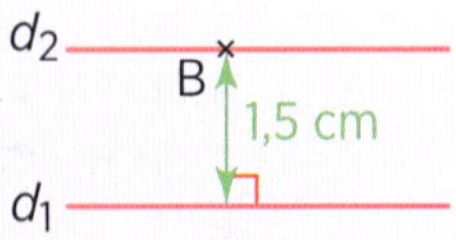

Quel est l'écartement entre les deux droites ?

Je fais des maths autrement

11 Les Maths ça sert en **Géographie**

Voici le plan du quartier où habite Sami.

Écris le nom de(s) rue(s) parallèle(s) à la rue de la Briqueterie.

12 Le couple-mystère

Quel est le couple de droites parallèles ?

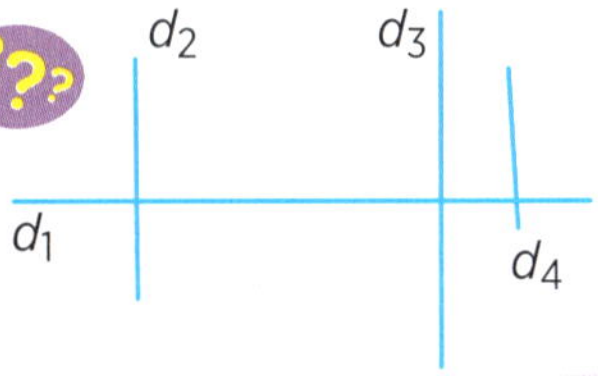

13 Je travaille en groupe

Les majuscules géométriques

- **Reproduisez** ce mot sur une feuille à carreaux.
- **Combien** contient-il de segments parallèles ?

P A R A L L E L E

→ Comparez votre résultat avec le groupe voisin.

Espace et géométrie

Je fais le Bilan

Cercles, disques, droites, segments

Identifier, construire un cercle, un disque

1 **Recopie** et **complète** la description de la figure.

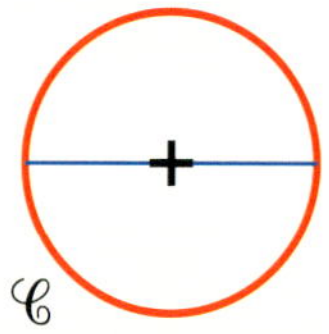

Le … 𝒞 a pour centre le point … .
Son … mesure 2 cm.

2 **Reproduis ce disque en t'aidant des carreaux.**

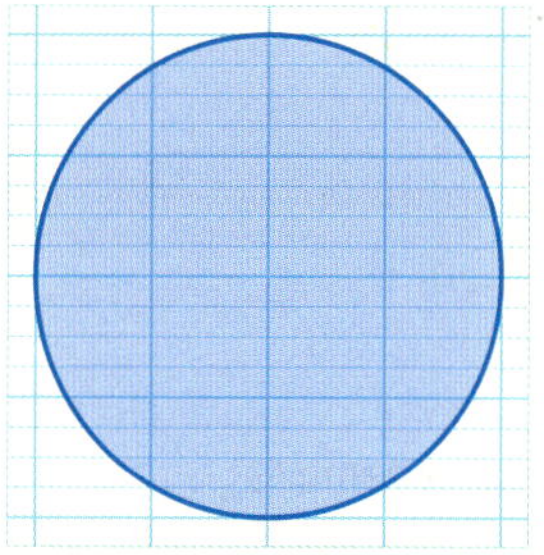

3 **Trace** les cercles.

a. Un cercle de centre O et de rayon 5 cm.
b. Un cercle de centre M et de diamètre 12 cm.

Reproduire un assemblage de figures (2)

4 **Reproduis cet assemblage en t'aidant des carreaux.**

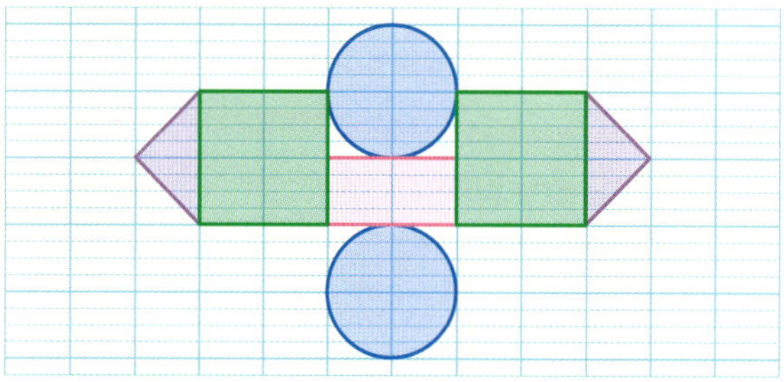

5 **Reproduis cet œil sur une feuille.**

- **Combien** comporte-t-il de figures ?
- **Quelle** est leur nature ?

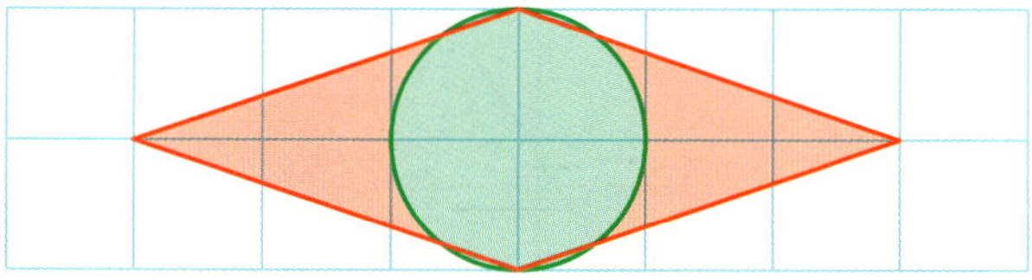

Identifier, tracer des droites et des segments

6 **Recopie** et **complète** le tableau.

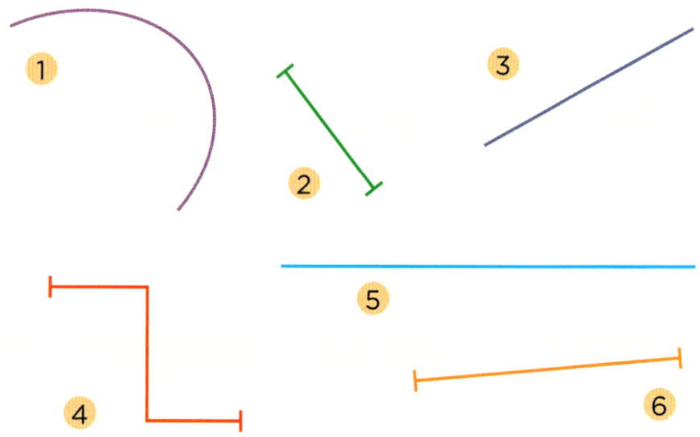

courbe	droite	segment	ligne brisée
…	…	…	…

7 **Recopie et complète avec le mot qui convient.**

courbe — ligne brisée — segment — droite

Ligne arrondie : … .
Trait droit limité par des points : … .
Infinité de points alignés : … .
Segments mis bout à bout … .

8 **Trace les figures sur une feuille à carreaux.**

a. Un segment AB de 5 carreaux de longueur.
b. Une ligne brisée de 6 segments.
c. Un segment CD de 5 carreaux sur une droite *d*.

Droites perpendiculaires et parallèles

➜ Identifier, vérifier et tracer des droites perpendiculaires

9 **Recopie** et **complète** le tableau.

Perpendiculaires	Non perpendiculaires
...	...

10 **Nomme** les droites qui sont perpendiculaires.

Exemple : $c \perp e$

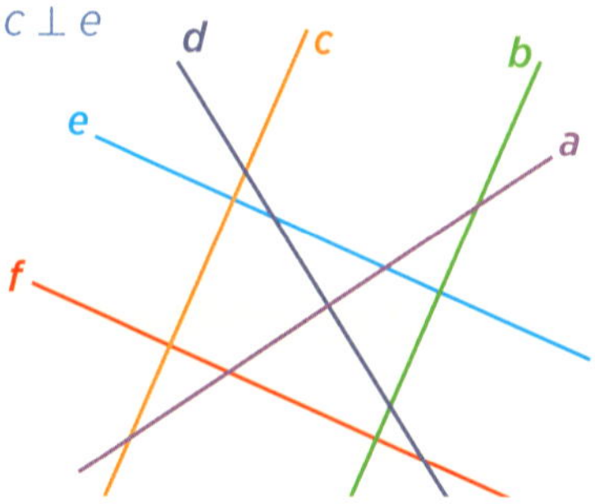

11 **Reproduis** la figure. **Trace** une droite perpendiculaire à la droite bleue, une autre, à la droite verte et une autre, à la droite rouge.

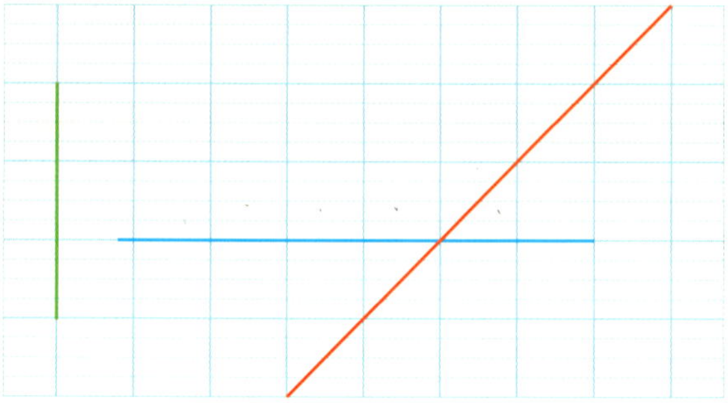

12 **Construis** les figures sur une feuille blanche.

a. Deux droites perpendiculaires en un point A.

b. Deux droites *d* et *e* perpendiculaires, et une troisième droite *f*, perpendiculaire à *e*.

13 **Suis** le programme de construction.

Programme de construction

1 Trace une droite d_1.

2 Place un point O sur d_1.

3 Trace une droite d_2 perpendiculaire à d_1 passant par le point O.

➜ Identifier des droites parallèles

14 Observe les droites. Recopie et complète le tableau.

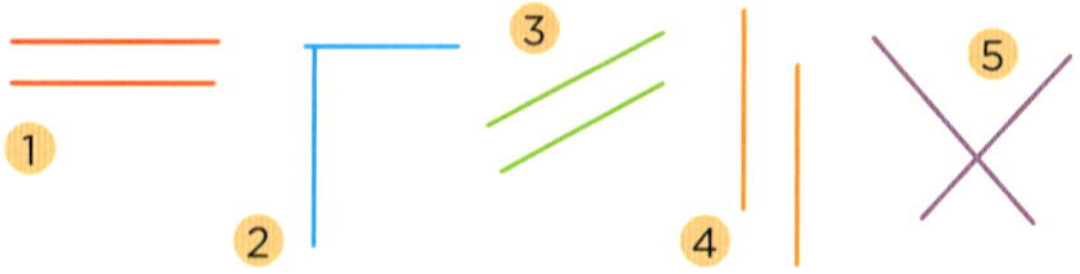

Perpendiculaires	Parallèles
...	...

15 **Observe, vérifie** le réseau de droites et **note** les droites parallèles.

Exemple : $b \,//\, c$

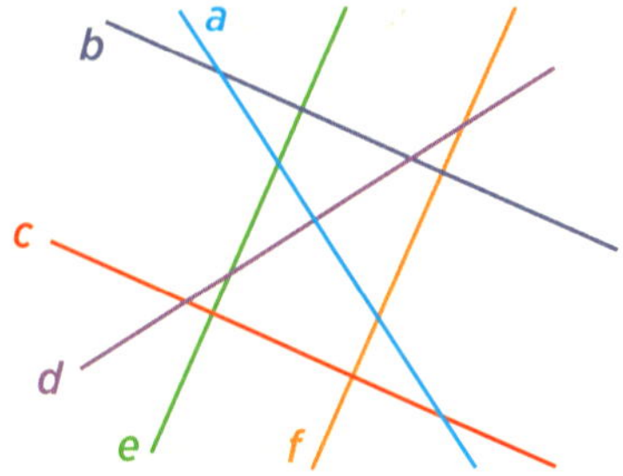

16 **Décalque** ce réseau de droites et **note** les droites parallèles.

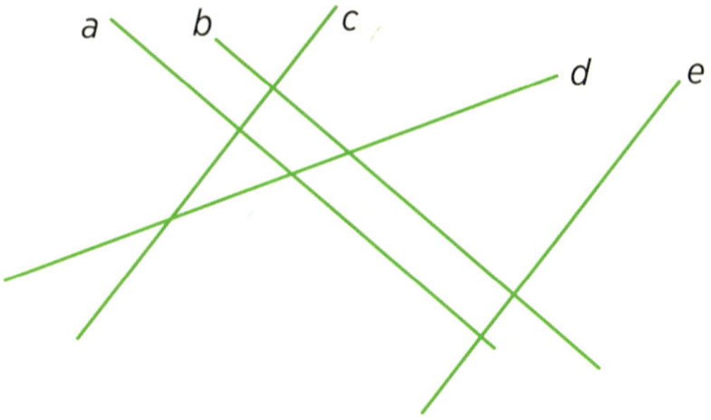

17 **Décalque** cet assemblage de figures.

• **Repasse** tous les segments parallèles entre eux d'une même couleur.

• **Écris** la liste des segments parallèles entre eux.

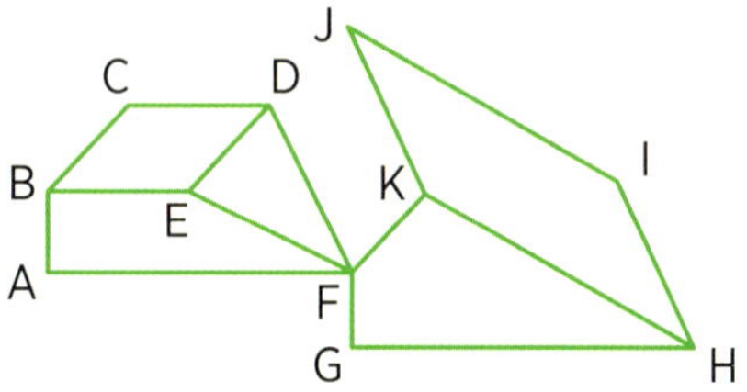

18 **Recopie et complète** avec le mot qui convient.

distance   perpendiculairement   parallèles

• Lorsque deux droites ne se coupent jamais, elles sont ... .

• L'écartement entre deux droites parallèles, c'est aussi la ... qui les sépare.

• L'écartement entre deux droites parallèles se mesure ... aux droites.

Identifier les axes de symétrie d'une figure

Cherchons ensemble

Activité s'appuyant sur la situation de **manipulation** décrite dans le guide

1 Voici la figure que le groupe de Sami a reçue.

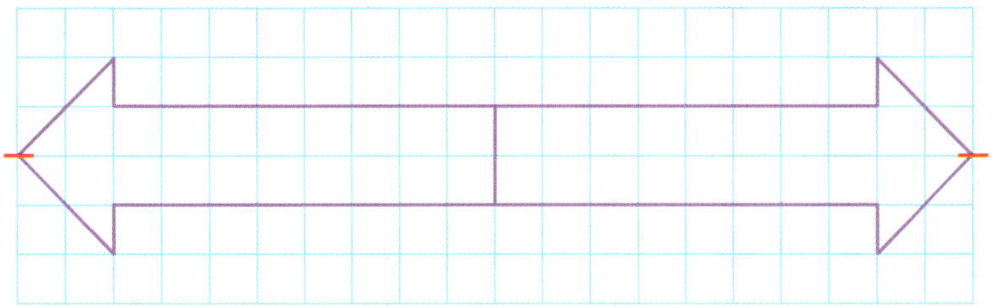

- **Reproduis** la figure sur un papier calque.
- **Plie** ton calque suivant les deux repères rouges.
Repasse le pli en rouge. Les deux parties de la figure sont-elles superposables ?
- **Cherche** un autre axe de symétrie de la figure.

Retenons ensemble

Mots à retenir
axe de symétrie • superposables

Comment reconnaitre les axes de symétrie d'une figure ?

- Un **axe de symétrie** est une **droite** qui partage une figure en **deux parties** parfaitement **superposables par pliage**.
- Certaines figures peuvent avoir **plusieurs axes** de symétrie.

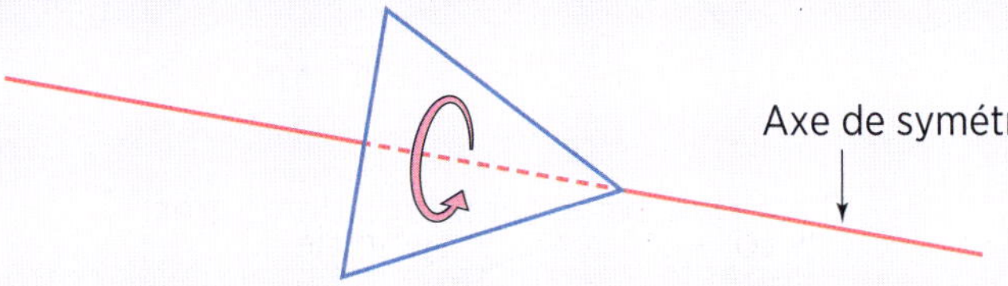

Je sais faire

2 **Indique pour quelles figures la droite rouge est un axe de symétrie.**

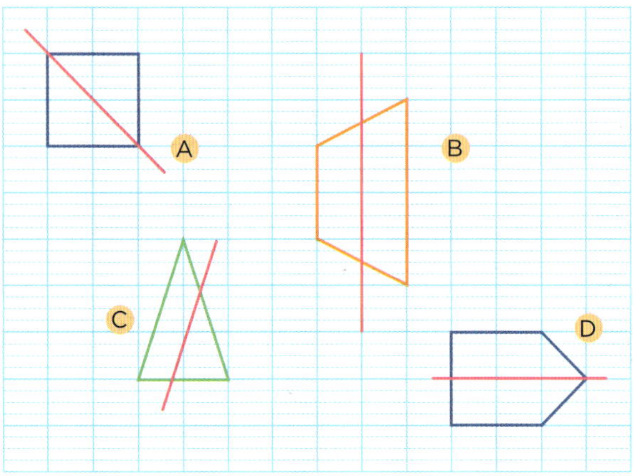

3 **Recopie et complète les définitions.**

a. Un axe de symétrie partage une figure en deux parties ... par pliage.

b. Une figure peut avoir ... axes de symétrie.

4 **Écris VRAI ou FAUX.**

a. Deux parties d'une figure qui se recouvrent exactement par pliage sont superposables.

b. Un carré n'a qu'un axe de symétrie.

5 **Remets les lettres dans l'ordre.**

a. Y E T M S E I R

b. P P R A O S S E E U B L

Je m'entraine

6 **Décalque** les figures. **Plie** sur la droite rouge puis **indique** si elle est un axe de symétrie.

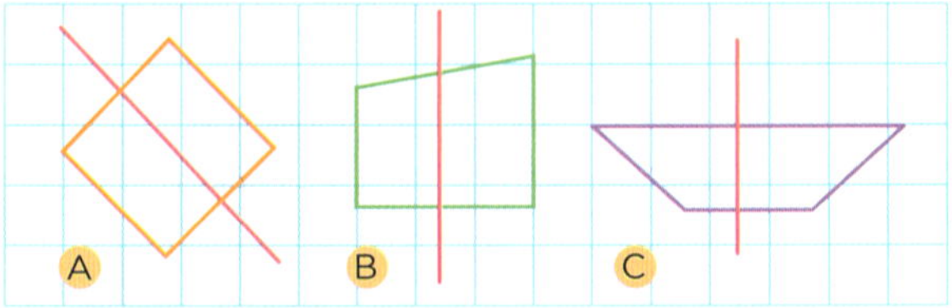

7 **Indique** laquelle des droites bleue ou rouge est un axe de symétrie.

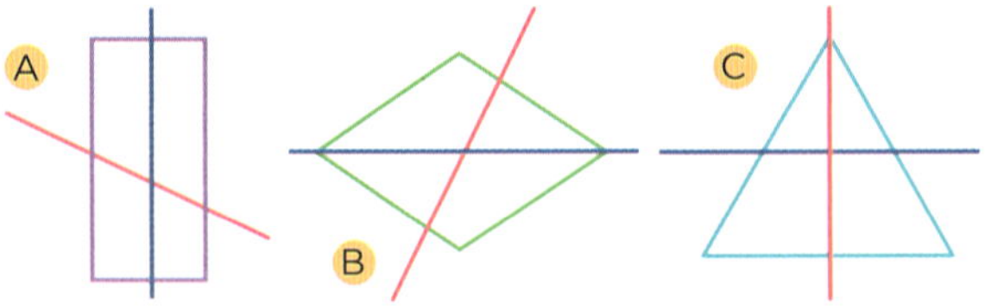

8 **Reproduis** ces figures et **trace** leurs axes de symétrie.

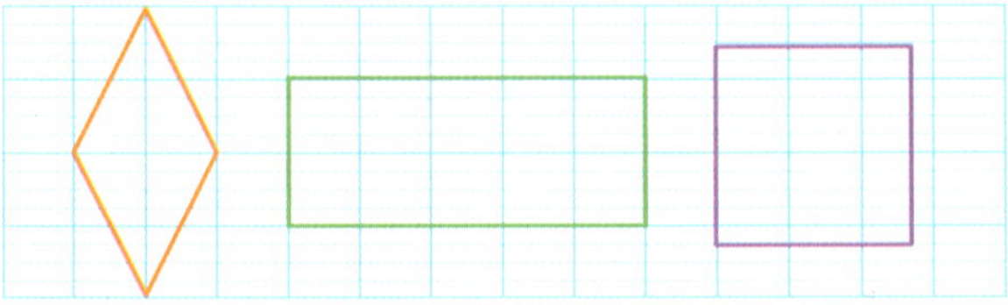

9 **Décalque** les figures. **Marque** les axes de symétrie en rouge.

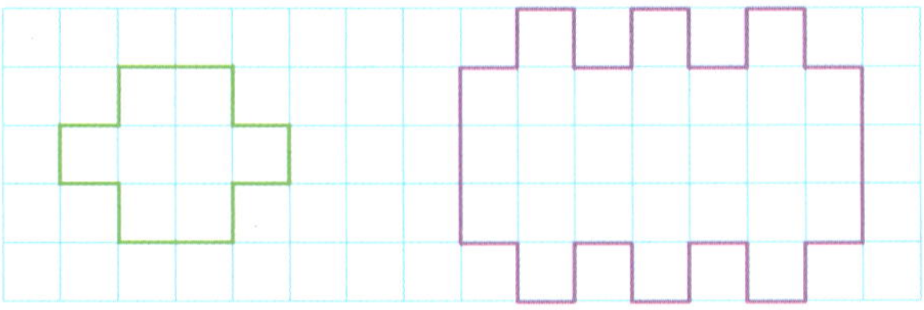

10 **Décalque** le polygone. **Marque** les sommets et **trace** les axes de symétrie.
Combien en comporte-t-il ?

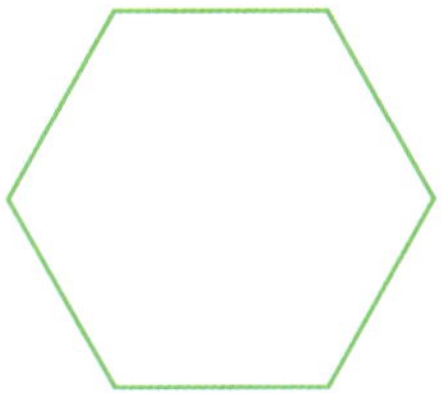

11 **Combien** la pendule carrée comporte-t-elle d'axes de symétrie ?

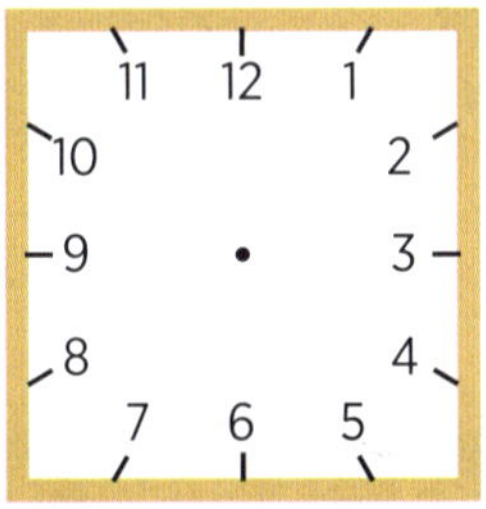

12 **Reproduis** ce polygone sur une feuille blanche.

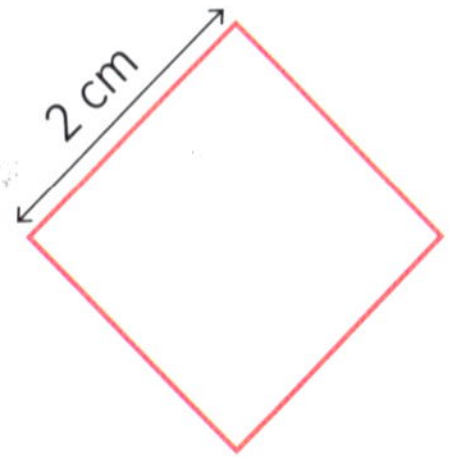

Trace tous ses axes de symétrie.
Combien en comporte-t-il ?

Je fais des maths autrement

13 Les Maths ça sert en Sport

Un terrain de football a une forme rectangulaire et comporte des marquages au sol. La ligne médiane délimite les deux camps.

- **Observe** le terrain de football. **Quel** axe de symétrie peut-on voir ?
- **Cherche** un autre axe de symétrie.

14 Les lettres-mystère ???

Nous sommes des lettres majuscules.
Nous sommes des voyelles.
Nous possédons un axe de symétrie horizontal.

- **Qui sommes-nous ?**

15 Je travaille en groupe

Le nombre

- **Observez** ces chiffres. 038
- **Trouvez** leurs axes de symétrie.

→ Comparez votre résultat avec le groupe voisin.

Identifier et décrire un cube, un parallélépipède rectangle

Cherchons ensemble

Activité s'appuyant sur la situation de **manipulation** décrite dans le guide

1 Voici les polyèdres que le groupe de Malika doit décrire.

1
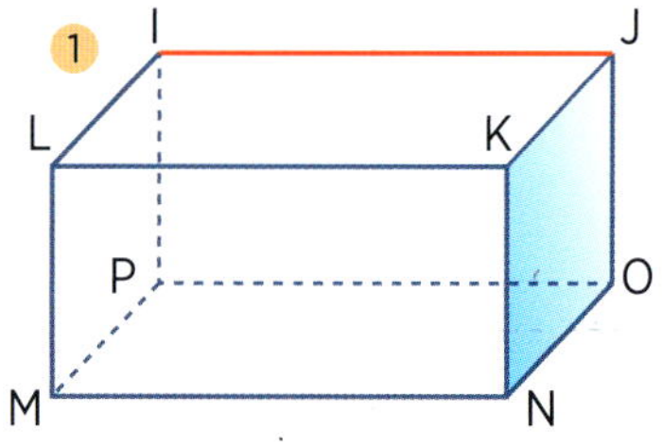

2
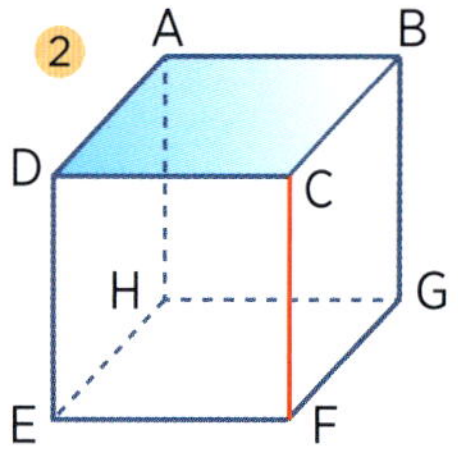

Recopie et **complète** le tableau.

Polyèdre	Nombre de faces	Nombre de sommets	Nombre d'arêtes	Forme des faces	Nom de polyèdre
1	...	...	...	...	...
2	...	...	...	...	...

Retenons ensemble

Mots à retenir
faces • sommets • arêtes

Comment reconnaitre et décrire un cube, un parallélépipède rectangle ?

Pour **décrire un polyèdre** on précise le **nombre de faces** et leur **forme**, le **nombre de sommets** et le **nombre d'arêtes**.

Le cube

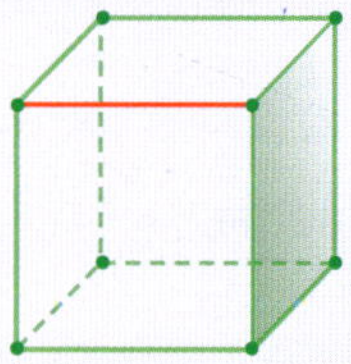

6 faces carrées
12 arêtes
8 sommets

Le parallélépipède rectangle

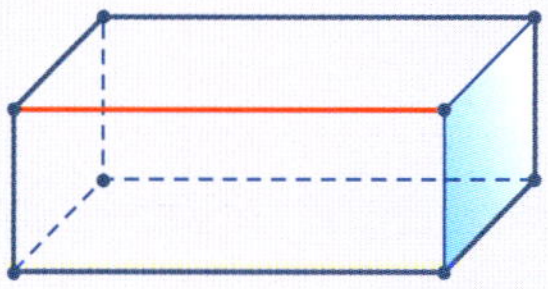

6 faces rectangulaires
12 arêtes
8 sommets

Je sais faire

2 **Recopie et complète** la description pour chaque polyèdre.

A
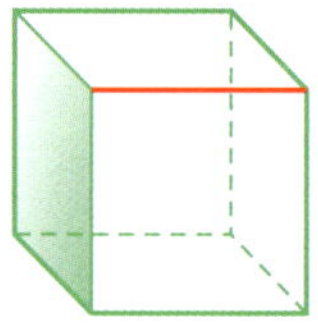

B

- Il a 6 ... , ... arêtes et 8 ... .
- Toutes les faces sont ... .
- Le polyèdre est un ... .

3 **Recopie et complète** les définitions.

a. Les arêtes d'un cube ont toutes la même ... .

b. Les faces d'un parallélépipède rectangle sont toutes ... .

4 **Écris VRAI ou FAUX.**

a. Un polyèdre possède autant de faces que de sommets.

b. Chaque face d'un polyèdre est un carré.

Je m'entraine

5 **Corrige** les erreurs dans la description faite par Hugo.

- Le polyèdre comporte :
- 4 faces carrées
- 12 sommets
- 6 arêtes visibles
- 6 arêtes cachées

C'est un cube.

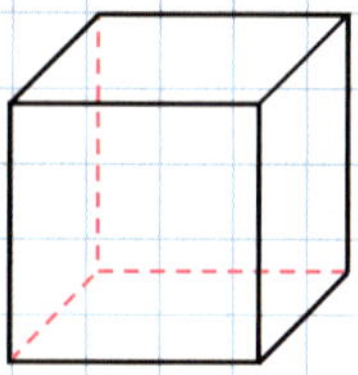

Il y a des erreurs !

6 **Recopie et complète** la description.

- Le polyèdre comporte :
- 8 sommets : A, B, …
- 6 … : ABCD, EFGH, …
- 12 arêtes AB, CD, …
- les arêtes opposées ont des longueurs … .

C'est un … .

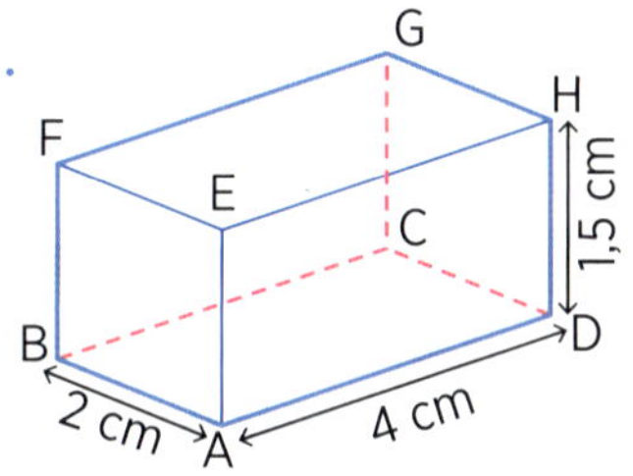

7 **Écris** la description de ce polyèdre.

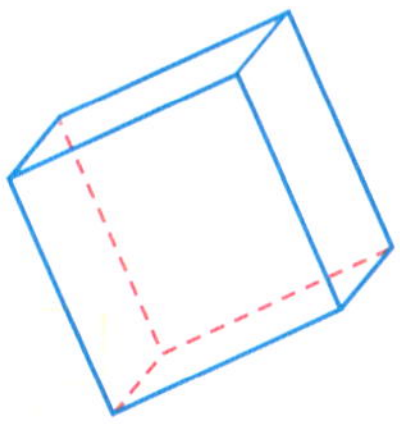

8 **Reproduis** le polyèdre sur ton cahier.

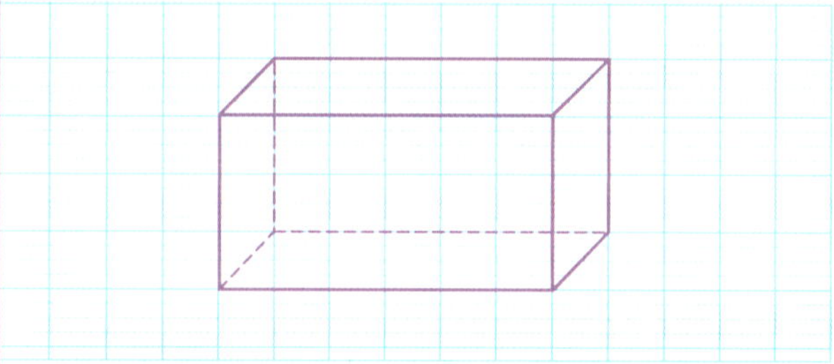

- **Marque** les sommets en vert et les arêtes en rouge. **Colorie** les faces en bleu.
- **Nomme** le polyèdre.

9 **Décalque** la frise.
Combien comporte-t-elle de cubes, de parallélépipèdes rectangles ?

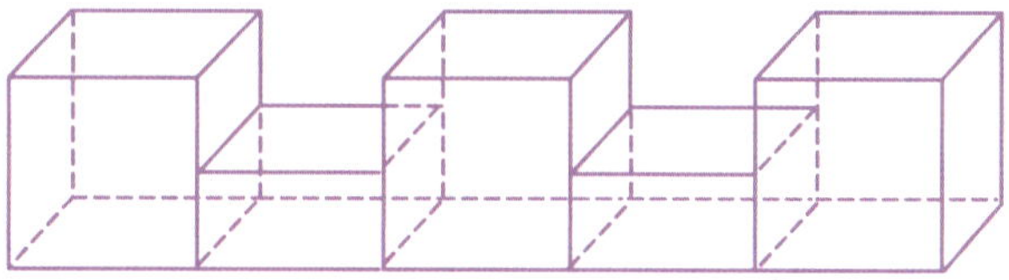

10 **Trace** un cube, à main levée, sur une feuille blanche. **Nomme** les sommets et **écris** sa description.

Je fais des maths autrement

11 Les Maths ça sert en **Français**

a. Les alpinistes grimpent au **sommet** de la montagne.

b. Le segment qui relie deux faces d'un polyèdre est une **arête**.

c. La truite est un poisson d'eau douce avec beaucoup d'**arêtes**.

d. Un **sommet** est un point où deux arêtes se rejoignent.

Les mots **sommet** et **arête** sont-ils employés dans leurs sens mathématiques ?

12 Les polyèdre-mystère ???

Je possède 12 arêtes et 8 sommets.
Mes faces opposées sont identiques et rectangulaires. J'ai 6 faces.

Qui suis-je ?

13 Je travaille en groupe

Marchand de polyèdres !

- **Dessinez** un parallélépipède rectangle et **écrivez** sa description.

→ Faites construire le polyèdre par le groupe voisin. Comparez avec celui que vous avez construit.

Problèmes interdisciplinaires

Les maths et l'Histoire — Décrire un déplacement

Doc 1

Le labyrinthe du roi Soleil

Louis XIV engagea l'architecte André Le Nôtre pour aménager les jardins à la française de Versailles. De 1668 à 1680, le jardinier du roi installa en particulier un labyrinthe, qui sera détruit en 1775 par Louis XVI.

Le roi Soleil s'est égaré dans son labyrinthe [Doc 1]. Il se trouve au point 7. Le Nôtre se propose de l'aider à sortir par l'entrée A.

Décris les déplacements que doit effectuer le roi en t'aidant du plan.

Les maths et le Sport — Identifier des droites parallèles, perpendiculaires

La raquette du basket

Sur un terrain de basket, on appelle raquette la zone se situant sous le panier [Doc 1]. Si un joueur marque un panier en se trouvant dans cette zone, il marque 2 points. S'il marque en étant en dehors de la raquette, il fait gagner 3 points à son équipe.

Doc 1

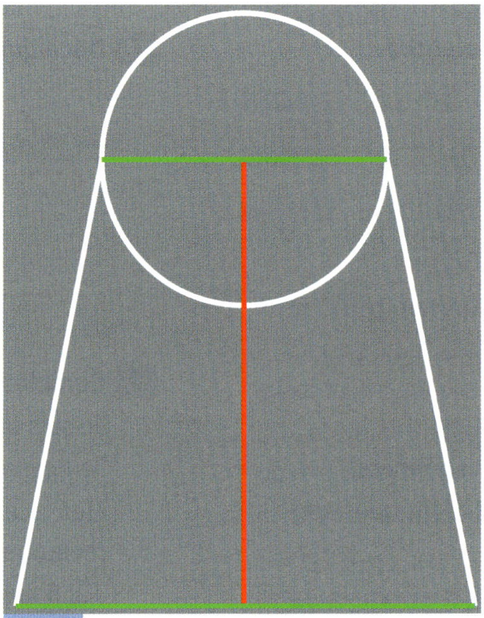
Doc 2

1 **Observe** le schéma d'une raquette [Doc 2].

a. **Cherche** la ou (les) droites perpendiculaires à la droite rouge.

b. **Indique** la nature des deux droites vertes.

Les maths et l'EMC — Identifier les axes de symétrie d'une figure

Les panneaux de priorité

En France, sur la route, on laisse habituellement passer les véhicules venant de la droite.
Cependant certains panneaux modifient cette règle de priorité.

Doc 1

Doc 2

Doc 3

1 a. **Indique** la forme des panneaux [Doc 1 et 2].
b. **Cherche** leur signification.

2 a. **Quelle** est la forme du panneau [Doc 3] ?
b. **Cherche** sa signification.

3 **Décalque** les trois panneaux et **cherche** leurs axes de symétries s'ils en ont.

Les maths et les Arts plastiques — Reproduire une figure à partir d'un programme de construction

Le tourbillon des carrés

Doc 1

Victor Vasarely (1906-1997) est un artiste d'origine hongroise qui a créé l'art optique (Op art). Il utilise parfois, dans ses tableaux, des formes géométriques qu'il fait tourner afin de créer une illusion optique donnant ainsi une impression de mouvement. C'est le cas de cette composition intitulée *Kagloo II*, réalisée par l'artiste en 1975.

1 **Observe** le tableau de Vasarely [Doc 1].
La figure géométrique qui tourne s'appelle un octogone. Combien a-t-elle de côtés ?

2 **Cette composition pourrait être une œuvre de Vasarely** [Doc 2].
a. **Quelle** figure géométrique vois-tu tourner ?
b. **Combien** en comptes-tu ?

Doc 2

3 **Reproduis** la composition en suivant le programme de construction.

Programme de construction

- → Trace un carré ABCD de 14 cm de côté.
- → Place un repère à 2 cm de A sur AB, un autre à 2 cm de B sur le segment BC, un autre à 2 cm de C sur le segment CD et un autre à 2 cm de D sur le segment DA.
- → Joint les quatre points placés.
- → Recommence sur chaque nouveau carré obtenu.

Problèmes interdisciplinaires

Les maths et l'EMC — Identifier des droites parallèles, tracer des perpendiculaires

Les panneaux solaires

Utiliser des énergies propres et renouvelables, c'est préserver notre planète.
Les panneaux solaires permettent de produire de l'électricité à partir de la lumière du soleil sans rejeter de polluants dans l'atmosphère comme le font les centrales thermiques qui fonctionnent au charbon et qui rejettent énormément de gaz carbonique.

Doc 1

1 **Observe** les rayons du soleil [Doc 1].
Comment sont-ils disposés les uns par rapport aux autres ?

2 **Pour qu'un panneau solaire produise le maximum d'énergie, il faut l'orienter plein sud et le placer perpendiculairement aux rayons du soleil.**
Décalque le schéma [Doc 2] puis **trace** un segment qui schématisera le panneau solaire.

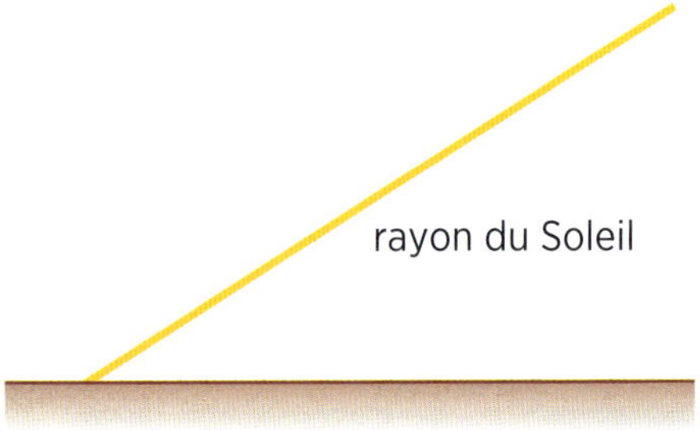

Doc 2

Les maths et les Sciences — Décrire, reproduire un assemblage de figures

Les écailles de tortue

Certaines tortues possèdent une carapace très épaisse qui les protège des prédateurs. Elles peuvent survivre à des dommages graves grâce à leur carapace : des fissures profondes ou des pertes d'os peuvent même guérir.
La carapace est constituée d'écailles en kératine, un matériau proche de celui dont sont constitués nos ongles.

Doc 1

1 **Observe** les écailles de la tortue [Doc 1].
L'écaille centrale a la forme d'un hexagone.
Combien un hexagone a-t-il de côtés ?

2 **Reproduis l'écaille centrale en suivant le programme de construction [Doc 2].**

Programme de construction
→ Trace un cercle de 5 cm de rayon.
→ Reporte 6 fois le rayon sur le cercle.
→ Joins les six points placés.

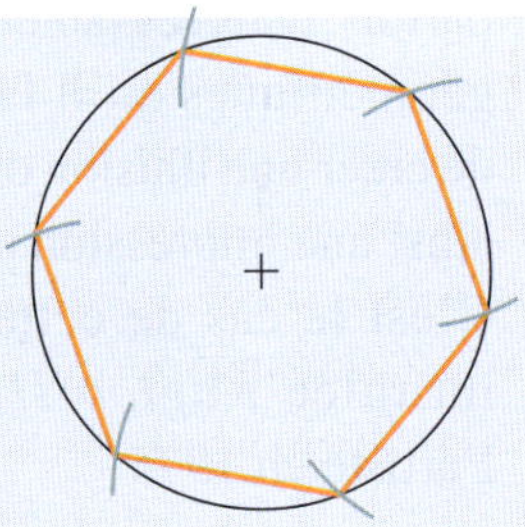
Doc 2

Les maths et les Arts visuels — Décrire un assemblage de polyèdres

Briques de jeu

Doc 1

Dans un jeu vidéo, le joueur doit franchir un certain nombre de niveaux pour gagner.
Certains jeux proposent de créer des décors et des personnages à l'aide de petites briques.
Dans Minecraft, ces briques sont constituées de blocs de gazon, de glace, de bois, de pierre…

1 **Observe** les blocs de gazon [Doc 2]. **Comment** appelle-t-on ces polyèdres ?

Doc 2

2 **Combien de parallélépipèdes rectangles a-t-on utilisés pour fabriquer le personnage** [Doc 1] ?

Les maths et le Français — Utiliser le vocabulaire géométrique

Jouons avec les mots

Il est possible de jouer avec la langue française en combinant des lettres pour retrouver un mot mais aussi en rédigeant de courts textes afin de deviner un mot.

1 **Remets** les lettres dans l'ordre et **reconstitue** les paires.

E P R R O U D I E R •	• Portion de droite.
U C E B •	• J'ai 4 angles droits et 4 côtés égaux.
Q S I U D E •	• Un solide qui ressemble à un dé.
R R A C E •	• Dessiner à l'identique.
T E M E G S N •	• Intérieur d'un cercle.

2 **Écris** la solution.

Charade

Mon premier se gagne à la loterie.
Mon second est la dernière lettre de l'alphabet.
Mon troisième est le contraire d'un démon.
Mon tout est un quadrilatère ayant 4 côtés égaux.

3 **Retrouve** le mot.

Connaitre les unités de mesure de longueur

Cherchons ensemble

Activité s'appuyant sur la situation de **manipulation** décrite dans le guide

1 Voici la piste de course de vitesse que le groupe de Sami a mesurée dans la cour.

- **Écris** toutes les longueurs en mètres.
- **Calcule** la longueur totale de la piste.

Retenons ensemble

Mots à retenir
unités • système métrique • convertir

Quelles sont les unités de mesure de longueur ?

- Pour **mesurer** une **longueur**, on utilise les **unités** du **système métrique**.

Mesures de longueurs plus grandes que le mètre				Mesures de longueurs plus petites que le mètre		
kilomètre km	**hecto**mètre hm	**déca**mètre dam	**mètre m**	**déci**mètre dm	**centi**mètre cm	**milli**mètre mm
1 km = 1000 m	1 hm = 100 m	1 dam = 10 m	1 m	1 m = 10 dm	1 m = 100 cm	1 m = 1000 mm

- **Convertir** une mesure, c'est **changer d'unité**.

km	hm	dam	m	dm	cm	mm
7	0	0	0			

7 km = 7 000 m

Je sais faire

2 **Indique** l'unité de mesure de longueur qui **convient :** *km, m, cm, mm*.

a. une trousse : …
b. une classe : …
c. une mouche : …
d. une route : …

3 **Indique** si ces longueurs sont plus petites ou plus grandes que 1 m.

a. la taille d'un adulte
b. la hauteur d'un immeuble
c. la taille d'une fourmi
d. la distance entre deux villes

4 **Recopie et corrige les erreurs.**

a. Lorsqu'on change d'unité de mesure on fait une conversation.
b. Pour convenir, on utilise un tableau de conversion.

5 **Écris VRAI ou FAUX.**

a. La hauteur d'une maison est 10 km.
b. La longueur d'une règle mesure 10 mm.
c. Un spaghetti mesure 25 cm.
d. Une feuille de cahier mesure 21 m.

Je m'entraine

6 **Associe** chaque objet à son instrument de mesure de longueur.

7 **Observe** les points.

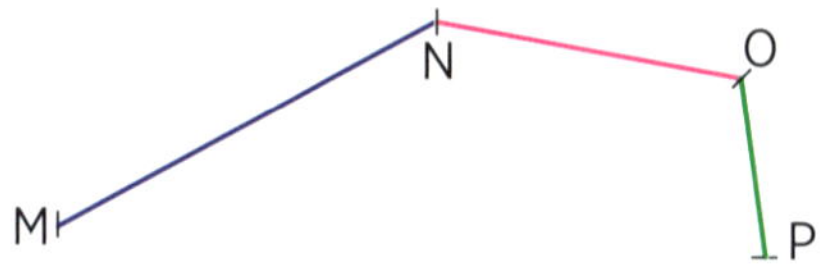

- Quelle est la distance pour aller du point M au point P en passant par N et O ?
- Quelle est la plus courte distance pour aller du point M au point P ?
- Calcule la distance totale pour revenir au point M en passant par N et O.

8 **Mesure et compare** les distances AB et CG. **Écris** les mesures en cm et mm, et en mm.

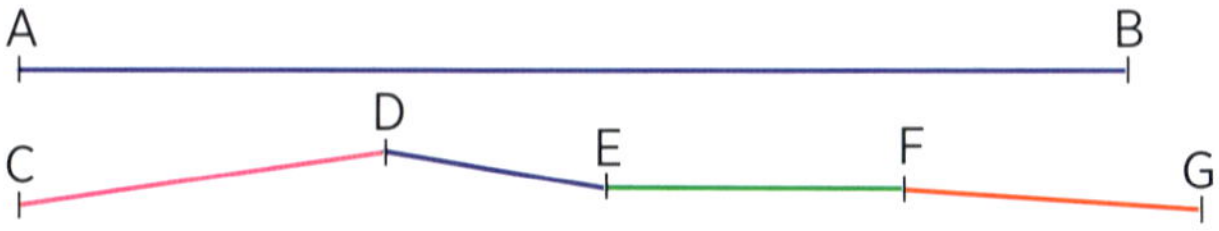

9 **Construis** le tableau de conversion et **écris** chaque longueur dans l'unité indiquée.

a. 27 dam en m
b. 12 m en mm
c. 5 m en mm
d. 3 km en m

10 **Recopie** et **complète** les égalités.

a. 57 dam = … m
b. 365 m = … dm
c. 8 km = … m
d. 52 cm = … mm

11 **Indique** la distance, en cm et en mm, parcourue par l'escargot pour atteindre la troisième salade.

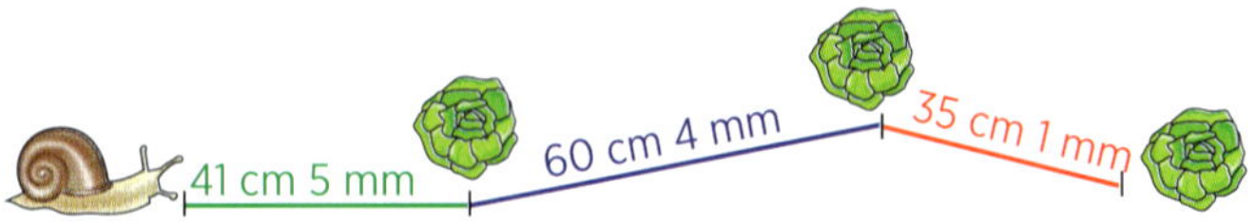

12 Le Tour de France 2015 s'est déroulé en 21 étapes (3 360 km) dont 2 étapes en course contre la montre (13 km 8 hm et 2 888 dam 5 m).

- **Convertis**, en m, la distance de chaque étape contre la montre.

13 En course de relais, les 4 coureurs doivent parcourir la même distance, 10 000 cm, sur la piste d'athlétisme.

- **Calcule** la distance totale parcourue par l'équipe. **Exprime-la** en cm, puis en m.

Je fais des maths autrement

14 Les Maths ça sert en Histoire

Sous le règne de Louis XIV, on utilisait une mesure de longueur ancienne : la toise. Elle correspond exactement à la longueur de six pieds du roi de France, 1 pied-du-roi mesurant environ 30 cm.

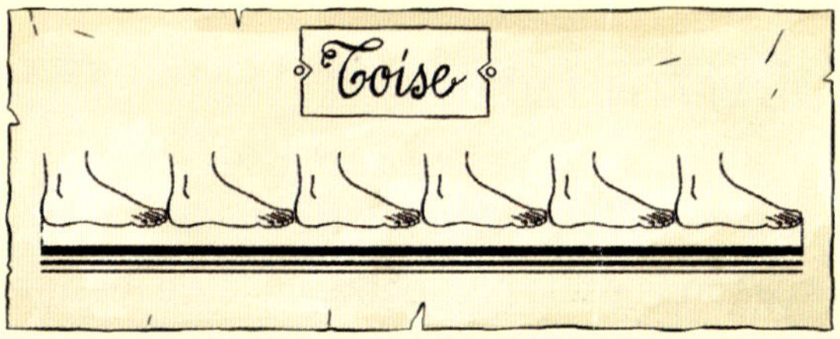

- **Calcule** la longueur de la toise en cm.
- **Exprime** sa mesure en m et cm.

15 L'unité-mystère

Malika a oublié de recopier l'unité de mesure de longueur de son lit : 190 … .

- **Quelle** est cette unité ?

16 Je travaille en groupe

Les segments

- **Placez** 4 points A, B, C et D.
- **Tracez** les 3 segments partant de A.
- **Notez** leur longueur en mm sur 3 étiquettes.

→ **Faites associer chaque longueur à son segment, par le groupe voisin.**

Connaitre les unités de mesure de masse

Cherchons ensemble

Activité s'appuyant sur la situation de **manipulation** décrite dans le guide

1 Voici les résultats des pesées que le groupe de Hugo a effectuées.

- **Convertis** la masse de chaque enfant en grammes.
- **Range-les** du plus léger au plus lourd.
- **Calcule** la masse totale des quatre enfants.

Exprime-la en kg et g.

Retenons ensemble

Mots à retenir

unités • système métrique • convertir

Quelles sont les unités de mesure de masse ?

- Pour **mesurer** une **masse** on utilise les **unités** du **système métrique**.

Mesures de masses plus grandes que le gramme				Mesures de masses plus petites que le gramme		
kilogramme kg	**hecto**gramme hg	**déca**gramme dag	**gramme g**	**déci**gramme dg	**centi**gramme cg	**milli**gramme mg
1 kg = 1000 g	1 hg = 100 g	1 dag = 10 g	1 g	1 g = 10 dg	1 g = 100 cg	1 g = 1000 mg

Il existe une autre mesure de masse : la **tonne** (t) = 1000 kg.

- **Convertir** une mesure, c'est **changer d'unité**.

kg	hg	dag	g	dg	cg	mg
9	0	0	0			

9 kg = 9 000 g

Je sais faire

2 **Indique** l'unité de mesure de masse qui convient : *t, kg, g, mg*.

a. un cahier : ...
b. une plume : ...
c. une voiture : ...
d. un éléphant : ...
e. un vélo : ...
f. une fourchette : ...

3 **Choisis** la masse qui convient pour chaque objet.

a. une gomme : 5 kg | 1 t | 10 g
b. un éléphant : 30 g | 3 kg | 3 t
c. un ballon de foot : 20 mg | 450 g | 5 kg
d. un enfant : 30 kg | 1 hg | 100 g

4 **Recopie** et **corrige** les erreurs.

a. 1 t = 100 kg.
b. La masse d'une mouche est d'environ 2 kg.
c. Une balance est un instrument de mesure de longueur.

5 **Écris** VRAI ou FAUX.

a. Les unités de mesure de masse ne peuvent se convertir.
b. La tonne est la plus petite unité de mesure de masse.
c. Il peut y avoir deux chiffres dans la colonne des grammes.

Je m'entraine

6 **Associe** chaque objet à son instrument de mesure de masse.

7 **Indique** les masses qu'il faut garder pour obtenir la masse de l'ananas.

8 **Recopie** et **indique** la masse.

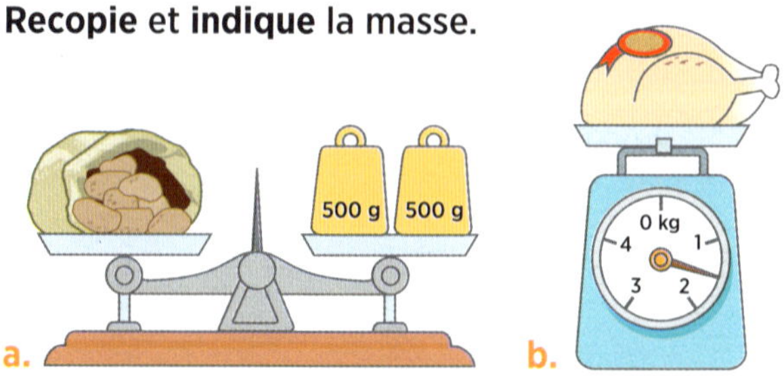

a. b.

9 **Construis** le tableau de conversion et **écris** chaque masse dans l'unité indiquée.

a. 32 dag en g
b. 6 g en mg
c. 15 g en mg
d. 8 kg en g

10 **Recopie de la plus lourde à la plus légère.**

7 kg • 8100 g • 3 t • 325 mg • 5000 kg • 2 g

11 **Recopie** et **complète** les égalités.

a. 48 dag = ... g
b. 3 t 650 kg = ... kg
c. 57 hg = ... g
d. 8 kg = ... g
e. 72 cg = ... mg
f. 4 kg = ... cg

12

• **Indique** les masses qui conviennent pour peser un dictionnaire de 1860 g.
• **Écris** la masse du dictionnaire en kg et g.

13 Un magasinier doit ranger 1000 cartons de 20 kg.

• **Calcule** la masse totale rangée par le magasinier.
• **Exprime-la** en kg, puis en t.

Je fais des maths autrement

14 Les Maths ça sert en Sport

Chaque année depuis 1977, se déroule le concours de l'homme le plus fort du monde. Zydrunas Savickas détient le record du monde du soulevé de terre avec une barre à 524000000 mg.

Écris, en kg, la masse soulevée par Zydrunas Savickas.

15 La masse-mystère

5 kg 10 g	5000 g + 10 g	5 kg 010 g
5010 kg	500 dag 10 g	

Quelle est la masse qui n'est pas égale aux autres ?

16 Je travaille en groupe

Les masses croissantes

• **Écrivez** 4 masses sur des étiquettes, dans des unités différentes.

→ **Faites ranger ces masses par le groupe voisin dans l'ordre croissant.**

Connaitre les unités de mesure de contenance

Cherchons ensemble

Activité s'appuyant sur la situation de **manipulation** décrite dans le guide

1 Voici les résultats des transvasements que le groupe de Malika a effectués.

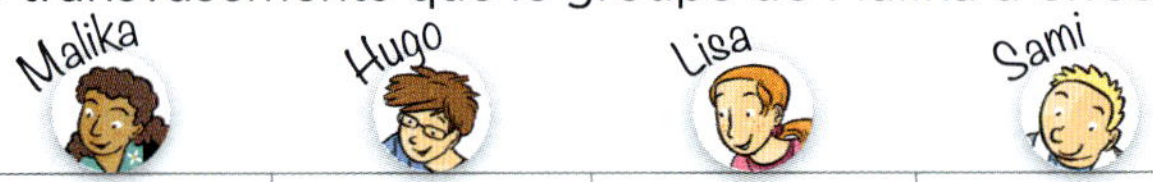

	Malika	Hugo	Lisa	Sami
Capacité du verre	10 cL	25 cL	100 mL	500 mL
Nombre de verres versés	10	6	12	5
Capacité totale	100 cL	150 cL	1200 mL	2500 mL

- **Convertis** les capacités totales en litres et centilitres.
- **Range-les** dans l'ordre croissant.
- **Calcule** la quantité totale de liquide transvasée par les 4 enfants. **Exprime-la** en litres et centilitres.

Retenons ensemble

Mots à retenir
contenance • système métrique • convertir

Quelles sont les unités de mesure de contenance ?

- Pour **mesurer** une **contenance** ou **capacité** on utilise les **unités** du **système métrique**.

Mesures de contenances plus grandes que le litre			Mesures de contenances plus petites que le litre		
hectolitre hL	**déca**litre daL	**litre** L	**déci**litre dL	**centi**litre cL	**milli**litre mL
1 hL = 100 L	1 daL = 10 L	1 L	1 L = 10 dL	1 L = 100 cL	1 L = 1000 mL

- **Convertir** une mesure, c'est **changer d'unité**.

hL	daL	L	dL	cL	mL
4	0	0			

4 hL = 400 L

Je sais faire

2 **Indique l'unité de mesure de masse qui convient :**
hL, L, cL, mL.

a. une larme : …
b. un camion-citerne : …
c. une bouteille de lait : …
d. un verre d'eau : …

3 **Choisis la capacité qui convient pour chaque objet.**

a. une bouteille d'eau : 1 L — 1 dL — 10 mL
b. une canette : 23 mL — 3 L — 33 cL
c. un arrosoir : 5 L — 50 dL — 50 mL
d. une baignoire : 200 mL — 2 dL — 200 L

4 **Recopie et corrige les erreurs.**

a. 1 hL = 100 cL.
b. La contenance d'un biberon est d'environ 2 L.
c. Un verre doseur est un instrument de mesure de longueur.

5 **Écris VRAI ou FAUX.**

a. Les unités de mesure de capacité peuvent se convertir.
b. La tonne est la plus grande unité de mesure de capacité.

Je m'entraine

6 **Associe** chaque objet à sa capacité.

A  B  C 

① 1000 L ② 1 L ③ 50 cL

7 **Écris** la quantité d'eau contenue dans chaque récipient, en cL puis en mL.

a. 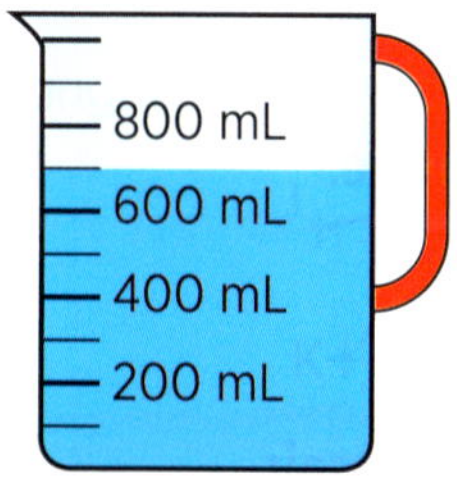

b. 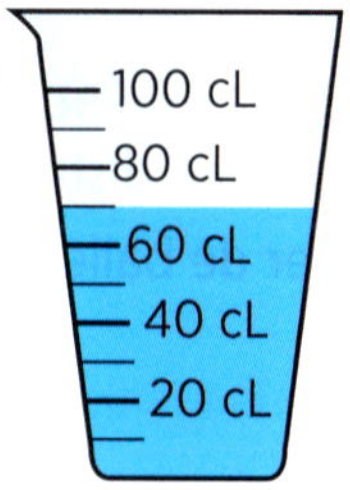

8 **Recopie** les bonnes propositions.

• Le verre doseur contient :

50 cL 100 cL 800 mL 1 L 80 cL

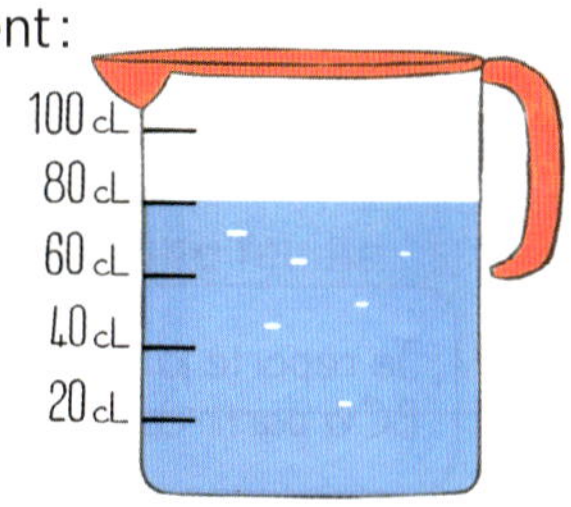

• **Combien** manque-t-il d'eau pour faire 1 L ?

9 **Construis** le tableau de conversion et **écris** chaque capacité dans l'unité indiquée.

a. 12 daL en L
b. 3 L en mL
c. 75 L en mL
d. 8 hL en L

10 **Recopie** les capacités de la plus petite à la plus grande.

5 L • 9100 mL • 550 cL • 32 daL • 800 L • 2 hL

11 **Recopie** et **complète** les égalités.

a. 58 daL = … L
b. 3 hL 65 L = … L
c. 3 hL = … L
d. 32 cL = … mL

12 **Indique** la contenance d'eau et la contenance d'huile dans l'éprouvette.

13 Un jardinier doit utiliser, pour arroser ses choux, 100 arrosoirs de 12 L.

• **Calcule** la quantité totale d'eau utilisée par le jardinier. **Exprime-la** en hL.

Je fais des maths autrement

14 Les Maths ça sert en Français

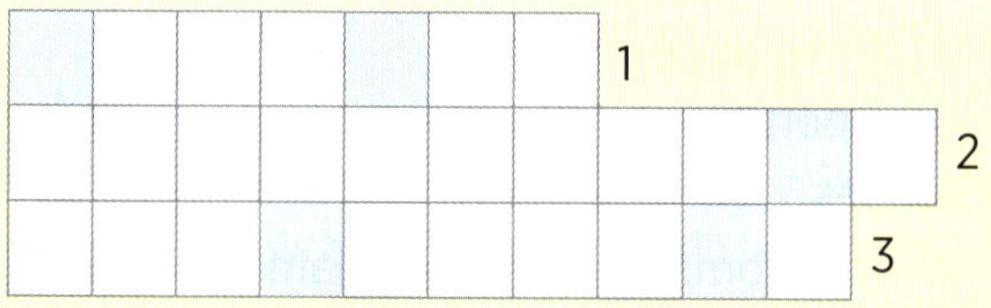

1. Contraire de solide.
2. Synonyme de capacités.
3. Grande unité de mesure de capacité.

▸ **Recopie** et **complète** la grille de mots.

▸ **Trouve** le mot caché à l'aide des cases bleues.

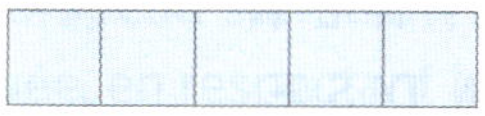

15 La capacité-mystère

50 hL 100 L | 500 L + 10 L | 510 L | 51 daL | 50 daL + 10 L

▸ **Quelle** est la capacité qui n'est pas égale aux autres ?

16 Je travaille en groupe

Les capacités décroissantes

• **Écrivez** 4 capacités sur des étiquettes, dans des unités différentes.

→ **Faites ranger ces capacités par le groupe voisin dans l'ordre décroissant.**

Grandeurs et mesures

Mesurer une aire à l'aide d'une surface de référence

Cherchons ensemble

Activité s'appuyant sur la situation de **manipulation** décrite dans le guide

1 Voici le sapin que le groupe de Sami doit recouvrir entièrement de carrés rouges.

- **Reproduis**, puis **découpe** le carré rouge.
- **Fabrique** le nombre nécessaire de carrés rouges pour recouvrir entièrement le sapin.
- **Place-les** sur le sapin.
- **Recopie** et **complète** avec le bon nombre.

Le sapin est composé de … carrés rouges.

Retenons ensemble

Mots à retenir
surface • aire • unité

Comment mesurer une aire ?

- La surface d'une figure est sa **partie intérieure**.
La **mesure de sa surface** s'appelle son aire.
- Pour **mesurer une aire** on choisit une unité **d'aire, u**, qui peut être n'importe quel polygone (carré, rectangle, triangle…).

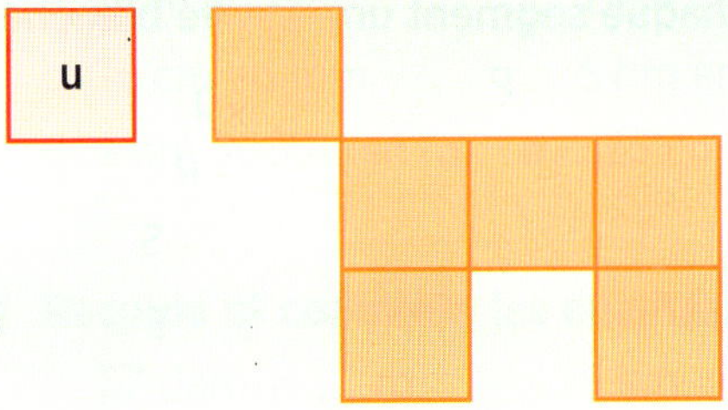

Il faut **6 carrés unités** pour **recouvrir** la figure.
L'aire de la figure est **6 unités** (**6u**).

Je sais faire

2 a. **Reproduis** et **découpe** le carré unité.

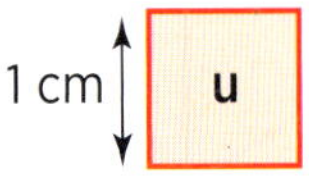

b. **Écris** l'aire de la figure avec le carré unité.

3 **Recopie et complète les définitions.**

a. L'… d'une figure est la mesure de sa surface.

b. La … est l'intérieur d'une figure.

4 **Écris VRAI ou FAUX.**

a. La forme d'une surface unité est toujours la même.

b. Une aire, c'est pareil qu'une longueur.

c. Le nombre d'unités d'aires utilisées pour recouvrir entièrement une figure correspond à son aire.

Je m'entraine

5 **Retrouve** l'erreur faite par Lisa et **corrige-la**.

L'aire de la figure est 7u.

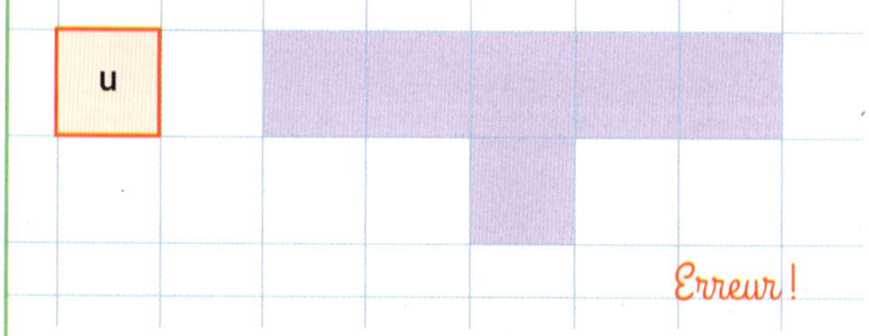

6 **Observe** la figure et **complète**.

L'aire de la figure est ... u.

7 **Observe** la figure et **écris** l'aire de la surface violette avec l'unité choisie.

8 **Observe** la figure et **mesure** les aires des deux surfaces de couleur.

Complète.

L'aire de la figure orange est ... u.

L'aire de la figure verte est ... u.

9 **Mesure** et **écris** les aires de chaque surface de couleur avec l'unité choisie.

Je fais des maths autrement

10 Les Maths ça sert en Histoire

Les romains décoraient l'intérieur de leurs maisons en créant des motifs à l'aide de petits carrés de pierre colorée.

▸ **Observe** la mosaïque et **mesure** l'aire de la partie grise entourée en choisissant un petit carré comme unité d'aire u.

11 L'aire-mystère ???

▸ **Quelle** est l'aire d'un carré partagé en quatre parties égales, si l'une des parties est l'unité d'aire ?

12 Je travaille en groupe

L'aire donnée

- **Construisez** une unité d'aire, u, et découpez-la.

→ **Faites construire par le groupe voisin une figure d'aire 6u.**

Mesurer une aire à l'aide d'un réseau quadrillé

Cherchons ensemble

Activité s'appuyant sur la situation de **manipulation** décrite dans le guide

1 Voici la figure que le groupe de Hugo a reçue.

- **Observe** la surface rouge.
- **Combien** de surfaces rouges peut-on placer sur la lettre A pour la recouvrir entièrement ?
- **Recopie** et **complète**.

Une unité d'aire correspond à un … .
L'aire de la lettre A est … carreaux.

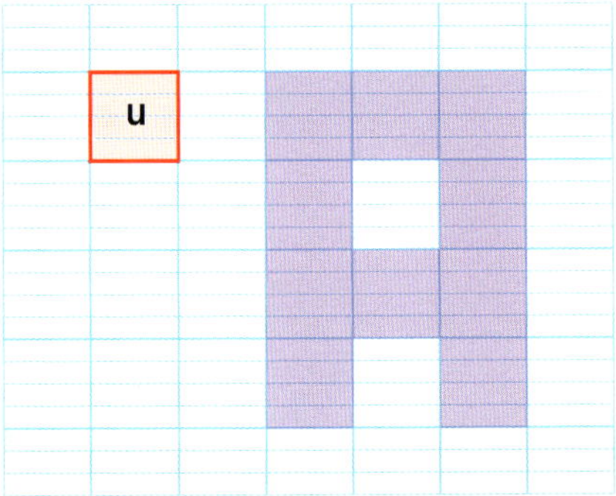

Retenons ensemble

Mots à retenir
aire • quadrillage • carreau

Comment mesurer une aire à l'aide d'un quadrillage ?

- Pour **mesurer l'aire d'une figure** tracée sur un **quadrillage**, on utilise comme unité d'aire le **carreau**.

Le **nombre de carreaux** à l'intérieur de la figure correspond à son **aire**.

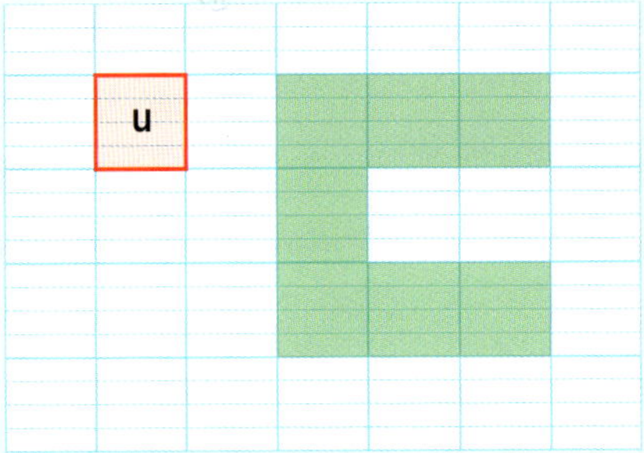

La lettre C est composée de **7 carreaux**.
L'aire de la lettre C est **7 carreaux**.

Je sais faire

2 **Écris la mesure, en carreaux, de l'aire des figures.**

3 **Recopie et complète les définitions.**

a. L'aire d'une figure sur quadrillage se mesure en … .

b. Sur un quadrillage, le carreau est l'unité d'… .

4 **Écris VRAI ou FAUX.**

a. L'unité d'aire est toujours de la même taille sur un quadrillage.

b. Une aire, c'est pareil qu'une masse.

c. Sur un quadrillage, l'unité d'aire est le triangle.

Je m'entraine

5 **Retrouve** l'erreur faite par Sami et **corrige-la**.

L'aire de la figure est 12 carreaux.

Erreur !

6 **Corrige** les erreurs dans les propositions.

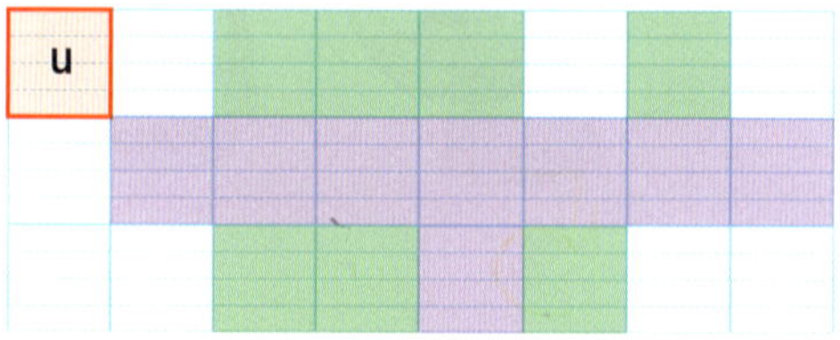

Lisa L'aire de la figure verte est 6 carreaux.

Hugo L'aire de la figure violette est 6 carreaux.

7 **Mesure** l'aire de la figure et **complète**.

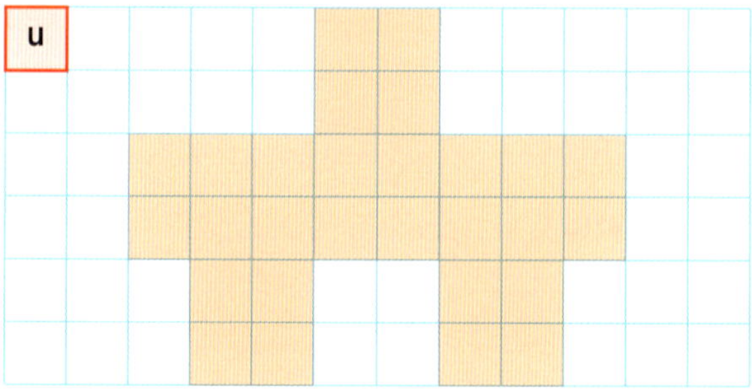

L'aire de la figure est ... carreaux.

8 **Observe** la figure et **mesure** l'aire de la surface orange.

Complète.

L'aire de la figure orange est ... carreaux.

9 **Observe** la figure et **mesure** les aires des deux surfaces colorées.

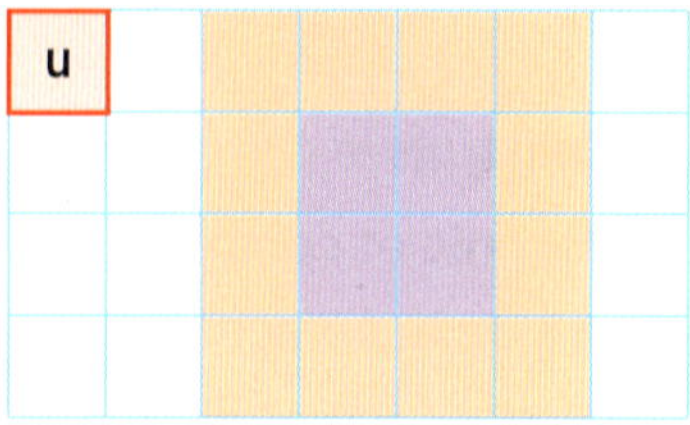

Complète.

L'aire de la figure orange est ... carreaux.

L'aire de la figure violette est ... carreaux.

10 **Exprime** les aires et **complète**.

L'aire de la figure orange est ... carreaux.

L'aire de la figure violette est ... carreaux.

L'aire de la figure verte est ... carreaux.

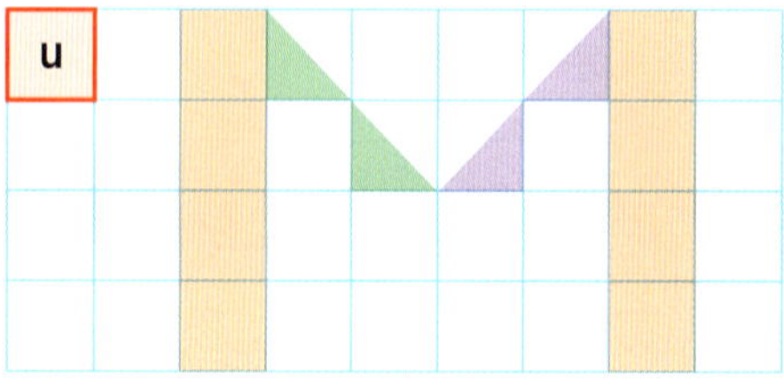

Je fais des maths autrement

11 Les Maths ça sert en Français

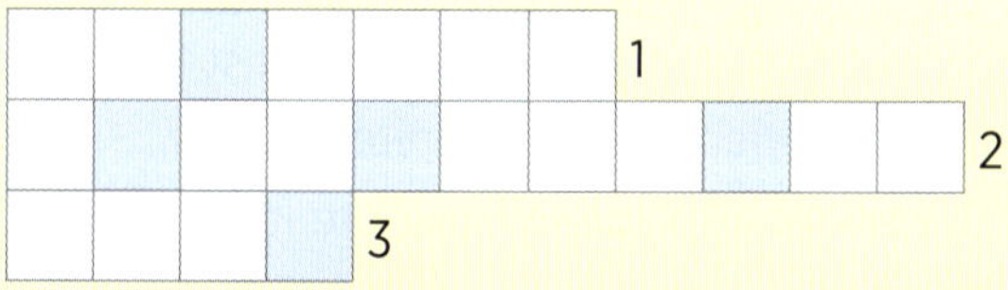

1. Trouver une mesure.
2. Réseau quadrillé.
3. Mesure de la surface à l'intérieur d'une figure.

▸ **Recopie** et **complète** la grille de mots.

▸ **Trouve** le mot caché à l'aide des cases bleues.

			F		C	

12 L'aire-mystère

▸ **Quelle** est l'aire d'une figure qui compte 50 carreaux et 20 moitiés de carreaux ?

13 Je travaille en groupe

L'aire doublée

• **Construisez** un carré d'aire 4 carreaux.

→ Faites construire par le groupe voisin une figure ayant une aire deux fois plus grande.

Comparer et ranger des surfaces selon leur aire

Cherchons ensemble

Activité s'appuyant sur la situation de **manipulation** décrite dans le guide

1 Voici les surfaces que le groupe de Malika doit comparer.

- **Construis** le carré unité u et **mesure** l'aire de chaque surface colorée.
- **Recopie** et **complète**.

L'aire de la surface verte mesure ... u et la surface orange mesure ... u.

- **Quelle** est la surface la plus grande ?

Retenons ensemble

Mots à retenir

mesure • aire • compare

Comment comparer et ranger des surfaces selon leur aire ?

- Pour **comparer des surfaces**, on **mesure** l'**aire** de chacune d'elles puis on **compare** le nombre d'unités d'aire pour les recouvrir entièrement.

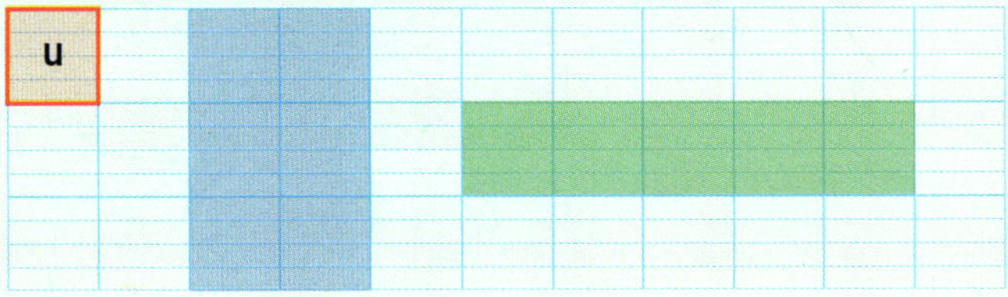

L'aire de la surface bleue mesure 6 carreaux et celle de la surface verte mesure 5 carreaux.

Donc **Aire surface bleue** > **Aire surface verte**.

Je sais faire

2 **Compare les aires des surfaces bleue et orange en utilisant les signes <, > ou =.**

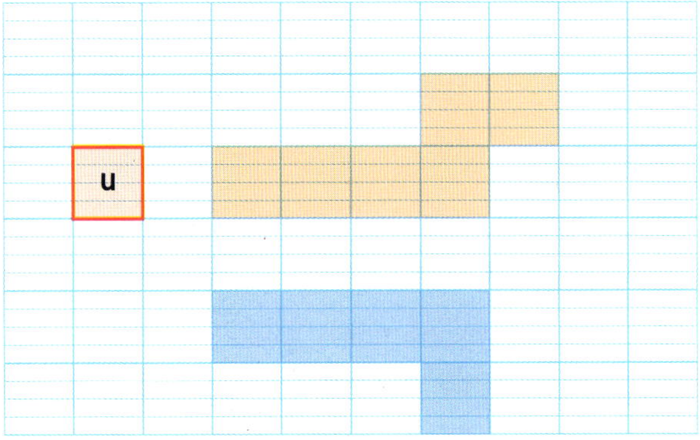

3 **Recopie et complète les définitions.**

a. ... des surfaces selon leur aire c'est trouver laquelle contient le plus d'unités d'aires.

b. Sur un quadrillage, on compte les ... pour comparer les aires.

4 **Écris VRAI ou FAUX.**

a. On ne peut pas comparer des surfaces n'ayant pas la même forme.

b. Une aire, c'est pareil qu'une contenance.

c. On peut ranger des aires dans l'ordre croissant ou décroissant.

Je m'entraine

5 **Retrouve** l'erreur faite par Hugo et **corrige-la**.

Aire figure bleue > Aire figure verte.

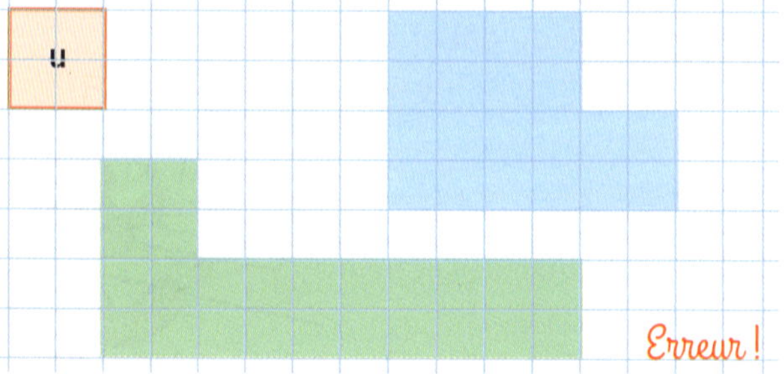

6 **Mesure** l'aire des figures et **complète**.

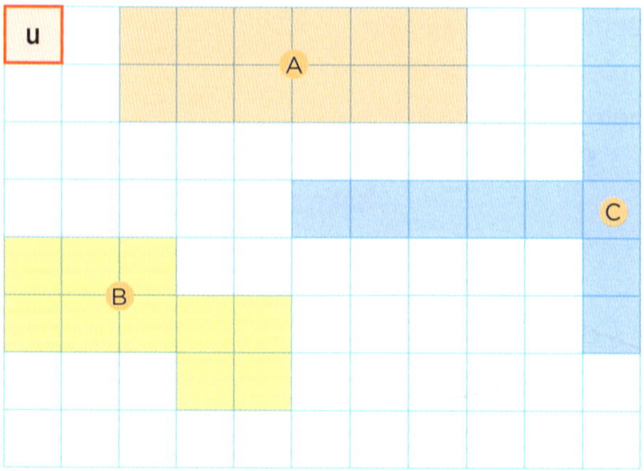

A = … carreaux ; B = … carreaux ; C = … carreaux

Aire … < Aire … < Aire …

7 **Compare** les aires des deux surfaces coloriées. **Complète** avec le bon signe.

Aire surface verte … Aire surface rose

8 **Compare** et **range**, dans l'ordre croissant, les aires des différentes surfaces colorées.

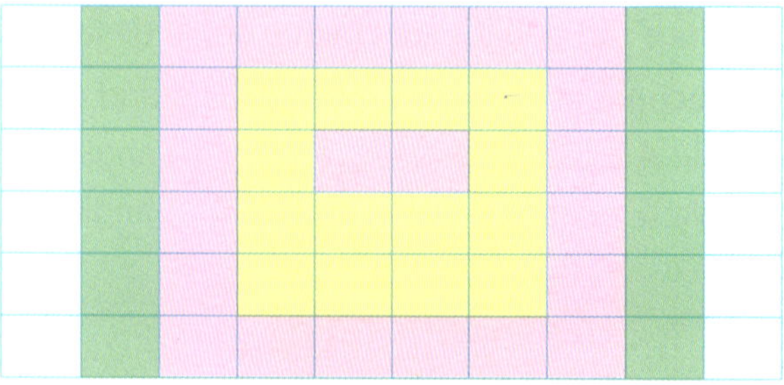

9 **Compare** les aires de chaque surface de couleur. **Range-les** dans l'ordre décroissant.

Je fais des maths autrement

10 Les Maths ça sert en **Histoire des arts**

La mosaïque est un art décoratif dans lequel on utilise des fragments de pierres colorées qu'on assemble pour former des figures.

Observe la mosaïque de l'artiste et **range** les aires des trois motifs colorés dans l'ordre décroissant.

11 L'aire-mystère ???

L'aire bleue compte 70 carreaux et 12 moitiés de carreaux. L'aire rouge compte 60 carreaux et 16 moitiés de carreaux.

Quelle est l'aire la plus grande ?

12 Je travaille en groupe

Même aire, forme différente

- **Construisez**, sur une feuille à carreaux, une surface d'aire choisie.

→ **Faites construire par le groupe voisin une seconde surface, de même aire que celle construite, mais de forme différente.**

Grandeurs et mesures

Comparer des angles avec un gabarit

Cherchons ensemble

Activité s'appuyant sur la situation de **manipulation** décrite dans le guide

1 Voici les angles coloriés que le groupe de Lisa doit comparer à l'aide du gabarit **U**.

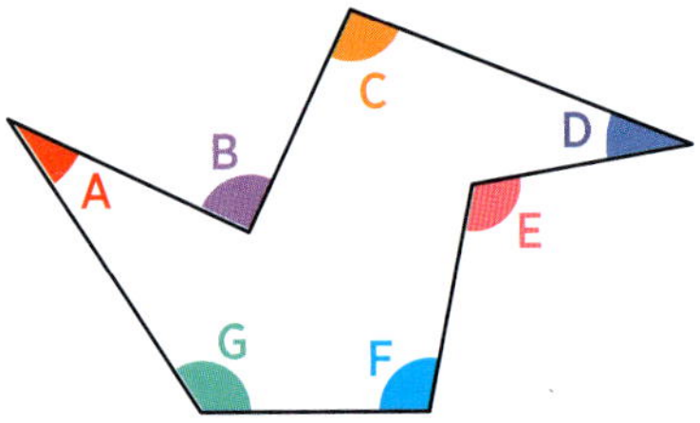

Gabarit d'angle

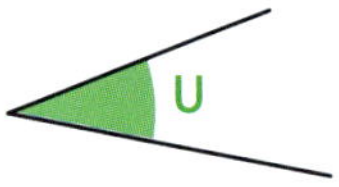

- **Reproduis** le gabarit d'angle **U** sur du papier calque.
- **Place** ton gabarit sur chaque angle de la figure.
- **Recopie** et **complète** avec « plus grand que », « plus petit que » ou « égal ».

angle **A** … angle **U** — angle **F** … angle **U** — angle **D** … angle **U**

angle **G** … angle **U** — angle **C** … angle **U** — angle **A** … angle **D**

Mots à retenir

angle • gabarit • superpose

Retenons ensemble

Comment comparer des angles ?

- Un **angle** est formé par **deux demi-droites** qui se coupent en un point : le **sommet** de l'angle.
- Pour **comparer des angles**, on utilise un des angles comme **gabarit** en le décalquant, puis on le **superpose** aux autres angles.

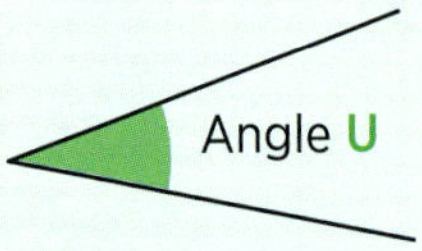

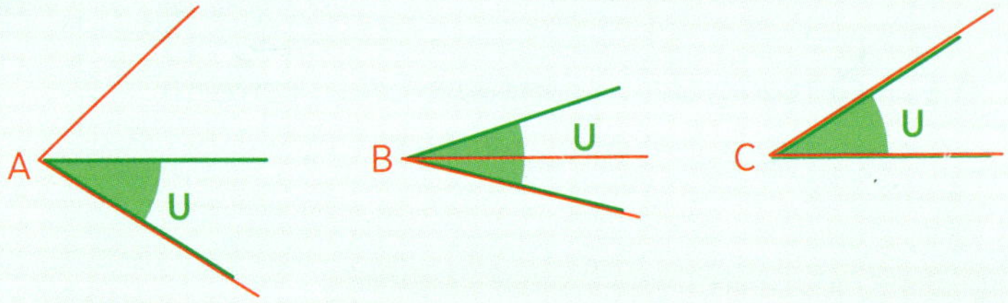

L'angle **U** plus petit que l'angle **A** — L'angle **U** plus grand que l'angle **B** — L'angle **U** égal à l'angle **C**

Je sais faire

2 **Utilise le gabarit d'angle U de l'exercice 1 et compare les angles par rapport à U.**

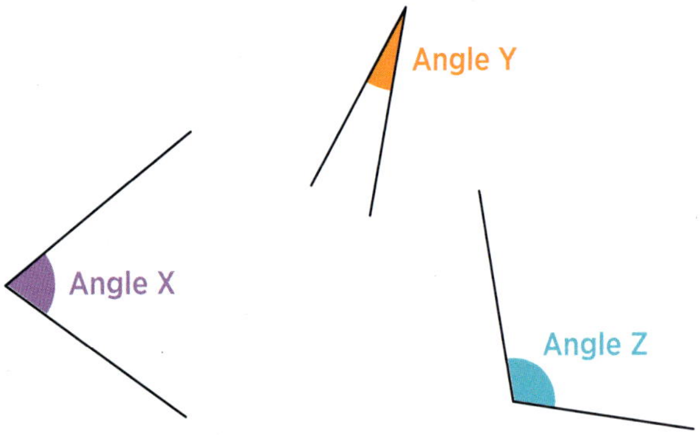

3 **Recopie et complète les définitions.**

a. Pour comparer des angles, on … le gabarit sur les autres angles.

b. Le point de rencontre de deux demi-droites est le … de l'angle formé par ces demi-droites.

4 **Écris VRAI ou FAUX.**

a. On peut comparer des angles n'ayant pas la même ouverture.

b. Plus les demi-droites formant l'angle sont longues, plus l'angle est grand.

Je m'entraine

5 **Corrige** l'(les) erreur(s) faite(s) par Malika. **Utilise** le gabarit d'angle U de l'exercice 1.

L'angle U est plus grand que l'angle O.
L'angle U est plus petit que l'angle P. *Erreur !*

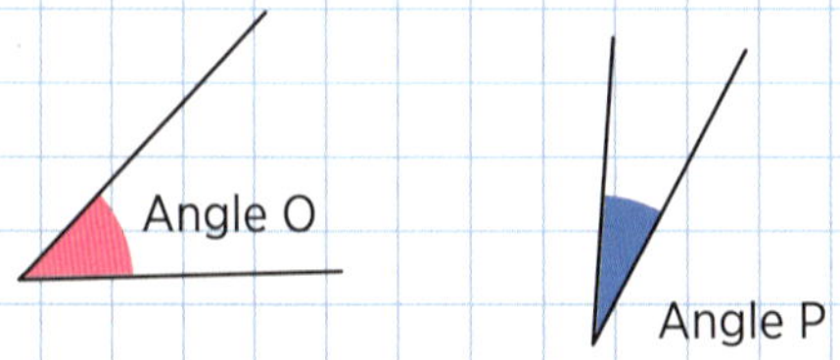

6 **Décalque** l'angle A et **compare** les deux angles.

7 **Décalque** l'angle O et **compare** les trois angles.

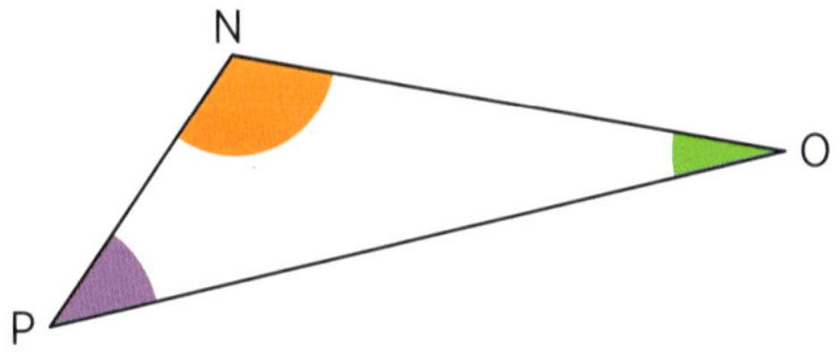

8 **Décalque** l'angle 1 et **compare** les trois angles entre eux.

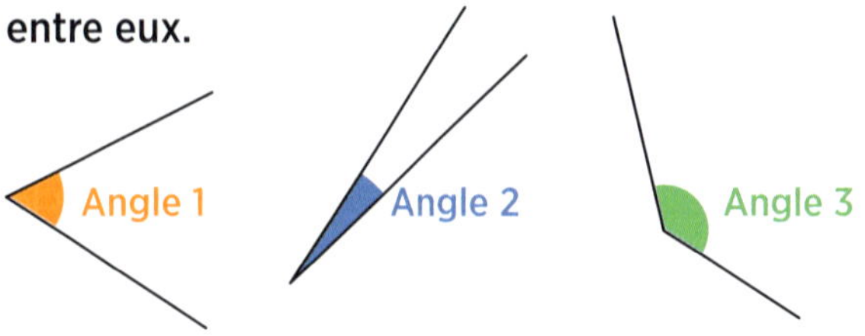

9 **Compare** et **range** les angles du plus petit au plus grand.

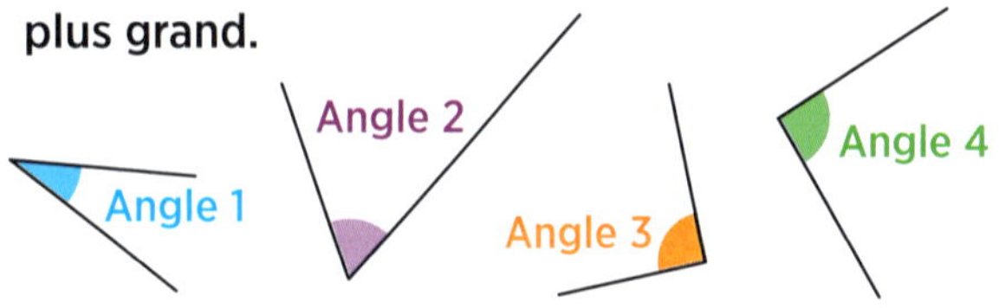

10 **Range** les angles du plus grand au plus petit.
L'angle A est plus petit que l'angle B.
L'angle B est plus grand que l'angle C.
L'angle D est plus grand que l'angle A mais plus petit que l'angle C.

11 **Compare** les angles de ce polygone.

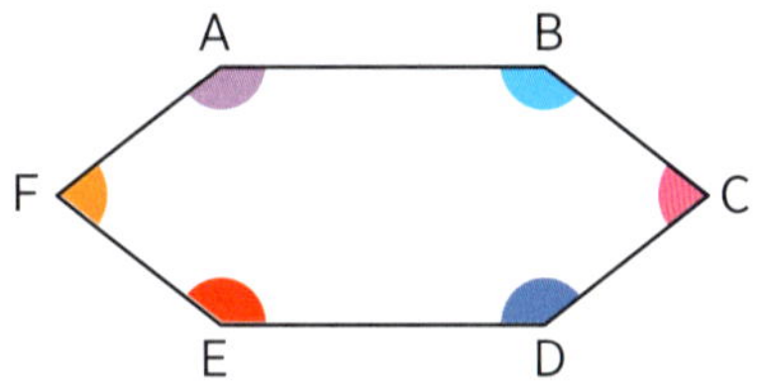

Je fais des maths autrement

12 Les Maths ça sert en EMC

La signalisation routière comporte des panneaux de différentes formes et de différentes couleurs. Les panneaux triangulaires annoncent un danger.

▸ **Observe** le panneau et **compare** les trois angles du triangle blanc.

13 L'angle-mystère

L'angle A est plus petit que l'angle E et l'angle A est plus grand que l'angle U. L'angle I est plus grand que l'angle E.

▸ **Quel** est l'angle le plus grand ?

14 Je travaille en groupe

Les angles croissants

• **Construisez** trois angles sur une feuille.

→ **Faites ranger les angles dans l'ordre croissant par le groupe voisin.**

Vérifier et classer des angles droits, aigus ou obtus

Cherchons ensemble

Activité s'appuyant sur la situation de **manipulation** décrite dans le guide

1 Voici les angles que le groupe de Sami doit classer à l'aide du gabarit d'angle droit.

Angle A   Angle B   Angle C   Angle D   Angle E   Gabarit d'angle droit

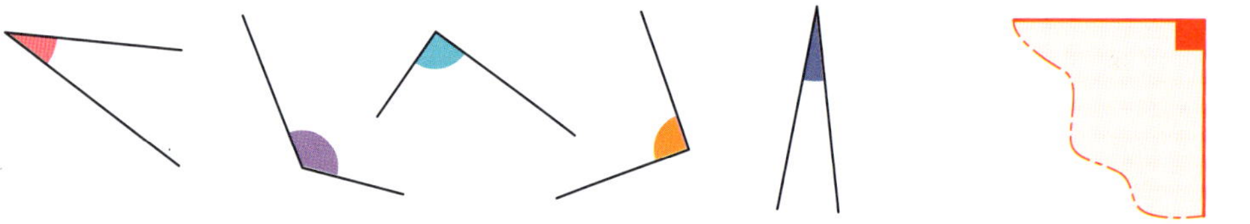

- **Reproduis** le gabarit d'angle droit **découpe-le**.
- **Recopie** et **complète** le tableau pour classer les angles.

Angle plus petit que l'angle droit	Angle égal à l'angle droit	Angle plus grand que l'angle droit
...	...	...

Retenons ensemble

Mots à retenir
classer • droit

Comment reconnaitre et classer des angles ?

- Pour **classer des angles**, on peut utiliser un **gabarit d'angle droit**.

Angle aigu   **Angle obtus**   **Angle droit**

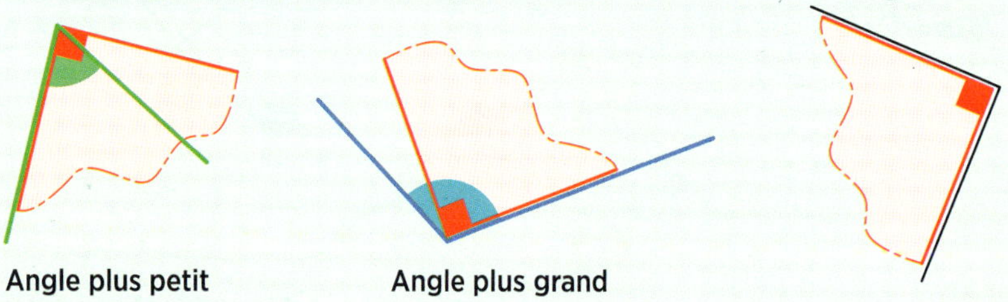

Angle plus petit que l'angle droit   **Angle plus grand que l'angle droit**

Je sais faire

2 **Recopie et complète le tableau.**

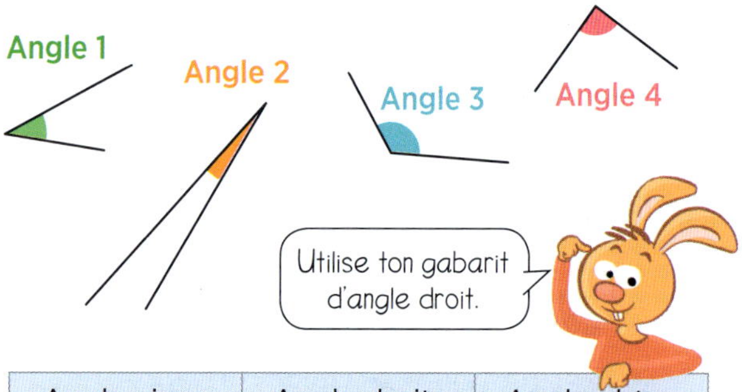

Angle aigus	Angle droits	Angle obtus
...	...	...

3 **Recopie et complète les définitions.**

a. Un angle plus petit que l'angle droit est ... .
b. Un angle plus ... que l'angle droit est obtus.
c. Un ... d'angle ... sert à vérifier l'angle droit.

4 **Écris VRAI ou FAUX.**

a. Les demi-droites qui forment l'angle obtus sont perpendiculaires.
b. Plus l'angle est petit, plus il est aigu.
c. Plus l'angle est grand, plus il est droit.

Je m'entraine

5 **Corrige** l'(les) erreur(s) faite(s) par Hugo. **Utilise** le gabarit d'angle droit de l'exercice 1.

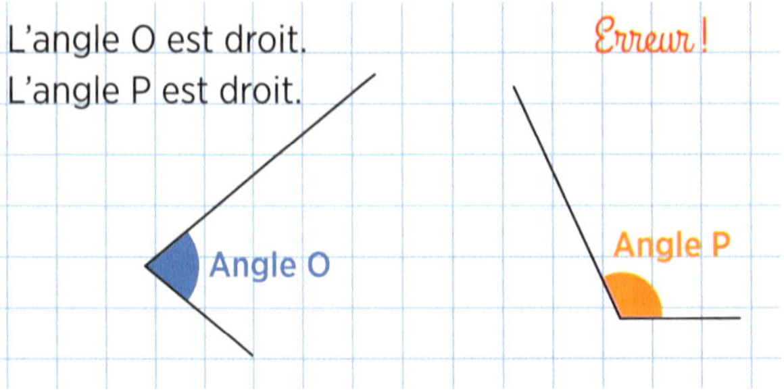

6 **Classe** les angles de la figure ABCDEF.

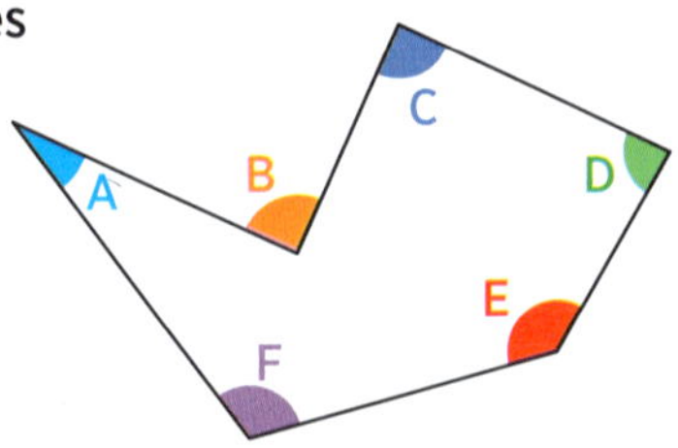

7 **Recopie et complète.**

L'angle A est plus petit que l'angle B qui est aigu. A est un angle …

L'angle C est plus grand que l'angle D qui est droit. C est un angle …

… < … < … < …

8 **Décalque** les aiguilles des horloges. **Écris** la nature des angles formés par les aiguilles.

9 **Recopie et écris la bonne réponse.**

a. Si les aiguilles de l'horloge indiquent 8 h 30, l'angle qu'elles forment est … .

b. Si elles indiquent 11 h 25, l'angle qu'elles forment est … .

c. Si la grande aiguille est sur le 12, sur quels nombres doit se trouver la petite aiguille pour que les angles formés soient droits ?

10 **Classe les angles de ce polygone.**

Je fais des maths autrement

11 Les Maths ça sert en Sciences

Les os du bras tournent autour de l'articulation du coude. Lorsque le bras est en flexion, les os se rapprochent et, lorsqu'il est en extension, les os s'éloignent.

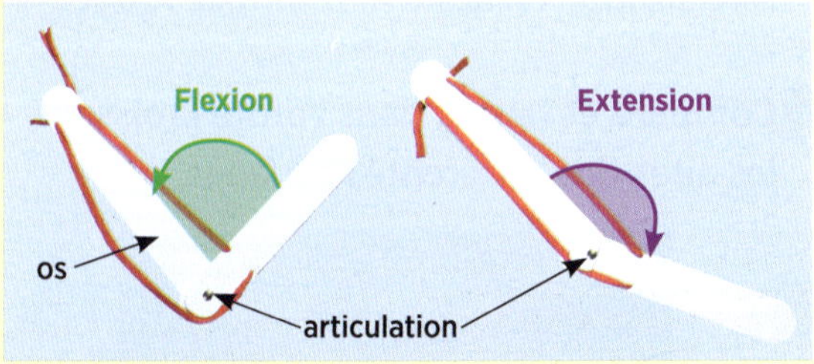

Observe la maquette du bras.

Classe les angles formés par les os lors d'une flexion et d'une extension.

12 L'angle-mystère

L'angle A n'est pas un angle aigu. L'angle A est plus petit que l'angle E et l'angle E est un angle obtus.

Quelle est la nature de l'angle A ?

13 Je travaille en groupe

Chercher les angles !

- **Trouvez** trois angles dans la classe.

→ **Faites les classer par le groupe voisin.**

Je fais le Bilan

Aires

➜ Mesurer une aire à l'aide d'une surface de référence ou d'un réseau quadrillé

1 **Vérifie** la proposition et **corrige** si nécessaire.
L'aire de la figure est 5 u.

2 **Mesure** l'aire de la figure et **complète**.

L'aire de la figure est ... u.

3 **Mesure** et **exprime** les aires de chaque surface de couleur avec l'unité choisie

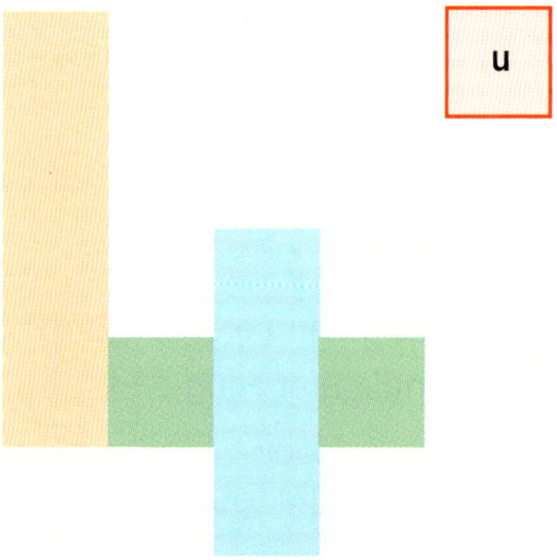

4 **Mesure l'aire de la figure et complète.**
L'aire de la figure est ... carreaux.

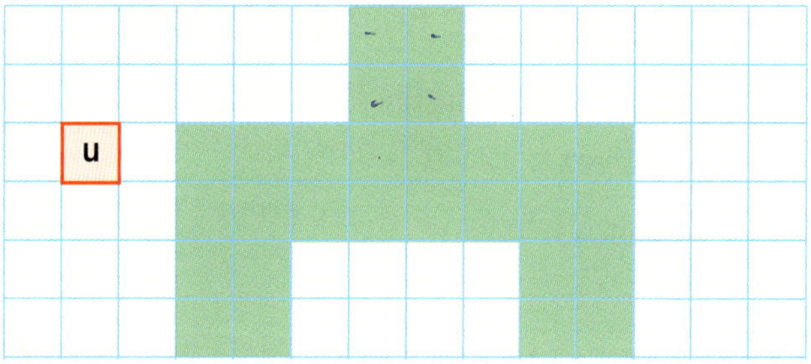

➜ Comparer, classer et ranger des surfaces selon leur aire

5 **Compare** les aires des surfaces violette et orange. **Utilise** les signes <, > ou =.

6 **Mesure** l'aire des figures et **complète**.

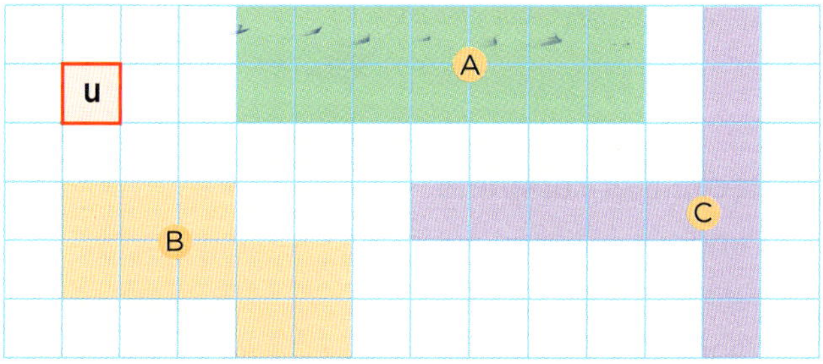

A = ... carreaux ; B = ... carreaux ; C = ... carreaux
Aire ... < Aire ... < Aire ...

7 **Compare** les aires des deux surfaces coloriées. **Complète** avec le bon signe.

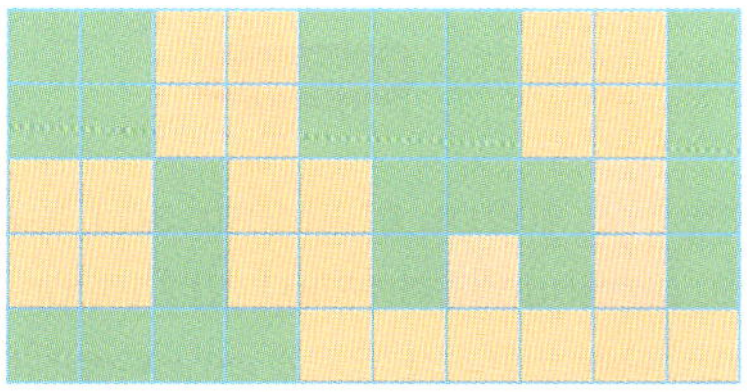

Aire surface verte ... Aire surface rouge

8 **Compare** et **range**, dans l'ordre croissant, les aires des différentes surfaces.

Angles

➜ Comparer des angles avec un gabarit

9 **Utilise** le gabarit d'angle U et **compare** les angles par rapport à U.

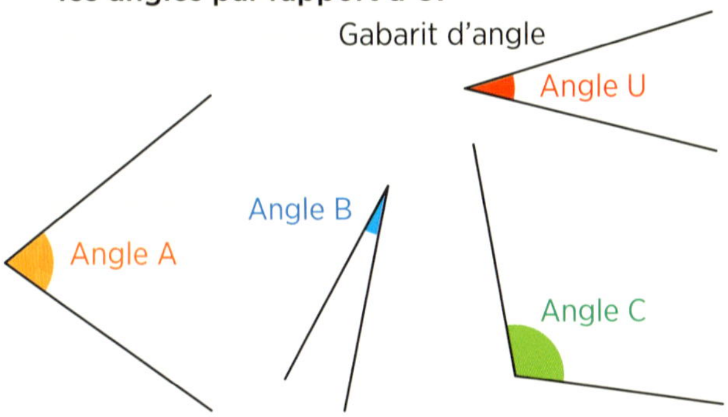

10 **Vérifie** les propositions et **corrige** si nécessaire. **Utilise** le gabarit U de l'exercice 9.

L'angle U est plus grand que I.

L'angle U est plus petit que J.

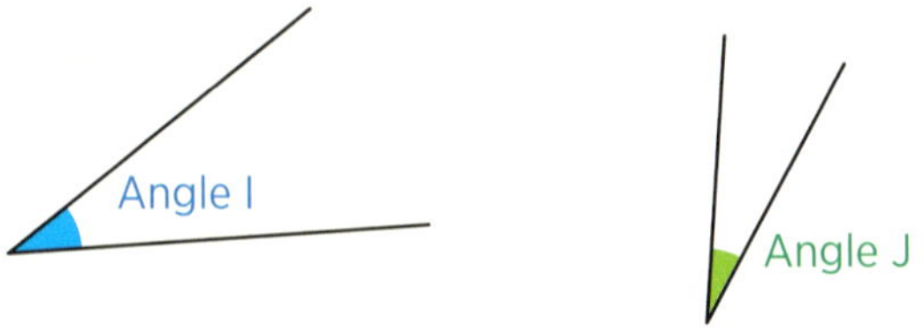

11 **Décalque** l'angle 2 et **compare** les angles entre eux.

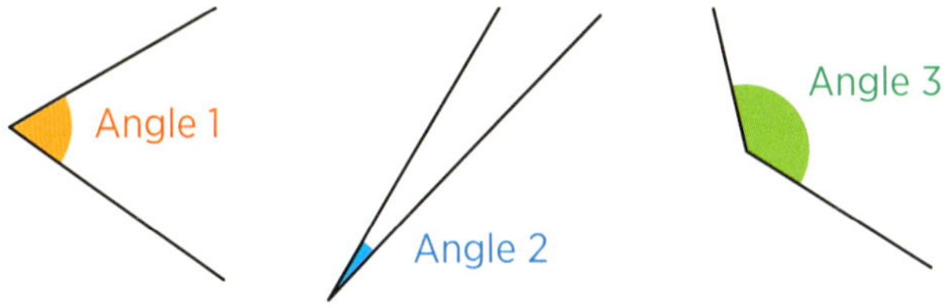

12 **Recopie** et **complète** les définitions.

a. Le point de rencontre de deux demi-droites est le ... de l'angle formé par ces demi-droites.

b. Pour comparer des angles, on ... le gabarit sur les autres angles.

13 **Compare** et **range** les angles du plus petit au plus grand.

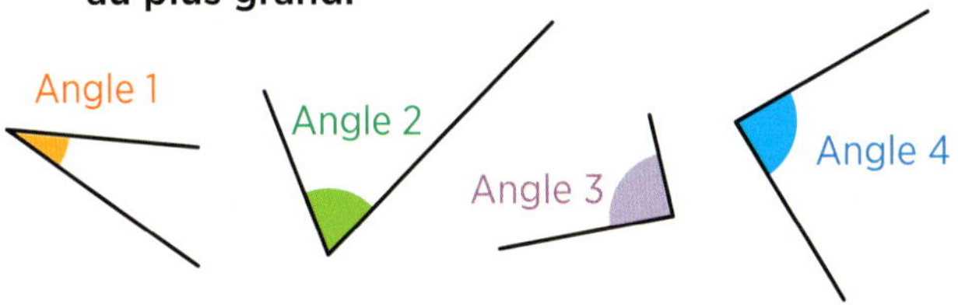

➜ Classer des angles droits, aigus et obtus

14 **Recopie** et **complète** le tableau en classant les angles.

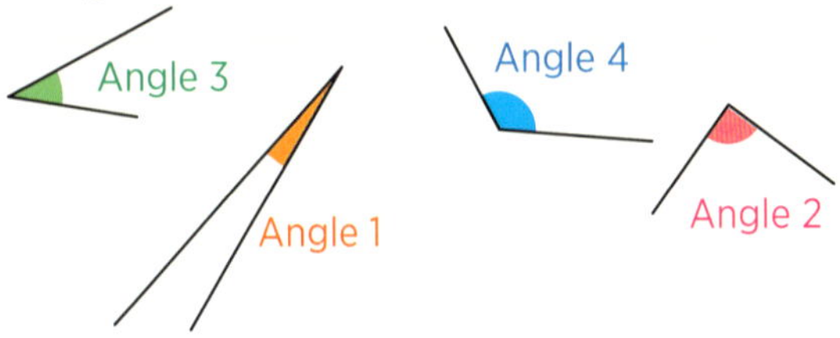

Angles aigus	Angles droits	Angles obtus
...	...	...

15 **Recopie** et **complète** les définitions.

a. Un angle plus ... que l'angle droit est aigu.

b. Un angle plus grand que l'angle droit est ... .

16 **Classe** les angles de la figure ABCDEF.

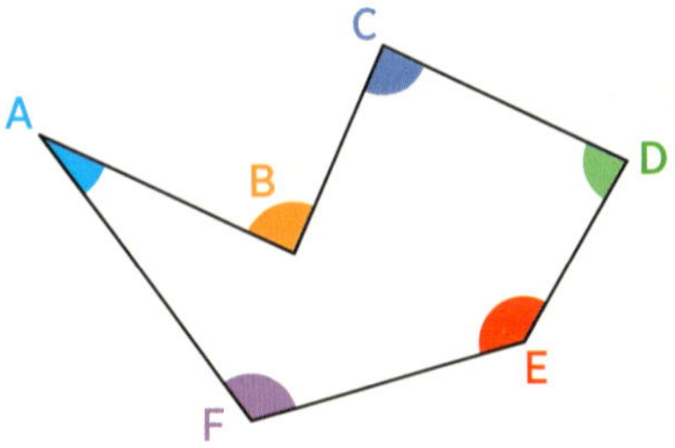

17 **Décalque** les aiguilles des horloges. **Écris** la nature des angles formés par les aiguilles.

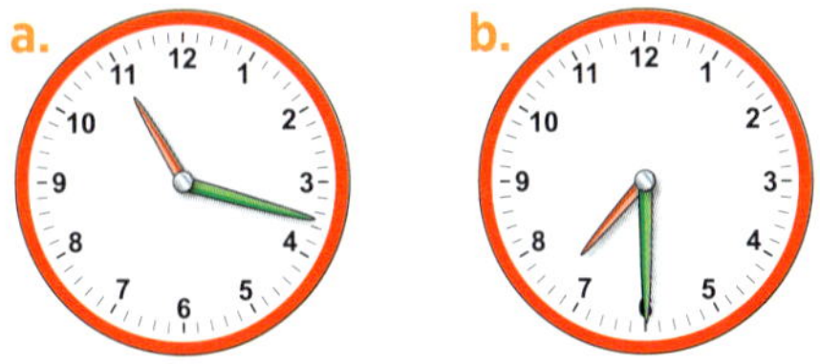

18 **Écris** la bonne réponse.

- Si les aiguilles de l'horloge indiquent 6 h 15, l'angle qu'elles forment est ... .
- Si elles indiquent 10 h 25, l'angle qu'elles forment est ... .
- Si la grande aiguille est sur le 12, sur quels nombres doit se trouver la petite aiguille pour que les angles formés soient aigus ?

19 **Classe** les angles de ce polygone.

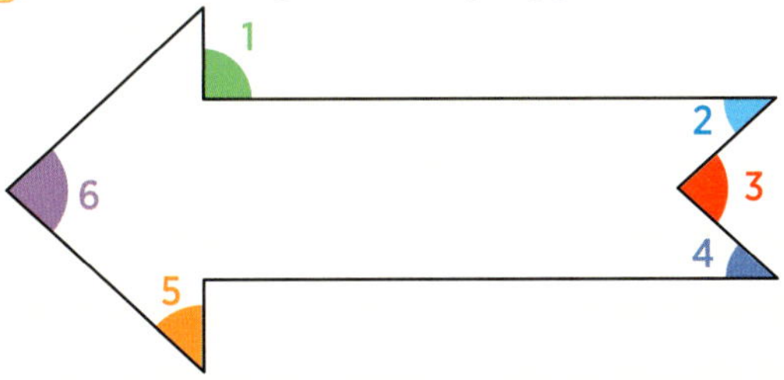

Connaitre les unités de mesure de durée

Cherchons ensemble

Activité s'appuyant sur la situation de **manipulation** décrite dans le guide

1 Voici les temps réalisés par le groupe de Hugo pour chaque exercice physique.

	Lisa	Hugo	Malika	Sami
Corde à sauter (50 sauts)	1 min 50 s	2 min 28 s	49 s	1 min 12 s
Flexions (25 flexions)	42 s	31 s	1 min 05 s	39 s

- **Convertis** chaque temps en secondes.
- **Range**, pour chaque exercice physique, les temps dans l'ordre croissant.
- **Calcule** la durée totale d'activité physique effectuée par chaque enfant.

Exprime-la en minutes et secondes.

Retenons ensemble

Mots à retenir
chronomètre • minute • seconde • heures

Comment utiliser les unités de mesure de durée ?

- Pour **mesurer un temps**, ou une **durée**, on peut utiliser un **chronomètre**.
- Les **unités de mesure de durée** sont principalement la **minute** et la **seconde**.
- On peut **convertir** des **minutes en heures** mais aussi des **minutes en secondes**.

1 h = 60 min donc 2 h = 120 min et 180 min = 3 h
1 min = 60 s donc 4 min = 240 s et 120 s = 2 min
2 h 25 min = 2 × 60 + 25 = 120 + 25 = 145 min
3 h 15 min = 3 × 3600 + 15 × 60 = 10800 + 900 = 11700 s

Je sais faire

2 **Écris la(les) bonne(s) unité(s) de mesure de durée.**

Un film	Une chanson	Une sonnerie de téléphone	Un voyage Nantes-Paris
...	...	...	...

3 **Corrige** les erreurs faites par Hugo.

a. 1 s = 60 min.
b. La durée d'une course sur 100 m est d'environ 13 heures.
c. Un chronomètre est un instrument de mesure de longueur.

Erreur !

4 **Écris VRAI ou FAUX.**

a. La durée d'un match de football, c'est le temps qu'il dure exprimé en jours.
b. Les unités de mesure de durée ne peuvent pas se convertir.
c. 3600 secondes, c'est la durée d'une heure.

Je m'entraine

5 **Associe** chaque durée à son outil de mesure.

A	B	C
1 semaine	4 h 30	10 secondes

1 

2 

3 

6 **Écris** l'heure indiquée par chaque horloge.

a. 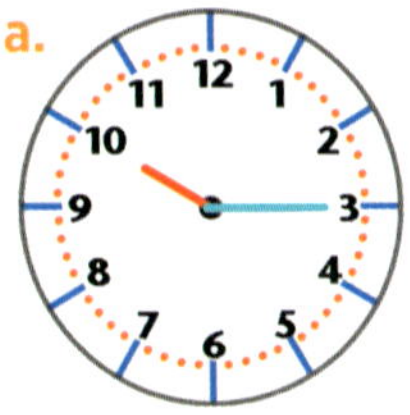

b. 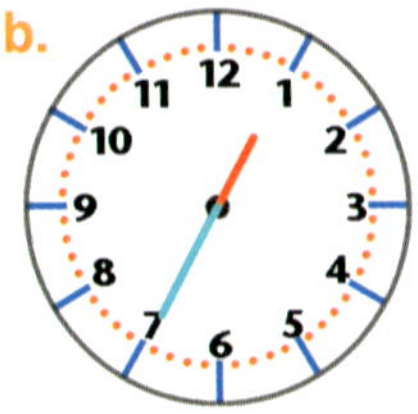

Convertis en minutes.

7 **Écris** le temps indiqué sur le chronomètre, en minutes et secondes, si l'aiguille a déjà fait un tour complet du cadran.

a. 

b. 

Convertis le temps en secondes.

8 **Exprime** chaque durée en secondes.

a. 

b. 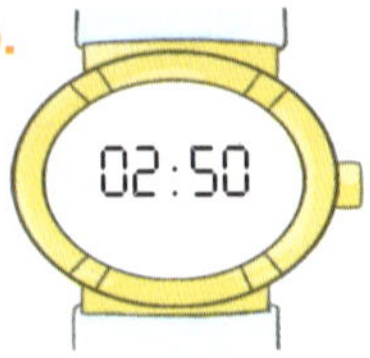

9 **Recopie** les durées de la plus petite à la plus grande.

5 min • 120 s • 90 min • 300 s • 3 600 s

10 **Recopie** et **complète** les égalités.

a. 58 s = … min … s
b. 3 min 15 s = … s
c. 180 s = … min
d. 5 min 45 s = … s
e. 3 h = … min
f. 10 h = … min
g. 300 min = … h
h. 4 h = … s

11 **Recopie** les durées dans l'ordre décroissant.

3 h 05 • 190 min • 100 min • 1 h 30 • 2 h 50

12 Malika marche 1800 secondes pour rejoindre son école.

• **Combien** cela fait-il de minutes ?

13 Un jardinier arrose ses tomates en 3 692 secondes.

• **Exprime** le temps en heure, minutes et secondes.

Je fais des maths autrement

14 Les Maths ça sert en EMC

L'hymne national français s'appelle *La Marseillaise*. Lorsqu'il est chanté par les grandes équipes sportives qui représentent la France, sa durée moyenne est d'une minute et demie.

Exprime, en secondes, la durée moyenne de *La Marseillaise* chantée.

15 La durée-mystère

2 h 05 | 7 205 s | 125 min | 7 500 s

Quelle est la durée qui n'est pas égale aux autres ?

16 Je travaille en groupe

Les durées croissantes

• **Écrivez** 4 durées dans des unités différentes.

→ **Faites ranger ces durées par le groupe voisin dans l'ordre croissant.**

Calculer des durées

Cherchons ensemble

Activité s'appuyant sur la situation de **manipulation** décrite dans le guide

1 Voici la grille des horaires de bus que le groupe de Sami a reçue.

Bus n°	1	2	3	4
Roubaix	5 h 59	6 h 29	7 h 15	8 h 30
Tourcoing		6 h 45		9 h 15
Wasquehal	6 h 45			9 h 53
Lille		7 h 03	8 h 12	10 h 10

Réponds aux questions.
- Si Malika prend le bus n° 2 à Tourcoing, à quelle heure arrivera-t-elle à Lille ?
- Quelle est la durée du trajet ?

Calcule la durée de chaque trajet pour les quatre bus.

Retenons ensemble

Mots à retenir
additionner • compléments

Comment calculer des durées ?

Pour **calculer une durée** on peut additionner **les temps** ou **utiliser des** compléments.

- On **additionne** les **heures entre elles**, les **minutes entre elles** et les **secondes entre elles** puis on **convertit** si le résultat **dépasse 60**.

1 h 45 min + 2 h 23 min = 3 h 68 min = 3 h 60 min + 8 min = 4 h 08 min
+ 1 h

- **Utiliser des compléments.**

Calculons la durée du trajet si le bus part à 9 h 52 et arrive à 10 h 21.
9 h 52 min + ? = 10 h 00, c'est **8 minutes**.
10 h 00 + ? = 10 h 21, c'est **21 minutes**.
Le trajet dure **29 minutes** car **8 min + 21 min = 29 min**.

Je sais faire

2 **Écris** le complément en minutes.
a. 27 min + ... min = 1 h 00
b. 42 min + ... min = 1 h 00
c. ... min + 13 min = 1 h 00
d. 21 min + ... min = 1 h 00

3 **Écris** le complément en secondes.
a. 41 s + ... s = 1 min
b. 23 s + ... s = 1 min
c. ... s + 52 s = 1 min

4 **Corrige** les erreurs faites par Sami.

a. 13 min + 54 min = 1 min 07 s
b. 58 s + 58 s = 1 min 58 s
c. 25 min + 40 min + 12 min = 1 h 07

Erreur !

5 **Écris** VRAI ou FAUX.
a. Pour calculer une durée, on ne peut pas utiliser les compléments à 60.
b. Dans un calcul de durée, on convertit dès que le nombre dépasse 50.

Je m'entraine

6 **Reconstitue** les paires.

A	B	C
17 s + 57 s	47 min + 51 min	55 min + 31 min

1	2	3
1 h 26 min	1 min 14 s	1 h 38 min

7 **Écris** la durée écoulée entre l'heure de l'horloge A et l'horloge B.

A

B

8 **Additionne** le temps indiqué par les deux chronomètres.

Exprime le résultat en minutes et secondes.

9 **Recopie et calcule.**

a. 25 min + 44 min

b. 38 s + 39 s

c. 45 min + 20 min + 22 min

d. 55 s + 41 s + 15 s

10 **Recopie et complète** les égalités.

a. 1 h 25 min + 35 min = ... h ... min

b. 1 min 23 s + 59 s = ... min ... s

c. 3 h 13 min + 5 h 55 min = ... h ... min

d. 17 min 53 s + 47 min 9 s = ... min ... s

11 **Recopie et complète** les égalités.

a. 3 600 s + 3 600 s = ... h

b. 3 600 s + 93 min = ... h ... min

12 **Recopie** les durées dans l'ordre croissant.

48 min + 38 min • 37 min + 32 min + 5 min • 1 h 25

13 **Recopie** les durées dans l'ordre décroissant.

39 s + 47 s • 1 min 42 • 59 s • 27 s + 52 s

14 Lisa marche 28 minutes pour rejoindre son école. Au retour, elle met 5 minutes de plus.

• **Combien** de temps Lisa marche-t-elle en tout ?

15 Hugo fait deux séances de piscine par semaine de 46 minutes chacune et un entraînement de foot qui dure 1 h 05 s.

• **Combien** de temps Hugo fait-il de sport chaque semaine ?

Je fais des maths autrement

16 Les Maths ça sert en Éducation musicale

Carmen de Georges Bizet est le plus célèbre opéra français. Il se compose de quatre actes : *La place* (environ 51 min), *La taverne* (environ 48 min), *La montagne* (environ 53 min) et *La corrida* (environ 42 min).

Calcule la durée approximative totale de l'opéra *Carmen*.

17 La durée-mystère

54 min + 48 min

1 h 42 min

42 min + 35 min + 35 min

Quelle est durée qui n'est pas égale aux autres ?

18 Je travaille en groupe

Les mariages

• **Écrivez** 4 additions de durées sur des étiquettes et les 4 résultats sur d'autres étiquettes.

→ **Faites reconstituer les paires par le groupe voisin.**

Mesurer des grandeurs avec des nombres décimaux

Cherchons ensemble

Activité s'appuyant sur la situation de **manipulation** décrite dans le guide

1 Voici le cadre que le groupe de Lisa doit entourer d'un ruban.

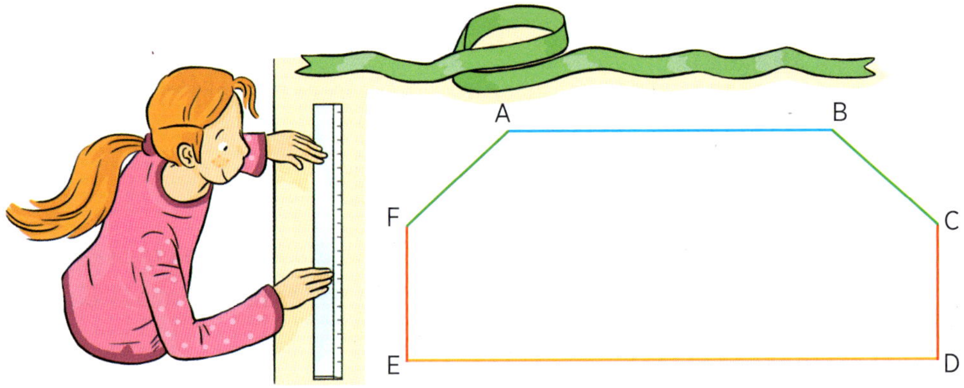

- **Mesure** la longueur de chaque côté du cadre.
- **Recopie** et **complète** le tableau.

Côté	AB	BC	CD	DE	EF	FA
Longueur	… cm … mm	… cm … mm	… cm … mm	… cm … mm	… cm … mm	… cm … mm
	… , … cm	… , … cm	… , … cm	… , … cm	… , … cm	… , … cm

- **Calcule** la longueur totale de ruban nécessaire sous la forme d'un nombre décimal.

Retenons ensemble

Mots à retenir

grandeur • unité • décimaux

Comment mesurer une grandeur avec des nombres décimaux ?

- Chaque **grandeur** (longueur, masse, contenance, durée, prix, aire) s'exprime avec sa propre **unité de mesure**.
- Les **nombres décimaux** permettent **d'exprimer les mesures** dans une seule unité.

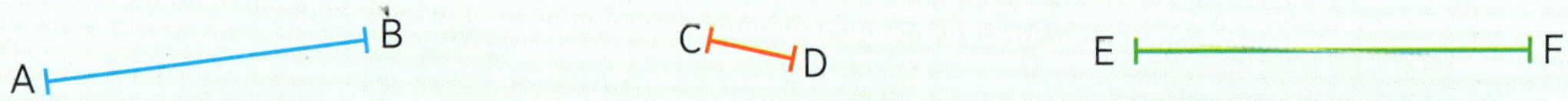

segment AB = 2 cm et 9 mm
= 2,9 cm
deux virgule neuf centimètres

segment CD = 0 cm et 8 mm
= 0,8 cm
zéro virgule huit centimètres

segment EF = 3 cm et 5 mm
= 3,5 cm
trois virgule cinq centimètres

Je sais faire

2 **Mesure** les segments et **écris** chaque mesure sous la forme d'un nombre décimal.

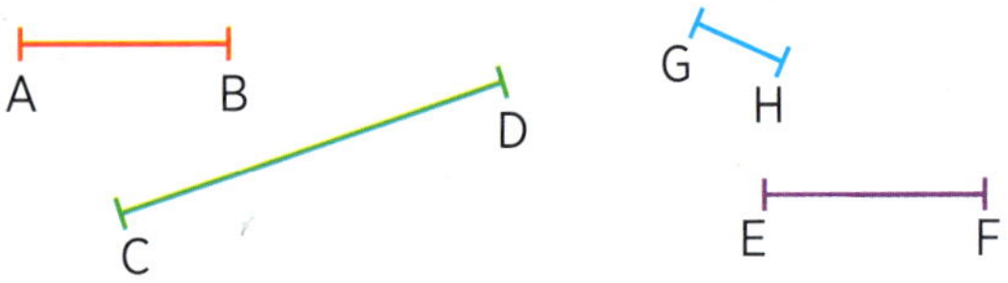

3 **Écris VRAI ou FAUX.**

a. Les nombres décimaux rendent les mesures moins précises.

b. 5,36 m c'est 5 mètres et 36 centimètres.

c. On ne peut utiliser les nombres décimaux qu'avec les longueurs.

Je m'entraine

4 **Écris** la longueur de cette ligne brisée sous la forme d'un nombre décimal.

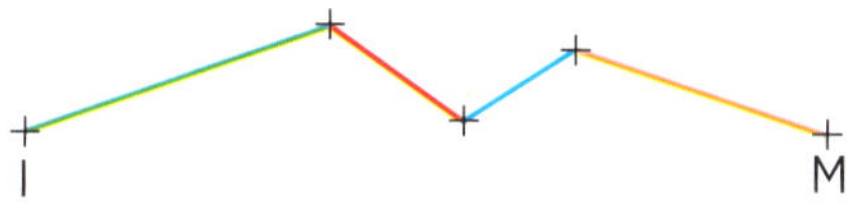

5 **Écris** la longueur du contour de la figure.

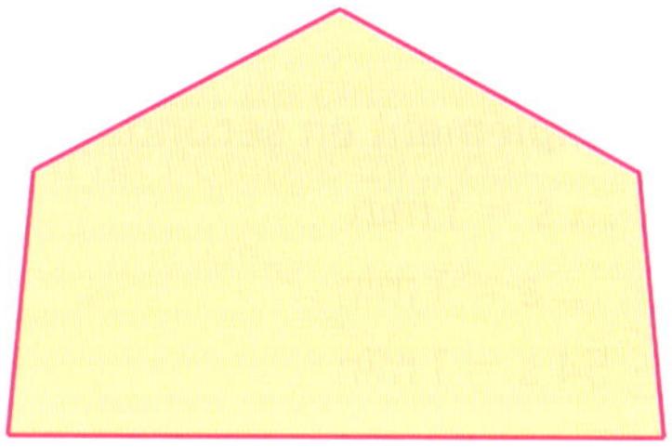

6 **Écris** la masse des livres sous la forme d'un nombre décimal.

7 **Observe** le verre doseur et **complète**.

... cL = ... , ... L

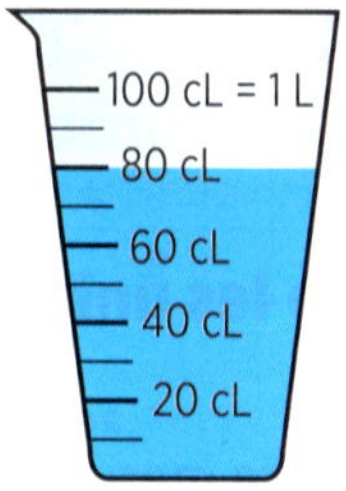

8 **Recopie** et **complète** le tableau des prix.

un euro vingt-huit centimes	cinq euros trente-neuf centimes	six centimes d'euro
1 € 28	... € ...	... € ...
... ,28 €	5, ... €	... , ... €

9 **Complète.**

Quantité d'eau : ... , ... L

Quantité d'huile : ... , ... L

Je fais des maths autrement

10 Les Maths ça sert en Sport

Le poids d'une balle de tennis, homologué par la Fédération Internationale, doit être compris entre 56 grammes 70 et 58 grammes 50.

▸ **Écris**, sous forme de nombres décimaux, tous les poids possibles d'une balle de tennis utilisée en compétition officielle.

11 La longueur-mystère

▸ **Quelle** est la longueur du contour d'un carré dont chaque côté mesure 1 cm et 3 mm.

12 Je travaille en groupe

Une longueur à virgule

• **Construisez** un polygone dont la longueur du contour est un nombre décimal.

→ **Faites écrire la mesure exacte de la longueur du contour par le groupe voisin.**

Grandeurs et mesures

Problèmes interdisciplinaires

Les maths et le Sport — Reporter des longueurs avec le compas

Les lacets

Problème Sami a trouvé une nouvelle façon de lacer ses chaussures de sport [Doc 1].
Il enfile le lacet dans l'œillet A, puis dans l'œillet B et ainsi de suite jusqu'à ressortir par l'œillet F. Hugo, qui a les mêmes chaussures, veut faire pareil.

Observe bien le tracé du lacet sur la chaussure de Sami [Doc 1].
Le lacet de Hugo [Doc 2] sera-t-il assez long pour qu'il puisse reproduire le laçage de Sami ?

Doc 1

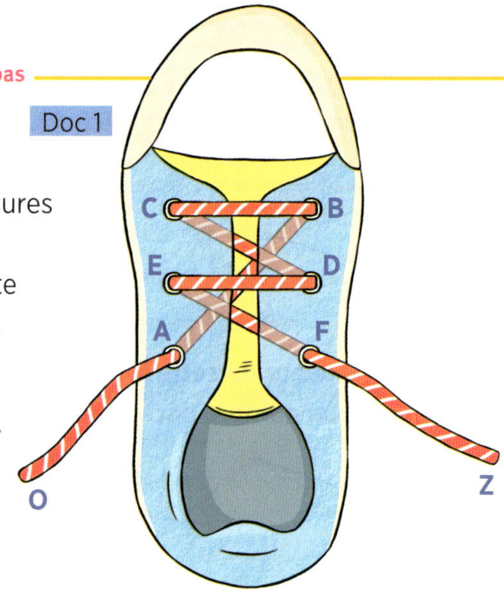

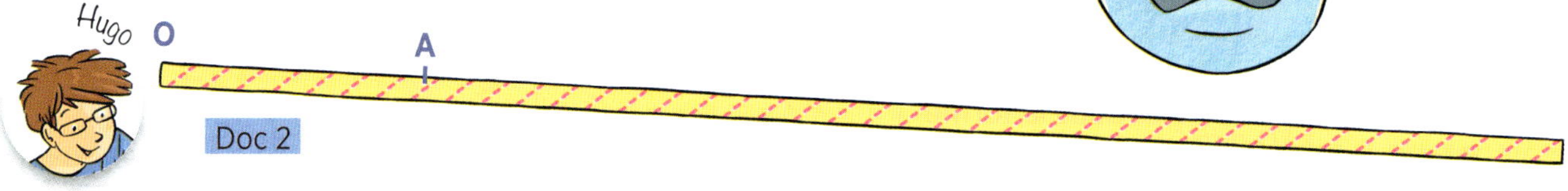

Doc 2

Les maths et l'Histoire — Ranger des surfaces selon leur aire

Les levées de la Loire

Les levées de la Loire sont des digues construites en bord de Loire pour éviter les inondations. Elles furent construites au XIIe siècle et améliorées sous Louis XIV.

Lors de chaque crue, la Loire détruisait les cultures des paysans qui souhaitaient récupérer des parcelles de la même taille que celles qu'ils avaient perdues.

1 **Observe** les parcelles de 4 paysans [Doc 1] et **reproduis-les** sur une feuille à carreaux.

Doc 1

2 **Range** ces surfaces de la plus grande à la plus petite.

3 **Trace** une parcelle rouge plus grande que toutes les autres.

Les maths et l'Histoire des arts — Vérifier avec l'équerre qu'un angle est droit, aigu ou obtus

Le tourbillon des angles

Doc 1

Norman Dilworth est un artiste britannique, né en 1931, qui utilise des découpages géométriques pour créer ses œuvres comme *Parts of square*, réalisée en 1985.

1 On a reproduit deux figures géométriques du tableau de Dilwoth et marqué quatre angles [Doc 2]. **Indique** si les angles coloriés sont aigus, droits ou obtus.

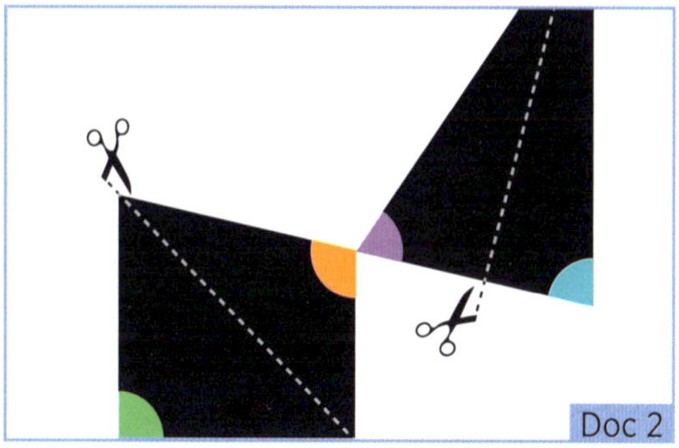

Doc 2

2 **Décalque** le Doc 2. **Découpe** les deux figures, puis **découpe** chaque figure en deux suivant les pointillés.

3 **Range** les quatre angles du plus petit au plus grand.

Les maths et le Français — Calculer une durée

Arrête de lire !

Problème *Arrête de lire !* raconte l'histoire d'un passionné de livres, Horatio. Ce rat de bibliothèque décide de faire une surprise à ses parents en participant à un concours télévisé de lecture.

Un soir, il leur laisse ce message :

« Chers parents,

Je ne serai pas là pour dîner, mais tout va bien. Pour me retrouver, il vous suffira de regarder la première chaîne, à 20 h 50. »

Il est 19 h 57 lorsque les parents d'Horatio découvrent le message.

Combien de temps vont-ils devoir patienter jusqu'à l'émission de télévision ?

Grandeurs et mesures

Crédits :

Illustration de couverture : Sébastien Telleschi
Illustrations : Corinne Tarcelin, Sophie Jacopin (p. 37)
Dessins techniques : Corédoc
Iconographe : Valérie Delchambre

Crédits photographiques :

Page de garde : h : Thinkstock/Hemera/Partyonova Tatyana • m : Thinkstock/istock/mihalec • b : Thinkstock/istock/Ksena32

• **p. 9** : Thinkstock/istock/Dannymark
• **p. 19** : Leemage/DeAgostini
• **p. 27** : Fotolia/Michaël Biche
• **p. 29** : Reuters/Phil Noble
• **p. 39** : Reuters/Dylan Martinez
• **p. 41** : Thinkstock/istock/Fotofermer
• **p. 45** : Thinkstock/istock/nicolasprimola
• **p. 47hg** : Fotolia/J. M. • **p. 47hd** : Droits Réservés • **p. 47bg** : istock/Awelshlad • **p. 47bd** : Thinkstock/Stockbyte/Comstock
• **p. 53** : istock/Christopher Futcher
• **p. 56h** : Photononstop/Alain Le Bot • **p. 56b** : Coll. Christophe L
• **p. 57h** : istock/Imgorthand • **p. 57b** : Photononstop/Daniel Thierry
• **p. 59g** : Thinkstock/istock/rasslava • **p. 59d** : Thinkstock/istock/montego666
• **p. 63** : Shutterstock/Valeri Potopova
• **p. 65** : Thinkstock/Photos.com
• **p. 67** : Thinkstock/istock/Konstantin32
• **p. 69** : MaxPPP/Sébastien Jarry
• **p. 71** : « Post-it Structures » par Yo Shimada, Tato Architects. Photo Yousuke Takeda
• **p. 75** : Thinkstock/istock/Backyard Production
• **p. 77** : RÉA/Lydie Lecarpentier
• **p. 79** : istock/Solsrock
• **p. 83** : Thinkstock/istock/Samsonovs
• **p. 85** : istock/Teoden
• **p. 87** : istock/Squaredpixels
• **p. 89** : Getty/Kristy Sparow
• **p. 93** : Leemage/Photo Josse
• **p. 97** : Photo12/Alamy/Newzulu
• **p. 99** : Momie d'un Hipparion gracile du Miocène supérieur du Coiron (Ardèche), collection Bernard Riou, Muséum de l'Ardèche, Balazuc. www.paleodecouvertes.org
• **p. 101** : Leemage/Luisa Ricciarini
• **p. 103** : Thinkstock/istock/Dieter Hawlan
• **p. 105** : Leemage/Costa
• **p. 107** : istock/Lee Yiu Tung
• **p. 112h** : RMN/Musée de Cluny, Michel Urtado • **p. 112m** : istock/AndreasReh • **p. 112b** : istock/Davide Chiarito
• **p. 113h** : Shutterstock/xlt974 • **p. 113b** : istock/AVTG
• **p. 114h** : istock/Daniel Barnes • **p. 114b** : Coll. Christophe L
• **p. 115h** : istock/gbh007 • **p. 115b** : istock/CAP53
• **p. 127hg, hm** : Thinkstock/istock/Jojoo64 • **p. 127hd** : Thinkstock/istock/Zager • **p. 127b** : Thinkstock/istock/Valengilda
• **p. 131** : Bridgeman Images/Peter Willi
• **p. 133** : Thinkstock/istock/Forester
• **p. 135** : AGE/DeAgostini Editore
• **p. 139** : Shutterstock/Lazyllama
• **p. 141** : Shutterstock/Kevin George
• **p. 143hg, hd** : Thinkstock/istock/Jojoo64 • **p. 143b** : Photononstop/Sébastien Rabany
• **p. 145h** : Thinkstock/istock/Jojoo64 • **p. 145b** : Akg-Images
• **p. 147h** : Thinkstock/istock/Alexander Gatsenko
• **p. 147b** : IGN France, photothèque nationale, 2009
• **p. 156h** : RMN/Hervé Lewandowski • **p. 156b** : AGE/P. Royer
• **p. 157hg, hd** : Thinkstock/istock/Jojoo64
• **p. 157m** : Thinkstock/istock/Evgeny Sergeev • **p. 157b** : Kagloo II de Victor Vasarely © ADAGP, Paris 2016
• **p. 158** : istock/Cris180
• **p. 159hg** : Shutterstock/Pabkov • **p. 159hd** : Shutterstock/Dmitri Lemon5ky • **p. 159b** : istock/pKruger
• **p. 163** : AFP/Getty/Victor Fraile
• **p. 171** : istock/Amit Erez
• **p. 175** : « Space Invaders » by Alex. http://spaceinvaders.blog4ever.com
• **p. 177** : Thinkstock/istock/PierreOlivierClementMantion
• **p. 179** : Christophe Michel/Paxal Image
• **p. 183** : AFP/Getty/Paul Gilham
• **p. 185** : Bridgeman Images/The Stapleton Collection
• **p. 187** : istock/paparazzit
• **p. 190** : Shutterstock/Aguilarphoto
• **p. 191h** : Norman Dilworth, Parts of Square, 1985, hardboard painted black, 270cm. Photo de l'artiste.

IMPRIM'VERT®

Imprimé en France par Pollina S.A. – 85400 Luçon
N° d'imprimeur : 95485 - Dépôt légal : mars 2016
N° d'édition : 70119530 07/Octobre 2020